国家环境保护青藏高原生态环境监测与评估重点实验室学术著作出版资金
青海省生态环境监测与评估重点实验室学术著作出版资金　资助
青海省地理空间信息技术与应用重点实验室学术著作出版资金

青海省生态保护红线划定研究

唐文家　张紫萍　主编

中国环境出版集团·北京

图书在版编目（CIP）数据

青海省生态保护红线划定研究/唐文家，张紫萍主编.
—北京：中国环境出版集团，2021.4
ISBN 978-7-5111-4707-3

Ⅰ. ①青…　Ⅱ. ①唐…②张…　Ⅲ. ①生态环境保
护—环境管理—研究—青海　Ⅳ. ①X321.244

中国版本图书馆 CIP 数据核字（2021）第 069905 号

出 版 人　武德凯
策划编辑　李心亮
责任编辑　雷　杨
责任校对　任　丽
封面设计　彭　杉

出版发行　中国环境出版集团
　　　　　（100062　北京市东城区广渠门内大街 16 号）
　　　　　网　　　址：http://www.cesp.com.cn
　　　　　电子邮箱：bjgl@cesp.com.cn
　　　　　联系电话：010-67112765（编辑管理部）
　　　　　发行热线：010-67125803，010-67113405（传真）
印　　刷　北京建宏印刷有限公司
经　　销　各地新华书店
版　　次　2021 年 4 月第 1 版
印　　次　2021 年 4 月第 1 次印刷
开　　本　787×960　1/16
印　　张　21
字　　数　300 千字
定　　价　98.00 元

《青海省生态保护红线划定研究》

编 委 会

主　编：唐文家　张紫萍

副主编：马艳丽　张妹婷　毛旭锋　赵　霞　张志军　刘淑慧

编写组主要成员：

马艳丽　马　超　王维峰　王　勇　马桂珍　王　蕾

王　博　王　剑　毛旭锋　艾　宇　白学平　邢　睿

仲瑛瑛　刘建才　刘淑慧　祁佳丽　李万志　李建莹

李婧梅　李桂珍　闵　敏　吴向楠　吴金玲　宋国富

宋忠航　杨　燕　张妹婷　张　莉　张紫萍　张志军

陈海莉　陈淑娟　赵　霞　赵洪亮　胡　健　郭晓娟

聂学敏　殷万玲　唐文家　黄彦丽　鲁子豫　解　薇

前 言

　　党的十九大报告提出，完成生态保护红线、永久基本农田、城镇开发边界三条控制线划定工作。划定并严守生态保护红线是《中共中央关于坚持和完善中国特色社会主义制度　推进国家治理体系和治理能力现代化若干重大问题的决定》《中共中央关于全面深化改革若干重大问题的决定》《中共中央　国务院关于加快推进生态文明建设的意见》《生态文明体制改革总体方案》《中共中央　国务院关于全面加强生态环境保护坚决打好污染防治攻坚战的意见》《中共中央　国务院关于建立国土空间规划体系并监督实施的若干意见》的重要任务之一。修订后的《中华人民共和国环境保护法》《中华人民共和国国家安全法》《中华人民共和国水污染防治法》《中华人民共和国海洋环境保护法》确立了生态保护红线的法律地位。

　　生态保护红线是指在生态空间范围内具有特殊重要生态功能、必须强制性严格保护的区域，是保障和维护国家生态安全的底线和生命线，通常包括具有重要水源涵养、生物多样性维护、水土保持、防风固沙、海岸生态稳定等功能的生态功能重要区域，以及水土流失、土地沙化、石漠化、盐渍化等生态环境敏感脆弱区域。划定并严守生态保护红线，是贯彻落实主体功能区制度、实施生态空间用途管制的重要举措，是提高生态产品供给能力和生态系统服务功能、构建国家生态安全格局的有效手段，是健全生态文明制度体系、推动绿色发展的有力保障。

青海省位于青藏高原东北部，是长江、黄河、澜沧江、黑河等大江大河的发源地，被誉为"中华水塔"，是具有全球意义的生物多样性重要地区，在国家生态安全和"两个百年"目标的实现中具有特殊重要地位。同时，也是集西部、民族、高原和贫困于一身的欠发达地区。长期以来，青海省的生态建设与环境保护始终得到党中央、国务院的高度重视和国家各部委、社会各界的大力支持。青海省坚持不懈地加强生态保护建设，协调推进经济社会持续健康发展，生态环境质量不断改善，生态系统服务功能持续提升，为保障国家生态安全屏障发挥了积极作用。但是，全省生态环境总体仍然比较脆弱，草地退化、土地荒漠化、冰川退缩、冻土消融等生态问题依然存在，优良的生态环境公共产品供给还不能更好地满足人民群众的需要，协调解决资源环境的"瓶颈"制约以及实现保护与发展双赢依然是当前面临的重大问题。

生态保护红线是我国环境保护的重要制度创新。青海省将生态保护红线划定与国家公园体制建设等作为生态文明体制改革具有突破性和牵引性的领域及改革举措予以重点推进。在青海省生态环境厅和青海省科技厅科技支撑计划"青海省生态保护红线划定与管控技术研究项目"（2015-SF-118）的支持下，本书编者以国家级和省部级生态保护红线划定政策为指引，以主体功能区划、土地利用总体规划、国土规划纲要、城镇体系规划、城市群发展规划、生态功能区划、生物多样性保护规划等现有国土空间规划、生态保护专项规划成果为基础，在全面摸清全省自然生态本底条件后，整理出了全省国家公园、自然保护区、饮用水水源保护区等依法批复的各类各级保护地及开展生态功能重要性和生态环境敏感性的评估，分析了主导生态功能和生态功能极重要区、生态环境极敏感区，统筹生态保护与社会经济发展空间性规划，衔接国家提出的青海省生态保护红线划定建议，在技术层面上开展生态保护红线划定研究，提出生态保护红线方案。

在本书编写过程中，青海省发展改革委、青海省自然资源厅、青海省住房和城乡建设厅、青海省农业农村厅、青海省水利厅、青海省交通厅、青海省林业和草原局、三江源国家公园管理局、青海湖景区保护和利用管理局、青海省能源局、青海省气象局，各州县人民政府，生态环境部南京环境科学研究所、青海省基础地理信息中心、青海师范大学、西宁市测绘院、航天恒星科技有限公司、西安航天天绘数据技术有限公司北京国测星绘信息技术有限公司给予了极大的支持和协助，在此感谢各单位相关人员付出的辛勤劳动。

全书共分为八章，第一章、第二章、第四章、第六章由唐文家完成，第三章由唐文家、张紫萍、张妹婷完成，第五章由张紫萍和马艳丽完成，第七章由张紫萍和赵霞完成，第八章由张紫萍和唐文家完成。基础数据收集和资料整理由马艳丽、张妹婷、张志军、刘淑慧完成，基础数据格式化转换和非空间数据空间数字化由王维峥、吴向楠、宋忠航、艾宇完成。书稿由唐文家、张紫萍、毛旭锋统稿，唐文家定稿。

目前，青海省启动了国土空间规划编制、自然保护地整合优化、生态保护红线评估调整工作。由于编著水平所限，书中可能存在不完善和疏漏之处，恳请专家和广大读者批评指正。

编　者

2020 年 4 月 4 日

目 录

第一章　生态保护红线概述

一、生态保护红线

近年来，随着工业化和城镇化快速发展，经济社会发展取得了巨大进步，但生态环境保护总体滞后于经济社会发展，我国资源环境形势日益严峻。尽管我国生态环境保护与建设力度逐年加大，但总体而言，资源约束压力持续增大，环境污染仍在加重，生态系统退化依然严重，生态问题更加复杂，资源环境与生态恶化趋势尚未得到逆转。"山水林田湖草"被人为地割裂，生态空间被大量挤占，生态系统退化，生态产品供给能力下降，生态安全形势严峻，生态问题已经成为经济社会发展的"瓶颈"制约和突出短板。我国已建立各级各类自然保护地1.18万处，但空间上存在交叉重叠、布局不够合理，生态保护效率不高，生态环境缺乏系统性和整体性保护，且严格性不足，对保障国家与区域生态安全和经济社会协调发展的空间格局还有一定差距。

为强化生态环境保护，2011年，《国务院关于加强环境保护重点工作的意见》（国发〔2011〕35号）明确要求，在重要生态功能区、陆地和海洋生态环境敏感区、脆弱区等区域划定生态红线。这是我国首次以国务院文件形式出现"生态红线"概念并提出划定任务。国家提出划定生态保护红线的战略决策，旨在构建和强化国家生态安全格局，遏制生态环境退化趋势，力促人口资源环境相均衡、经济社会和生态效益相统一。划定生态红线实行永久保护，体现了我国科学规范生态保护空间管制并以强制性手段构建国家生态安全格局的政策导向和决心。2013年5月24日，中共中央总书记习近平在中共中央政治局第六次集体学习时再次强调，要划定并严守生态红线，牢固树立生态红线的观念。在生态环境保护问题上，不能越雷池一步，否则就应受到惩罚。中共中央十八届三中全会将划定生态保护红线作为改革生态环境保护管理体制、推进生态文明制度建设最重要、最优先的任务。生态保护红线提出后，其受关注程度和重要地位不断上升，划定生态红线已经不仅仅是生态环境保护领域的重点工作，更是生态文明制度建设的重要内容，成为国家生态安全和经济社会可持续发展的基础性保障。

2014年1月，环境保护部在《国家生态保护红线——生态功能红线划定技术指南（试行）》（环发〔2014〕10号）中正式提出了国家生态保护红线体系。生态保护红线是指在自然生态服务功能、环境质量安全、自然资源利用等方面，需要实行严格保护的空间边界与管理限值，对维护国家和区域生态安全及经济社会可持续发展，保障人民群众健康具有关键作用，在提升生态功能、改善环境质量、促进资源高效利用等方面必须严格保护的最小空间范围与最高或最低数量限值。国家生态保护红线体系是实现生态功能提升、环境质量改善、资源永续利用的根本保障，具体包括生态功能保障基线、环境质量安全底线和自然资源利用上线。其中，生态功能保障基线又称生态功能红线，是指对维护自然生态系统服务，保障国家和区域生态安全具有关键作用，在重要生态功能区、生态敏感区、脆弱区等区域划定的最小生态保护空间。生态功能红线是最为严格的生态保护空间，是确保国家和区域生态安全的底线，其作用包括三个方面：一是生态服务保障红线，指提供生态调节与文化服务，支撑经济社会发展必需的生态区域；二是生态脆弱区保护红线，指保护生态环境敏感区、脆弱区，维护人居环境安全的基本生态屏障；三是生物多样性保护红线，指保护生物多样性，维持关键物种、生态系统与种质资源生存的最小面积。同时，提出了生态功能红线划定后"保护性质不改变、生态功能不降低、空间面积不减少"的保护要求。

2015年5月，环境保护部修订了《生态保护红线划定技术指南》（环发〔2015〕56号），对生态保护红线概念也进行了修订。生态保护红线是指依法在重点生态功能区、生态环境敏感区和脆弱区等区域划定的严格管控边界，是国家和区域生态安全的底线。生态保护红线所包含的区域为生态保护红线区，对于维护生态安全格局、保障生态系统功能、支撑经济社会可持续发展具有重要作用。其属性特征包括五个方面：一是生态保护的关键区域，生态保护红线是维系国家和区域生态安全的底线，是支撑经济社会可持续发展的关键生态区域；二是空间不可替代性，生态保护红线具有显著的区域特定性，其保护对象和空间边界相对固定；三是经济社会支撑性，划定生态保护红线的最终目标是在保护重要自然生态空间的同时，实现对经济社会可持续发展的生态支撑作用；四是管理严格性，生态保护红线是一条不可逾越的空间保护线，应实施最为严格的环境准入制度与管理措施；五是生态安全格局的基础框架，生态保护红线区是保障国家生态安全的基本空间要素，是构建生态安全格局的关键组分。同时提出了生态保护红线一旦划定必须满足四项管控要求：一是性质不转换，生态保护红线区内的自然生态用地不可转换为非生态用地，生态保护的主体对象保持相对稳定；二是功能不降低，生态保护红线区内的自然生态系统功能能够持续稳定发挥，退化生态系统功能得到不断改善；三是面积不减少，生态保护红线区边界保持相对固定，区域面积规模不可随意减少；四是责任不改变，生态保护红线区的林地、草地、湿地、荒漠等自然生态系统按照现行行政管理体制实行分类管理，各级地方政府和相关主管部门对红线区共同履行监管职责。

2017 年 2 月，中共中央办公厅、国务院办公厅印发了《关于划定并严守生态保护红线的若干意见》（厅字〔2017〕2 号），确定了生态保护红线概念。生态保护红线是指在生态空间范围内具有特殊重要生态功能、必须强制性严格保护的区域，是保障和维护国家生态安全的底线和生命线，通常包括具有重要水源涵养、生物多样性维护、水土保持、防风固沙、海岸生态稳定等功能的生态功能重要区域，以及水土流失、土地沙化、石漠化、盐渍化等生态环境敏感脆弱区域。总体要求是以改善生态环境质量为核心，以保障和维护生态功能为主线，按照山水林田湖系统保护的要求，划定并严守生态保护红线，实现一条红线管控重要生态空间，确保生态功能不降低、面积不减少、性质不改变，维护国家生态安全，促进经济社会可持续发展。确立了生态保护红线优先地位。生态保护红线划定后，相关规划要符合生态保护红线空间管控要求，不符合要求的要及时进行调整。空间规划编制要将生态保护红线作为重要基础，发挥生态保护红线对国土空间开发的底线作用，实行严格管控。生态保护红线原则上按禁止开发区域的要求进行管理。严禁不符合主体功能定位的各类开发活动，严禁任意改变用途。生态保护红线划定后，生态保护红线面积只能增加，不能减少。

2017 年 5 月，环境保护部办公厅、国家发展改革委办公厅联合印发了《生态保护红线划定指南》(环办生态〔2017〕48 号),对生态功能不降低、面积不减少、性质不改变做了进一步阐述。功能不降低是指生态保护红线内的自然生态系统结构保持相对稳定,退化的生态系统功能不断改善,质量不断提升;面积不减少是指生态保护红线边界保持相对固定,生态保护红线面积只能增加,不能减少;性质不改变是指严格实施生态保护红线国土空间用途管制,严禁随意改变用地性质。

二、生态保护红线内涵

1. 一条红线管控重要生态空间

生态空间是与城镇空间和农业空间并列的国土空间。《关于划定并严守生态保护红线的若干意见》(厅字〔2017〕2 号)明确了生态空间的范围,生态空间是指具有自然属性、以提供生态服务或生态产品为主体功能的国土空间,包括森林、草原、湿地、河流、湖泊、滩涂、岸线、海洋、荒地、荒漠、戈壁、冰川、高山冻原、无居民海岛等。按照山水林田湖草系统保护的要求,优先将生态空间范围内具有特殊重要生态功能的森林、草原、湿地、海洋等区域划入生态保护红线,加以强制性严格保护,体现山水林田湖草是一个生命共同体的理念,维护国家和区域生态安全格局。此外,不再单独划定森林、湿地、草原等领域生态红线,实现一条红线管控重要生态空间。

2. 一条实施严格保护的控制线

生态保护红线是保障和维护国家生态安全的底线和生命线。统筹考虑自然生态整体性和系统性,开展科学评估,按生态功能重要性、生态环境敏感性与脆弱性划定生态保护红线,并落实到国土空间,系统构建国家生态安全格局,不再进行划分一级红线区、二级红线区或一类管控区、二类管控区,也不会在生态保护红线外围再划分准红线区,同时也不再划分国家级和地方级生态保护红线。在生态保护红线划定上实现一致性,在管理上实现一条控制线管理。实行严格管控,原则上按禁止开发区域的要求进行管理,严禁不符合主体功能定位的各类开发活动,严禁任意改变用途。生态保护红线采取差异化管理,生态保护红线内自然保护地核心保护区原则上禁止人为活动，其他区域严格禁止开发性、生产性建设活动，在符合现行法律法规的前提下，除国家重大战略项目外，仅允许对生态功能不造成破坏的有限人为活动。生态保护红线划定后，生态保护红线面积只能增加，不能减少。

3. 生态保护红线"一张图"

通过国家指导、地方组织，自上而下和自下而上相结合的方式，各省（区、市）按照国家层面出台的生态保护红线划定技术规范，以及国家提出的生态保护红线空间格局和分布意见有关要求，划定生态保护红线，形成省级层面生态保护红线划定方案，国家在各省（区、市）生态保护红线方案的基础上，通过省与省之间的衔接、汇总，形成全国方案，最终形成生态保护红线全国"一张图"。对于未划入生态保护红线的涉及省（区、市）生态安全的重要区域，采用设立自然保护地或其他形式予以保护，或是优化调整、在勘界定标过程中划入生态保护红线。将调整后的自然保护地划入生态保护红线。

4. 生态保护红线是最重要的生态空间

我国大江大河的主要源头区、生态安全屏障区、河湖湿地、各类自然保护区、森林公园、风景名胜区等，是支撑国家生态安全格局的重要组成，是最需要保留的绿水青山。在全国生态空间保护与优化方面，国家已实施全国主体功能区规划、全国土地利用规划、全国生态功能区划、生物多样性保护战略与行动计划等一系列生态保护区规划，加快了国家公园、自然保护区、风景名胜区、森林公园、地质公园、世界文化自然遗产、湿地公园等各类自然生态保护区（地）保护和建设步伐，但问题依然明显。我国生态保护区域面积大，重叠严重，所含部分区域难以有效保护。《全国生态功能区划》中，国家重要生态功能区包括水源涵养、土壤保持、防风固沙、生物多样性保护和洪水调蓄 5 类共 50 个，总面积为 220 万 km^2；《全国主体功能区规划》中，国家重点生态功能区包括水源涵养、水土保持、防风固沙和生物多样性维护 4 类共 25 个，面积为 386 万 km^2；《中国生物多样性保护战略与行动计划》中 32 个陆地生物多样性保护优先区面积为 232 万 km^2。上述 3 类生态保护区域分别占我国陆地总面积的 22.9%、40.2%和 24.2%，存在空间交叉重叠，总面积已超过全国总面积的一半以上。而且由于部分区域是按照现有行政区划，内部还有许多城镇和工业开发区，必然导致开发建设与保护的矛盾，难以实行有效的生态保护措施。自然保护区、风景名胜区、森林公园、湿地公园、地质公园等自然保护地的建设和保护还需进一步科学布局和严格管理。目前，我国自然保护区面积约占陆地总面积的15%，这一比例已经达到甚至超出了发达国家水平，但自然保护区建设情况具有明显的地域特征和不平衡性。早期建立的一些自然保护地，科学论证不足、规划不合理等问题并未得到有效管控；部分自然生态系统及珍稀濒危物种并未得到有效保护；已建的各级各类自然保护区也普遍存在缺乏体制机制保障、保护和管理松懈等问题，并且不断受到各类经济开发活动的蚕食。我国生态保护区域类型多、面积大、覆盖广，但是布局和管理的科学性、系统性、协调性明显不足；虽然大多数自然保护地也具有重要的生态功能，但由于机制体制等原因，实际操作中多数都以追求经济效益为第一目标，旅游开发远重于自然保护，生态破坏情况常见，生态保护和管理亟须规范和加强。

生态保护红线是对具有水源涵养、生物多样性维护、水土保持、防风固沙、海岸生态稳定等功能的生态功能重要区域，以及水土流失、土地沙化、石漠化、盐渍化等生态环境敏感脆弱区域，进行强制性严格保护的区域，优先保护良好生态系统和重要物种栖息地，分类修复受损生态系统，建立和完善生态廊道，提高生态系统完整性和连通性，改善生态环境质量，保障和维护生态功能，确保生态功能不降低、面积不减少、性质不改变。划定并严守生态保护红线是提高生态系统服务功能的有效手段。提高生态系统服务功能和优质生态产品供给能力，维护国家生态安全，促进经济社会可持续发展。

5. 保障和维护国家生态安全的底线和生命线

近年来，随着工业化和城镇化快速发展，资源环境形势日益严峻。尽管生态环境保护与建设力度逐年加大，但总体而言，资源约束压力持续增大，环境污染仍在加重，生态系统退化依然严重，生态问题更加复杂，资源环境与生态恶化趋势尚未得到好转。在此情势下划定生态保护红线，旨在强制性实施严格的生态保护制度，促进资源与能源的高效利用，加大生态环境保护力度，改善生态系统功能和环境质量状况，缓解经济社会开发建设活动对自然生态系统造成的压力和不利影响，力促人口、资源与环境相均衡、经济社会和生态效益相统一。因此，划定并严守生态保护红线是遏制生态环境退化的迫切需要和有效手段。划定生态保护红线是维护国家生态安全的需要，按照生态系统完整性原则和主体功能区定位，优化国土空间开发格局，理顺保护与发展的关系，改善和提高生态系统服务功能，构建结构完整、功能稳定的生态安全格局，才能维护国家生态安全。划定生态保护红线是不断改善环境质量的关键举措，划定并严守生态保护红线，将环境污染控制、环境质量改善和环境风险防范有机衔接，确保环境质量不降级，并逐步得到改善，从源头上扭转生态环境恶化的趋势，建设天蓝、地绿、水净的美好家园。划定生态保护红线有助于增强经济社会可持续发展能力。划定生态保护红线，引导人口分布、经济布局与资源环境承载能力相适应，促进各类资源节约集约利用，对于增强经济社会可持续发展的生态支持能力具有极为重要的意义。

生态保护红线是继"坚守 18 亿亩①耕地红线"后又一条被提升到国家层面的"生命线"。生态保护红线是留住绿水青山的战略举措，是保障和维护生态安全的临界值和最基本要求，是保护生物多样性，维持关键物种、生态系统存续的最小面积，在空间上建立与国家生态安全密切相关的关键生态区域，需要实行严格保护的空间边界与管理限值，必须实施严格保护，有效维护国家和生态区域安全。中央国家安全委员会将生态安全纳入国家总体安全体系，标志着生态安全已正式被列为国家安全的重要组成部分，凸显了生态安全的战略定位。

生态保护红线是国家最基本、最需要保护的生态保护用地。划定并严守生态保护红线是推进国土空间用途管制、守住国家生态安全底线、建设生态文明的一项基础性制度安排，是将用途管制扩大到所有自然生态空间的关键环节，有利于健全国土空间用途管制制度，推动形成以空间规划为基础、以用途管制为主要手段的国土空间开发保护制度。将生态保护红线纳入国家空间规划，为其他规划提供生态基础空间，保障国家生态安全的底线和生命线，确保经济社会的可持续发展，促进人口、资源、环境相均衡。

---

① 1 亩=666.667 m^2。

三、生态保护红线划定要求

自 2011 年国务院首次提出划定生态保护红线以来,其受关注程度和重要地位不断上升,划定生态保护红线已经不仅仅是生态环境保护领域的重点工作,更是生态文明制度建设的关键内容,也是建立国土空间体系的重要任务,已成为国家生态安全和经济社会可持续发展的基础性保障。

根据中共中央、国务院、全国人大,青海省委、省政府,生态环境部、国家发展改革委、自然资源部等网站公开的政策文件,按照国家级、省部级的法律规章、技术文件进行了梳理。

1. 国家级生态保护红线划定要求

《国务院关于加强环境保护重点工作的意见》(国发〔2011〕35 号)提出,在重要生态功能区、陆地和海洋生态环境敏感区、脆弱区等区域划定生态红线。这是国家层面首次提出划定生态保护红线。2013 年 11 月 12 日,党的十八届三中全会通过的《中共中央关于全面深化改革若干重大问题的决定》提出划定生态保护红线。划定生态保护红线是加快生态文明制度的一项重大改革,也是建立系统完备的生态文明制度体系的内在要求。党的十九大报告提出,完成生态保护红线、永久基本农田、城镇开发边界三条控制线划定工作。2019 年 10 月 31 日,党的十九届四中全会通过的《中共中央关于坚持和完善中国特色社会主义制度 推进国家治理体系和治理能力现代化若干重大问题的决定》再次提出,统筹划定落实生态保护红线、永久基本农田、城镇开发边界等空间管控边界以及各类海域保护线。

《中共中央 国务院关于加快推进生态文明建设的意见》《生态文明体制改革总体方案》等一系列文件将划定并严守生态保护红线作为改革生态环境管理体制、推进生态文明制度建设的重要任务之一,并纳入《中华人民共和国国民经济和社会发展第十三个五年规划纲要》进入实施阶段。

中共中央办公厅、国务院办公厅印发的《省级空间规划试点方案》提出以主体功能区规划为基础,全面摸清并分析国土空间本底条件,划定城镇、农业、生态空间以及生态保护红线、永久基本农田、城镇开发边界。按照"严格保护、宁多勿少"的原则科学划定生态保护红线,按照最大限度保护生态安全、构建生态屏障的要求划定生态空间。

2016 年 11 月 1 日,中央全面深化改革领导小组第二十九次会议审议通过了《关于划定并严守生态保护红线的若干意见》,强调划定并严守生态保护红线,要按照山水林田湖草系统保护的思路,实现一条红线管控重要生态空间,形成生态保护红线全国"一张图"。要统筹考虑自然生态整体性和系统性,开展科学评估,按生态功能重要性、生态环境敏感性和脆弱性划定生态保护红线,并将生态保护红线作为编制空间规划的基础,明确管理责任,强化用途管制,加强生态保护和修复,加强监测监管,确保生态功能不弱化、面积不减少、性质不改变。中共中央办公厅、国务院办公厅于 2017 年 2 月 7 日印发并实施《关于划定并严守生态保护红线的若干意见》,作为国家顶层设计文件,意见明确了生态保护红线概念、指导思想、基本原则、总体目标以及划定生态保护红线和严守生态保护红线、组织保障的具体要求等。京津冀区域、长江经济带沿线各省(直辖市)2017 年年底前划定生态保护红线;其他省(自治区、直辖市)2018 年年底前划定生态保护红线;2020 年年底前,全面完成全国生态保护红线划定,勘界定标,基本建立生态保护红线制度,国土生态空间得到优化和有效保护,生态功能保持稳定,国家生态安全格局更加完善。到 2030 年,生态保护红线布局进一步优化,生态保护红线制度有效实施,生态功能显著提升,国家生态安全得到全面保障。

《中共中央　国务院关于全面加强生态环境保护　坚决打好污染防治攻坚战的意见》提出,按照应保尽保、应划尽划的原则,将生态功能重要区域、生态环境敏感脆弱区域纳入生态保护红线。全国生态保护红线面积占比达到 25%左右,这在国家层面上确定了生态保护红线划定比例,1/4 的国土划入生态保护红线,实施严格管控。

《中共中央　国务院关于建立国土空间规划体系并监督实施的若干意见》指出,在资源环境承载能力和国土空间开发适宜性评价的基础上,科学有序统筹布局生态、农业、城镇等功能空间,划定生态保护红线、永久基本农田、城镇开发边界等空间管控边界以及各类海域保护线,强化底线约束,为可持续发展预留空间。发挥国土空间规划体系在国土空间开发保护中的战略引领和刚性管控作用,统领各类空间利用,把每一寸土地都规划得清清楚楚。坚持底线思维,立足资源禀赋和环境承载能力，加快构建生态功能保障基线、环境质量安全底线、自然资源利用上线。《中共中央办公厅　国务院办公厅关于在国土空间规划中统筹划定落实三条控制线的指导意见》中对生态保护红线划定做了进一步要求，按照生态功能划定生态保护红线，优先将具有重要水源涵养、生物多样性维护、水土保持、防风固沙、海岸防护等功能的生态功能极重要区域，以及生态极敏感脆弱的水土流失、沙漠化、石漠化、海岸侵蚀等区域划入生态保护红线。其他经评估目前虽然不能确定但具有潜在重要生态价值的区域也划入生态保护红线。对自然保护地进行调整优化，评估调整后的自然保护地应划入生态保护红线；自然保护地发生调整的，生态保护红线相应调整。

划定并严守生态保护红线也是主体功能区、生态文明试验区、国家公园体制、自然保护地体系、国土规划、土地整治、水污染防治、蓝天保卫战、生态环境监测网络、资源环境承载能力监测预警、国家新型城镇化建设、乡村振兴战略、乡村产业振兴、城乡融合发展、区域协调发展、自然资源资产负债表编制、自然资源资产产权制度改革、国有林场改革、国有林区改革、天然林保护修复制度、湿地保护修复制度、深化经济体制改革、生态保护补偿、农业现代化、农业绿色发展、脱贫攻坚、全域旅游发展、政府配置资源、交通强国建设、交通运输体系发展、长江水生生物保护等国家重大规划的重要任务之一，详见表 1-1。

表 1-1　国家级生态保护红线划定政策

编号	时间	文件名称	政策要求（节选）
1	2011.10.17	《国务院关于加强环境保护重点工作的意见》（国发〔2011〕35 号）	加大生态保护力度。国家编制环境功能区划，在重要生态功能区、陆地和海洋生态环境敏感区、脆弱区等区域划定生态红线，对各类主体功能区分别制定相应的环境标准和环境政策。加强青藏高原生态屏障、黄土高原—川滇生态屏障、东北森林带、北方防沙带和南方丘陵山地带以及大江大河重要水系的生态环境保护。推进生态修复，让江河湖泊等重要生态系统休养生息。强化生物多样性保护，建立生物多样性监测、评估与预警体系以及生物遗传资源获取与惠益共享制度，有效防范物种资源丧失和流失。加强自然保护区综合管理。开展生态系统状况评估。加强矿产、水电、旅游资源开发和交通基础设施建设中的生态保护。推进生态文明建设试点，进一步开展生态示范创建活动

编号	时间	文件名称	政策要求（节选）
2	2011.12.15	《国务院关于印发国家环境保护"十二五"规划的通知》（国发〔2011〕42号）	制定国家环境功能区划。根据不同地区主要环境功能差异，以维护环境健康、保育自然生态安全、保障食品产地环境安全等为目标，结合全国主体功能区规划，编制国家环境功能区划，在重点生态功能区、陆地和海洋生态环境敏感区、脆弱区等区域划定"生态红线"，制定不同区域的环境目标、政策和环境标准，实行分类指导、分区管理
3	2011.12.08	《国务院办公厅关于转发国土资源部等部门找矿突破战略行动纲要（2011—2020年）的通知》（国办发〔2011〕57号）	统筹矿产资源勘查开发和生态环境保护。 严格执行国家生态环境保护规定，严格控制在全国主体功能区划中限制开发区域和禁止开发区域的矿产勘查开发活动。 矿产资源勘查活动涉及自然保护区、重点国有林区和西部省（区、市）直管国有林区的，禁止社会资金进行商业性勘查，原则上只安排中央财政出资的、国家紧缺矿种资源的基础地质调查和矿产远景调查等公益性工作，勘查区要避开自然保护区的核心区和缓冲区。在《中国生物多样性保护战略与行动计划》确定的生物多样性保护优先区域内实施勘查，要注意减小对环境的影响，保护生物多样性
4	2013.11.12	《中共中央关于全面深化改革若干重大问题的决定》（2013年11月12日中国共产党第十八届中央委员会第三次全体会议通过）	加快生态文明制度建设。建设生态文明，必须建立系统完整的生态文明制度体系，实行最严格的源头保护制度、损害赔偿制度、责任追究制度，完善环境治理和生态修复制度，用制度保护生态环境。 划定生态保护红线。坚定不移实施主体功能区制度，建立国土空间开发保护制度，严格按照主体功能区定位推动发展，建立国家公园体制。建立资源环境承载能力监测预警机制，对水土资源、环境容量和海洋资源超载区域实行限制性措施。对限制开发区域和生态脆弱的国家扶贫开发工作重点县取消地区生产总值考核
5	2014.03	《中共中央 国务院印发〈国家新型城镇化规划（2014—2020年）〉的通知》（中发〔2014〕4号）	合理划定生态保护红线，扩大城市生态空间，增加森林、湖泊、湿地面积，将农村废弃地、其他污染土地、工矿用地转化为生态用地，在城镇化地区合理建设绿色生态廊道。 建立空间规划体系，坚定不移实施主体功能区制度，划定生态保护红线

编号	时间	文件名称	政策要求（节选）
6	2014.03.17	《中共中央、国务院印发〈国有林场改革方案〉和〈国有林区改革指导意见〉》	基本原则。坚持生态导向、保护优先。森林是陆地生态的主体，是国家、民族生存的资本和根基，关系生态安全、淡水安全、国土安全、物种安全、气候安全和国家生态外交大局。要以维护和提高森林资源生态功能作为改革的出发点和落脚点，实行最严格的国有林场林地和林木资源管理制度，确保国有森林资源不破坏、国有资产不流失，为坚守生态红线发挥骨干作用
7	2015.04.02	《国务院关于印发水污染防治行动计划的通知》（国发〔2015〕17号）	加强河湖水生态保护，科学划定生态保护红线
8	2015.04.25	《中共中央、国务院关于加快推进生态文明建设的意见》（中发〔2015〕12号）	主要目标。生态文明重大制度基本确立。基本形成源头预防、过程控制、损害赔偿、责任追究的生态文明制度体系，自然资源资产产权和用途管制、生态保护红线、生态保护补偿、生态环境保护管理体制等关键制度建设取得决定性成果。 健全生态文明制度体系。严守资源环境生态红线。树立底线思维，设定并严守资源消耗上限、环境质量底线、生态保护红线，将各类开发活动限制在资源环境承载能力之内。合理设定资源消耗"天花板"，加强能源、水、土地等战略性资源管控，强化能源消耗强度控制，做好能源消费总量管理。继续实施水资源开发利用控制、用水效率控制、水功能区限制纳污三条红线管理。划定永久基本农田，严格实施永久保护，对新增建设用地占用耕地规模实行总量控制，落实耕地占补平衡，确保耕地数量不下降、质量不降低。严守环境质量底线，将大气、水、土壤等环境质量"只能更好、不能变坏"作为地方各级政府环保责任红线，相应确定污染物排放总量限值和环境风险防控措施。在重点生态功能区、生态环境敏感区和脆弱区等区域划定生态红线，确保生态功能不降低、面积不减少、性质不改变；科学划定森林、草原、湿地、海洋等领域生态红线，严格自然生态空间征（占）用管理，有效遏制生态系统退化的趋势。探索建立资源环境承载能力监测预警机制，对资源消耗和环境容量接近或超过承载能力的地区，及时采取区域限批等限制性措施

编号	时间	文件名称	政策要求（节选）
9	2015.07.26	《国务院办公厅关于印发生态环境监测网络建设方案的通知》（国办发〔2015〕56号）	提升生态环境风险监测评估与预警能力。定期开展全国生态状况调查与评估，建立生态保护红线监管平台，对重要生态功能区人类干扰、生态破坏等活动进行监测、评估与预警。开展化学品、持久性有机污染物、新型特征污染物及危险废物等环境健康危害因素监测，提高环境风险防控和突发事件应急监测能力
10	2015.09.21	《中共中央、国务院关于印发〈生态文明体制改革总体方案〉的通知》（中发〔2015〕25号）	健全国土空间用途管制制度。简化自上而下的用地指标控制体系，调整按行政区和用地基数分配指标的做法。将开发强度指标分解到各县级行政区，作为约束性指标，控制建设用地总量。将用途管制扩大到所有自然生态空间，划定并严守生态红线，严禁任意改变用途，防止不合理开发建设活动对生态红线的破坏。完善覆盖全部国土空间的监测系统，动态监测国土空间变化
11	2015.11.08	《国务院办公厅关于印发编制自然资源资产负债表试点方案的通知》（国办发〔2015〕82号）	坚持整体设计。将自然资源资产负债表编制纳入生态文明制度体系，与资源环境生态红线管控、自然资源资产产权和用途管制、领导干部自然资源资产离任审计、生态环境损害责任追究等重大制度相衔接。按照生态系统的自然规律和有机联系，统筹设计主要自然资源的资产负债核算
12	2015.11.29	《中共中央、国务院关于打赢脱贫攻坚战的决定》	坚持扶贫开发与生态保护并重。 坚持保护生态，实现绿色发展。牢固树立"绿水青山就是金山银山"的理念，把生态保护放在优先位置，扶贫开发不能以牺牲生态为代价，探索生态脱贫新路子，让贫困人口从生态建设与修复中得到更多实惠
13	2016.02.02	《国务院关于深入推进新型城镇化建设的若干意见》（国发〔2016〕8号）	划定永久基本农田、生态保护红线和城市开发边界，实施城市生态廊道建设和生态系统修复工程

编号	时间	文件名称	政策要求（节选）
14	2016.03.16	《中华人民共和国国民经济和社会发展第十三个五年规划纲要》（第十二届全国人民代表大会第四次会议批准）	划定生态保护红线，实施分区管理。 划定农业空间和生态空间保护红线，拓展重点生态功能区覆盖范围，加大禁止开发区域保护力度。 落实生态空间用途管制，划定并严守生态保护红线，确保生态功能不降低、面积不减少、性质不改变。 强化三江源等江河源头和水源涵养区生态保护。加大南水北调水源地及沿线生态走廊、三峡库区等区域生态保护力度，推进沿黄生态经济带建设。支持甘肃生态安全屏障综合示范区建设。开展典型受损生态系统恢复和修复示范。完善国家地下水监测系统，开展地下水超采区综合治理。建立沙化土地封禁保护制度。有步骤地对居住在自然保护区核心区与缓冲区的居民实施生态移民。 扩大生态产品供给。丰富生态产品，优化生态服务空间配置，提升生态公共服务供给能力。加大风景名胜区、森林公园、湿地公园、沙漠公园等保护力度，加强林区道路等基础设施建设，适度开发公众休闲、旅游观光、生态康养服务和产品
15	2016.03.25	《国务院批转国家发展改革委关于2016年深化经济体制改革重点工作意见的通知》（国发〔2016〕21号）	制定划定并严守生态保护红线的若干意见。抓紧推进三江源等9个国家公园体制试点
16	2016.04.28	《国务院办公厅关于健全生态保护补偿机制的意见》（国办发〔2016〕31号）	完善重点生态区域补偿机制。继续推进生态保护补偿试点示范，统筹各类补偿资金，探索综合性补偿办法。划定并严守生态保护红线，研究制定相关生态保护补偿政策。健全国家级自然保护区、世界文化自然遗产、国家级风景名胜区、国家森林公园和国家地质公园等各类禁止开发区域的生态保护补偿政策。将青藏高原等重要生态屏障作为开展生态保护补偿的重点区域。将生态保护补偿作为建立国家公园体制试点的重要内容

编号	时间	文件名称	政策要求（节选）
17	2016.08	中共中央办公厅、国务院办公厅印发《关于设立统一规范的国家生态文明试验区的意见》	战略定位。国土空间科学开发的先导区。开展省级空间规划编制试点，推进"多规合一"省域全覆盖，健全国土空间开发保护制度，划定并严守生态保护红线，加快构建以空间规划为基础、以用途管制为主要手段的国土空间治理体系。 重点任务。建立健全国土空间规划和用途管制制度。健全国土空间开发保护制度。完善基于主体功能定位的国土开发利用差别化准入制度，在重点生态功能区实行产业准入负面清单。2016 年完成全省陆域和海洋生态保护红线划定工作，既划定区域红线，又根据森林、湿地、海洋等生态系统的特点设定数量红线，建立红线管控制度，强化对重点生态功能区、生态环境敏感区和脆弱区等区域的有效保护，在与相关规划充分衔接的基础上，将生态系统保护和生态功能恢复任务落实到具体区域和具体地块，到 2017 年基本形成涵盖全省各类生态保护系统、管理有机衔接的生态管控格局，确保生态功能不降低、面积不减少、性质不改变，扩大自然保护区面积。同步开展永久基本农田、城市开发边界划定工作，按照城镇由大到小、空间由近及远、耕地质量等级和地力等级由高到低的顺序，将大城市和特大城市周边、交通沿线现有易被占用的优质耕地优先划为永久基本农田，并落地到户、上图入库，严格实施永久保护，确保面积不减少、质量不下降、用途不改变
18	2016.10.17	《国务院关于印发全国农业现代化规划（2016—2020 年）的通知》（国发〔2016〕58 号）	保护发展区。对生态脆弱的区域，重点划定生态保护红线，明确禁止类产业，加大生态建设力度，提升可持续发展水平。青藏区，严守生态保护红线，加强草原保护建设
19	2016.11.23	《国务院关于印发"十三五"脱贫攻坚规划的通知》（国发〔2016〕64 号）	坚持绿色协调可持续发展。牢固树立"绿水青山就是金山银山"的理念，把贫困地区生态环境保护摆在更加重要的位置，探索生态脱贫有效途径，推动扶贫开发与资源环境相协调、脱贫致富与可持续发展相促进，使贫困人口从生态保护中得到更多实惠。 生态保护扶贫。处理好生态保护与扶贫开发的关系，加强贫困地区生态环境保护与治理修复，提升贫困地区可持续发展能力。逐步扩大对贫困地区和贫困人口的生态保护补偿，增设生态公益岗位，使贫困人口通过参与生态保护实现就业脱贫

编号	时间	文件名称	政策要求（节选）
20	2016.11.24	《国务院关于印发"十三五"生态环境保护规划的通知》（国发〔2016〕65号）	坚持空间管控、分类防治。生态优先，统筹生产、生活、生态空间管理，划定并严守生态保护红线，维护国家生态安全。建立系统完整、责权清晰、监管有效的管理格局，实施差异化管理，分区分类管控，分级分项施策，提升精细化管理水平。 划定并严守生态保护红线。2017年年底前，京津冀区域、长江经济带沿线各省（市）划定生态保护红线；2018年年底前，其他省（区、市）划定生态保护红线；2020年年底前，全面完成全国生态保护红线划定、勘界定标，基本建立生态保护红线制度。制定生态保护红线管控措施，建立健全生态保护补偿机制，定期发布生态保护红线保护状况信息。建立监控体系与评价考核制度，对各省（区、市）生态保护红线保护成效进行评价考核。全面保障国家生态安全，保护和提升森林、草原、河流、湖泊、湿地、海洋等生态系统功能，提高优质生态产品供给能力。 推动"多规合一"。以主体功能区规划为基础，规范完善生态环境空间管控、生态环境承载力调控、环境质量底线控制、战略环评与规划环评刚性约束等环境引导和管控要求，制定落实生态保护红线、环境质量底线、资源利用上线和环境准入负面清单的技术规范，强化"多规合一"的生态环境支持。 实施重点生态环保科技专项。创新青藏高原等生态屏障带保护修复技术方法与治理模式，研发生态环境监测预警、生态修复、生物多样性保护、生态保护红线评估管理、生态廊道构建等关键技术，建立一批生态保护与修复科技示范区。 完善环境标准和技术政策体系。完善环境保护技术政策，建立生态保护红线监管技术规范。 加快建设生态监测网络。建设全国生态保护红线监管平台，建立一批相对固定的生态保护红线监管地面核查点

编号	时间	文件名称	政策要求（节选）
21	2016.11.30	《国务院办公厅关于印发湿地保护修复制度方案的通知》（国办发〔2016〕89号）	落实湿地面积总量管控。确定全国和各省（区、市）湿地面积管控目标，逐级分解落实。合理划定纳入生态保护红线的湿地范围，明确湿地名录，并落实到具体湿地地块。经批准征收、占用湿地并转为其他用途的，用地单位要按照"先补后占、占补平衡"的原则，负责恢复或重建与所占湿地面积和质量相当的湿地，确保湿地面积不减少
22	2016.12.23	《国务院关于全国土地整治规划（2016—2020年）的批复》（国函〔2016〕209号）	坚持保护环境的基本国策，划定并严守生态保护红线，筑牢生态安全屏障，促进人与自然和谐共生。 为了确保国家粮食安全、筑牢生态安全屏障，需要划定农业空间和生态保护红线，土地供需矛盾将进一步凸显，传统粗放利用土地资源的方式不可持续。 促进生态安全屏障建设。按照生态文明建设要求，实施山水林田湖综合整治，加强生态环境保护和修复，大力建设生态国土。在开展土地整治中，切实加强对国家禁止开发区、重点生态功能区、生态环境敏感区和脆弱区等区域的保护，严格控制对天然林、公益林地、天然草地、河湖、湿地等的开发，生态保护红线原则上按禁止开发区域的要求进行管理，严禁开垦林地、草地等不符合主体功能定位的各类开发活动，严禁任意改变用途，不得在重点国有林区、国有林场内开展土地整治；加强对江河湖库水系、重要交通干道、天然林和草原等的土地生态修复和建设；提高土地生态服务功能，筑牢生态安全屏障。 生态空间：在生态空间范围内，开展土地整治活动应着重加强土地生态修复和建设，对依法划定的生态保护红线范围内的土地实行严格保护，确保生态功能不降低、面积不减少、性质不改变；对生态退化严重的区域，可按照自然恢复为主的原则开展土地整治和保护工程，提高退化土地生态系统的自我修复能力，遏制土地生态环境恶化趋势。 土地整治规划应与主体功能区规划、林地保护利用规划、草原保护建设利用规划、生态保护红线等相衔接

编号	时间	文件名称	政策要求（节选）
23	2016.12.27	《中共中央办公厅、国务院办公厅印发〈省级空间规划试点方案〉的通知》（中发〔2016〕51号）	指导思想：以主体功能区规划为基础，全面摸清并分析国土空间本底条件，划定城镇、农业、生态空间以及生态保护红线、永久基本农田、城镇开发边界（以下称"三区三线"），注重开发强度管控和主要控制线落地，统筹各类空间性规划，编制统一的省级空间规划，为实现"多规合一"、建立健全国土空间开发保护制度积累经验、提供示范。 绘制规划底图：根据不同主体功能定位，综合考虑经济社会发展、产业布局、人口集聚趋势，以及永久基本农田、各类自然保护地、重点生态功能区、生态环境敏感区和脆弱区保护等底线要求，科学测算城镇、农业、生态三类空间比例和开发强度指标。采取自上而下（省级层面向市县层面下达管控指标和要求）和自下而上（市县层面分解落实指标要求并报省级层面统筹校验汇总）相结合的方式，按照严格保护、宁多勿少原则科学划定生态保护红线，按照最大程度保护生态安全、构建生态屏障的要求划定生态空间；划定永久基本农田，统筹考虑农业生产和农村生活需要，划定农业空间；按照基础评价结果和开发强度控制要求，兼顾城镇布局和功能优化的弹性需要，从严划定城镇开发边界，有效管控城镇空间。以"三区三线"为载体，合理整合协调各部门空间管控手段，绘制形成空间规划底图
24	2017.01.03	《国务院关于印发全国国土规划纲要（2016—2030年）的通知》（国发〔2017〕3号）	国土空间开发保护制度全面建立，生态文明建设基础更加坚实。到2020年，空间规划体系不断完善，最严格的土地管理制度、水资源管理制度和环保制度得到落实，生态保护红线全面划定，国土空间开发、资源节约、生态环境保护的体制机制更加健全，资源环境承载能力监测预警水平得到提升；到2030年，国土空间开发保护制度更加完善，由空间规划、用途管制、差异化绩效考核构成的空间治理体系更加健全，基本实现国土空间治理能力现代化。

编号	时间	文件名称	政策要求（节选）
24	2017.01.03	《国务院关于印发全国国土规划纲要（2016—2030年）的通知》（国发〔2017〕3号）	强化自然生态保护。划定并严守生态保护红线。依托"两屏三带"为主体的陆域生态安全格局和"一带一链多点"的海洋生态安全格局，将水源涵养、生物多样性维护、水土保持、防风固沙等生态功能重要区域，以及生态环境敏感脆弱区域进行空间叠加，划入生态保护红线，涵盖所有国家级、省级禁止开发区域，以及有必要严格保护的其他各类保护地等。生态保护红线原则上按禁止开发区域的要求进行管理，严禁不符合主体功能定位的各类开发活动，严禁任意改变用途，确保生态保护红线功能不降低、面积不减少、性质不改变，保障国家生态安全。
			健全环境保护管理制度。划定生态保护红线，严守环境质量底线，将大气、水、土壤等环境质量"只能更好、不能变坏"作为地方各级政府环保责任红线，相应确定污染物排放总量限值和环境风险防控措施。
			严格"三线"管控。划定城镇、农业、生态空间，严格落实用途管制。科学确定国土开发强度，严格执行并不断完善最严格的耕地保护制度、水资源管理制度、环保制度，对涉及国家粮食、能源、生态和经济安全的战略性资源，实行总量控制、配额管理制度，并分解下达到各省（区、市）。设置"生存线"，明确耕地保护面积和水资源开发规模，保障国家粮食和水资源安全；设置"生态线"，划定森林、草原、河湖、湿地、海洋等生态要素保有面积和范围，明确各类保护区范围，提高生态安全水平；设置"保障线"，保障经济社会发展所必需的建设用地，促进新型工业化和城镇化健康发展，确定能源和重要矿产资源生产基地及运输通道，确保国家能源资源持续有效供给
25	2017.01.11	《中共中央办公厅、国务院办公厅印发〈关于创新政府配置资源方式的指导意见〉的通知》	发挥空间规划对自然资源配置的引导约束作用。以主体功能区规划为基础，整合各部门分头编制的各类空间性规划，编制统一的空间规划，合理布局城镇空间、农业空间和生态空间，划定城镇开发边界、永久基本农田和生态保护红线，科学配置和严格管控各类自然资源。健全国土空间用途管制制度，将开发强度指标分解到各县级行政区，控制建设用地总量。将用途管制扩大到所有自然生态空间，确定林地、草原、河流、湖泊、湿地、荒漠等的保护边界，严禁任意改变用途

编号	时间	文件名称	政策要求（节选）
26	2017.01.24	《中共中央办公厅、国务院办公厅印发〈关于划定并严守生态保护红线的若干意见〉的通知》（厅字〔2017〕2号）	总体要求：以改善生态环境质量为核心，以保障和维护生态功能为主线，按照山水林田湖系统保护的要求，划定并严守生态保护红线，实现一条红线管控重要生态空间，确保生态功能不降低、面积不减少、性质不改变，维护国家生态安全，促进经济社会可持续发展。2017年年底前，京津冀区域、长江经济带沿线各省（直辖市）划定生态保护红线；2018年年底前，其他省（自治区、直辖市）划定生态保护红线；2020年年底前，全面完成全国生态保护红线划定，勘界定标，基本建立生态保护红线制度，国土生态空间得到优化和有效保护，生态功能保持稳定，国家生态安全格局更加完善。到2030年，生态保护红线布局进一步优化，生态保护红线制度有效实施，生态功能显著提升，国家生态安全得到全面保障。 划定生态保护红线：依托"两屏三带"为主体的陆地生态安全格局和"一带一链多点"的海洋生态安全格局，采取国家指导、地方组织，自上而下和自下而上相结合，科学划定生态保护红线。明确划定范围，识别生态功能重要区域和生态环境敏感脆弱区域的空间分布，将上述两类区域进行空间叠加，划入生态保护红线，涵盖所有国家级、省级禁止开发区域，以及有必要严格保护的其他各类保护地等。落实生态保护红线边界。有序推进划定工作，形成全国生态保护红线，并向社会发布。 严守生态保护红线：落实地方各级党委和政府主体责任，强化生态保护红线刚性约束，形成一整套生态保护红线管控和激励措施。明确属地管理责任，地方各级党委和政府是严守生态保护红线的责任主体，要将生态保护红线作为相关综合决策的重要依据和前提条件，履行好保护责任。确立生态保护红线优先地位，发挥生态保护红线对于国土空间开发的底线作用。实行严格管控，生态保护红线原则上按禁止开发区域的要求进行管理。严禁不符合主体功能定位的各类开发活动，严禁任意改变用途，生态保护红线划定后，只能增加、不能减少。加大生态保护补偿力度。加强生态保护与修复。建立监测网络和监管平台。开展定期评价。强化执法监督。建立考核机制。严格责任追究。强化组织保障：加强组织协调。完善政策机制。促进共同保护

编号	时间	文件名称	政策要求（节选）
27	2017.02.03	《国务院关于印发"十三五"现代综合交通运输体系发展规划的通知》（国发〔2017〕11号）	将生态保护红线意识贯穿到交通发展各环节，建立绿色发展长效机制，建设美丽交通走廊。强化生态保护和污染防治。将生态环保理念贯穿交通基础设施规划、建设、运营和养护全过程。积极倡导生态选线、环保设计，利用生态工程技术减少交通对自然保护区、风景名胜区、珍稀濒危野生动植物天然集中分布区等生态敏感区域的影响。严格落实生态保护和水土保持措施，鼓励开展生态修复
28	2017.03.22	《国务院关于落实〈政府工作报告〉重点工作部门分工的意见》（国发〔2017〕22号）	推进生态保护和建设。抓紧划定并严守生态保护红线。积极应对气候变化。启动森林质量提升、长江经济带重大生态修复、第二批山水林田湖生态保护工程试点，完成退耕还林还草1 200万亩以上，加强荒漠化、石漠化治理，积累更多生态财富，构筑可持续发展的绿色长城
29	2017.09.20	《中共中央办公厅、国务院办公厅印发〈关于建立资源环境承载能力监测预警长效机制的若干意见〉的通知》（厅字〔2017〕25号）	管控机制。生态管控措施。加强对江、湖、河、山脉等自然生态系统的保护，在重要江、湖、河、山脉及周边划定管控红线，实施最严格的保护措施，最大限度地保障整体生态安全
30	2017.09	《中共中央办公厅、国务院办公厅关于印发〈建立国家公园体制总体方案〉的通知》（中办发〔2017〕55号）	明确国家公园定位。国家公园是我国自然保护地最重要类型之一，属于全国主体功能区规划中的禁止开发区域，纳入全国生态保护红线区域管控范围，实行最严格的保护。国家公园的首要功能是重要自然生态系统的原真性、完整性保护，同时兼具科研、教育、游憩等综合功能
31	2017.09.30	《中共中央办公厅、国务院办公厅印发〈关于创新体制机制推进农业绿色发展的意见〉的通知》	基本原则。坚持以空间优化、资源节约、环境友好、生态稳定为基本路径。牢固树立节约集约循环利用的资源观，把保护生态环境放在优先位置，落实构建生态功能保障基线、环境质量安全底线、自然资源利用上线的要求，防止将农业生产与生态建设对立，把绿色发展导向贯穿农业发展全过程

编号	时间	文件名称	政策要求（节选）
32	2017.10.18	《决胜全面建成小康社会夺取新时代中国特色社会主义伟大胜利——在中国共产党第十九次全国代表大会上的报告》	完成生态保护红线、永久基本农田、城镇开发边界三条控制线划定工作
33	2017.12	《中共中央、国务院关于完善主体功能区战略和制度的若干意见》（中发〔2017〕27号）	到2020年，符合主体功能定位的县域空间格局基本划定，陆海全覆盖的主体功能区战略格局精准落地，"多规合一"的空间规划体系建立健全
34	2018.01.02	《中共中央、国务院关于实施乡村振兴战略的意见》（中发〔2018〕1号）	坚持人与自然和谐共生。牢固树立和践行"绿水青山就是金山银山"的理念，落实节约优先、保护优先、自然恢复为主的方针，统筹山水林田湖草系统治理，严守生态保护红线，以绿色发展引领乡村振兴
35	2018.03.05	《政府工作报告》（第十三届全国人民代表大会第一次会议）	加强生态系统和修复，全面完成并严守生态保护红线
36	2018.03.09	《国务院办公厅关于促进全域旅游发展的指导意见》（国办发〔2018〕15号）	加强资源环境保护。强化对自然生态、田园风光、传统村落、历史文化、民族文化等资源的保护，依法保护名胜名城名镇名村的真实性和完整性，严格规划建设管控，保持传统村镇原有肌理，延续传统空间格局，注重文化挖掘和传承，构筑具有地域特征、民族特色的城乡建筑风貌。加强旅游规划统筹协调。将旅游发展作为重要内容纳入经济社会发展规划和城乡建设、土地利用、海洋主体功能区和海洋功能区划、基础设施建设、生态环境保护等相关规划中，由当地人民政府编制旅游发展规划并依法开展环境影响评价
37	2018.04.26	《习近平总书记在深入推动长江经济带发展座谈会上的讲话》	要按照"多规合一"的要求，在开展资源环境承载能力和国土空间开发适宜性评价的基础上，抓紧完成长江经济带生态保护红线、永久基本农田、城镇开发边界三条控制线划定工作，科学谋划国土空间开发保护格局，建立健全国土空间管控机制，以空间规划统领水资源利用、水污染防治、岸线使用、航运发展等方面空间利用任务，促进经济社会发展格局、城镇空间布局、产业结构调整与资源环境承载能力相适应，做好同建立负面清

编号	时间	文件名称	政策要求（节选）
			单管理制度的衔接协调，确保形成整体顶层合力
38	2018.05.18	《推动我国生态文明建设迈上新台阶——习近平总书记在全国生态环境保护大会上的讲话》	要加快划定并严守生态保护红线、环境质量底线、资源利用上线三条红线。对突破三条红线、仍然沿用粗放增长模式、"吃祖宗饭、砸子孙碗"的事，绝对不能再干，绝对不允许再干。在生态保护红线方面，要建立严格的管控体系，实现一条红线管控重要生态空间，确保生态功能不降低、面积不减少、性质不改变。在环境质量底线方面，将生态环境质量只能更好、不能变坏作为底线，并在此基础上不断改善，对生态破坏严重、环境质量恶化的区域必须严肃问责。在资源利用上线方面，不仅要考虑人类和当代的需要，也要考虑大自然和后人的需要，把握好自然资源开发利用的度，不要突破自然资源承载能力。要严格管控生态保护红线，实现山水林田湖草系统监管和事前、事中、事后的全过程监管。这次深化党和国家机构改革，党中央决定组建生态环境部。主要考虑有两点：一是在污染防治上改变"九龙治水"的状况，整合职能，为打好污染防治攻坚战提供支撑。二是在生态保护修复上强化统一监管，坚决守住生态保护红线
39	2018.06.16	《中共中央、国务院关于全面加强生态环境保护　坚决打好污染防治攻坚战的意见》（中发〔2018〕17号）	（全国）生态保护红线面积占比达到25%左右。坚持保护优先。落实生态保护红线、环境质量底线、资源利用上线硬约束，深化供给侧结构性改革，推动形成绿色发展方式和生活方式，坚定不移走生产发展、生活富裕、生态良好的文明发展道路。加快生态保护与修复。坚持自然恢复为主，统筹开展全国生态保护与修复，全面划定并严守生态保护红线，提升生态系统质量和稳定性。划定并严守生态保护红线。按照应保尽保、应划尽划的原则，将生态功能重要区域、生态环境敏感脆弱区域纳入生态保护红线。到2020年，全面完成全国生态保护红线划定、勘界定标，形成生态保护红线全国"一张图"，实现一条红线管控重要生态空间。制定实施生态保护红线管理办法、保护修复方案，建设国家生态保护红线监管平台，开展生态保护红线监测预警与评估考核。改革完善生态环境治理体系。完善生态环境监管体系。省级党委和政府加快确定生态保护红线、环境质量底线、资源利用上线，制定生态环境准入清单，在地方立法、政策制定、规划编制、执法监管中不得变通突破、降低标准，不符合不衔接不适应的于2020年年底前完成调整。实施生态环境统一监管。健全生态环境保护经济政策体系。增加中央财政对国家重点生态功能区、生态保护红线区域等生态功能重要地区的转移支付，继续安排中央预算内投资对重点

编号	时间	文件名称	政策要求（节选）
			生态功能区给予支持
40	2018.06.27	《国务院关于印发打赢蓝天保卫战三年行动计划的通知》（国发〔2018〕22号）	优化产业布局。各地完成生态保护红线、环境质量底线、资源利用上线、环境准入清单编制工作，明确禁止和限制发展的行业、生产工艺和产业目录
41	2018.09.26	《中共中央、国务院印发〈乡村振兴战略规划（2018—2022年）〉的通知》（中发〔2018〕18号）	坚持人与自然和谐共生。牢固树立和践行"绿水青山就是金山银山"的理念，落实节约优先、保护优先、自然恢复为主的方针，统筹山水林田湖草系统治理，严守生态保护红线，以绿色发展引领乡村振兴。统筹城乡发展空间。强化空间用途管制。强化国土空间规划对各专项规划的指导约束作用，统筹自然资源开发利用、保护和修复，按照不同主体功能定位和陆海统筹原则，开展资源环境承载能力和国土空间开发适宜性评价，科学划定生态、农业、城镇等空间和生态保护红线、永久基本农田、城镇开发边界及海洋生物资源保护线、围填海控制线等主要控制线，推动主体功能区战略格局在市县层面精准落地，健全不同主体功能区差异化协同发展长效机制，实现山水林田湖草整体保护、系统修复、综合治理
42	2018.09.24	《国务院办公厅关于加强长江水生生物保护工作的意见》（国办发〔2018〕95号）	树立红线思维，留足生态空间。严守生态保护红线、环境质量底线和资源利用上线，根据水生生物保护和水域生态修复的实际需要，在生态功能重要和生态环境敏感脆弱区域科学建立水生生物保护区，实施严格的保护管理。结合长江流域生态保护红线划定，在水生生物重要栖息地和关键生境建立自然保护区、水产种质资源保护区或其他保护地，实行严格的保护和管理
43	2018.11.18	《中共中央、国务院关于建立更加有效的区域协调发展新机制的意见》	建立区域均衡的财政转移支付制度。严守生态保护红线，完善主体功能区配套政策，中央财政加大对重点生态功能区转移支付力度，提供更多优质生态产品
44	2019.04.14	《中共中央办公厅、国务院办公厅关于统筹推进自然资源资产产权制度改革的指导意见》	强化自然资源整体保护。编制实施国土空间规划，划定并严守生态保护红线、永久基本农田、城镇开发边界等控制线，建立健全国土空间用途管制制度、管理规范和技术标准，对国土空间实施统一管控，强化山水林田湖草整体保护
45	2019.04.15	《中共中央、国务院关于建立健全城乡融合发展体制机制和政策体系的意见》	坚持守住底线、防范风险。正确处理改革发展稳定关系，在推进体制机制破旧立新过程中，守住土地所有制性质不改变、耕地红线不突破、农民利益不受损底线，守住生态保护红线，守住乡村文化根脉，高度重视和有效防范各类政治经济社会风险。按照"多规合一"要求编制市县空间规划，实现土地利用规划、城乡规划等有机融合，确保"三区三线"

编号	时间	文件名称	政策要求（节选）
			在市县层面精准落地
46	2019.05.10	《中共中央、国务院关于建立国土空间规划体系并监督实施的若干意见》（中发〔2019〕18号）	提高科学性。坚持生态优先、绿色发展，尊重自然规律、经济规律、社会规律和城乡发展规律，因地制宜开展规划编制工作；坚持节约优先、保护优先、自然恢复为主的方针，在资源环境承载能力和国土空间开发适宜性评价的基础上，科学有序统筹布局生态、农业、城镇等功能空间，划定生态保护红线、永久基本农田、城镇开发边界等空间管控边界以及各类海域保护线，强化底线约束，为可持续发展预留空间。 健全用途管制制度。对以国家公园为主体的自然保护地、重要海域和海岛、重要水源地、文物等实行特殊保护制度。 加强组织领导。各地区各部门要落实国家发展规划提出的国土空间开发保护要求，发挥国土空间规划体系在国土空间开发保护中的战略引领和刚性管控作用，统领各类空间利用，把每一寸土地都规划得清清楚楚。坚持底线思维，立足资源禀赋和环境承载能力，加快构建生态功能保障基线、环境质量安全底线、自然资源利用上线
47	2019.06.16	《中共中央办公厅、国务院办公厅关于建立以国家公园为主体的自然保护地体系的指导意见》（中办发〔2019〕42号）	到2020年，提出国家公园及各类自然保护地总体布局和发展规划，完成国家公园体制试点，设立一批国家公园，完成自然保护地勘界立标并与生态保护红线衔接，制定自然保护地内建设项目负面清单，构建统一的自然保护地分类分级管理体制。 构建科学合理的自然保护地体系。明确自然保护地功能定位。要将生态功能重要、生态环境敏感脆弱以及其他有必要严格保护的各类自然保护地纳入生态保护红线管控范围。 合理调整自然保护地范围并勘界立标。制定自然保护地范围和区划调整办法，依规开展调整工作。制定自然保护地边界勘定方案、确认程序和标识系统，开展自然保护地勘界定标并建立矢量数据库，与生态保护红线衔接，在重要地段、重要部位设立界桩和标识牌。确因技术原因引起的数据、图件与现地不符等问题可以按管理程序一次性纠正

编号	时间	文件名称	政策要求（节选）
48	2019.06.17	《国务院关于促进乡村产业振兴的指导意见》（国发〔2019〕12号）	绿色引领、创新驱动。践行绿水青山就是金山银山理念，严守耕地和生态保护红线，节约资源，保护环境，促进农村生产生活生态协调发展。推动科技、业态和模式创新，提高乡村产业质量效益
49	2019.07.23	《中共中央办公厅、国务院办公厅印发〈天然林保护修复制度方案〉的通知》	完善天然林管护制度。确定天然林保护重点区域。对全国所有天然林实行保护，禁止毁林开垦，将天然林改造为人工林以及其他破坏天然林及其生态环境的行为。依据国土空间规划划定的生态保护红线以及生态区位重要性、自然恢复能力、生态脆弱性、物种珍稀性等指标，确定天然林保护重点区域，分区施策，分别采取封禁管理，自然恢复为主、人工促进为辅或其他复合生态修复措施
50	2019.09.19	《中共中央、国务院印发〈交通强国建设纲要〉的通知》（中发〔2019〕39号）	强化交通生态环境保护修复。严守生态保护红线，严格落实生态保护和水土保持措施，严格实施生态修复、地质环境治理恢复与土地复垦，将生态环保理念贯穿交通基础设施规划、建设、运营和养护全过程。推进生态选线选址，强化生态环保设计，避让耕地、林地、湿地等具有重要生态功能的国土空间。建设绿色交通廊道
51	2019.11.01	《中共中央办公厅、国务院办公厅印发〈关于在国土空间规划中统筹划定落实三条控制线的指导意见〉的通知》（厅字〔2019〕48号）	按照生态功能划定生态保护红线。生态保护红线是指在生态空间范围内具有特殊重要生态功能、必须强制性严格保护的区域。优先将具有重要水源涵养、生物多样性维护、水土保持、防风固沙、海岸防护等功能的生态功能极重要区域，以及生态极敏感脆弱的水土流失、沙漠化、石漠化、海岸侵蚀等区域划入生态保护红线。其他经评估目前虽然不能确定但具有潜在重要生态价值的区域也划入生态保护红线。对自然保护地进行调整优化，评估调整后的自然保护地应划入生态保护红线；自然保护地发生调整，生态保护红线相应调整。生态保护红线内，自然保护地核心保护区原则上禁止人为活动，其他区域严格禁止开发性、生产性建设活动，在符合现行法律法规前提下，除国家重大战略项目外，仅允许对生态功能不造成破坏的有限人为活动，主要包括：零星的原住民在不扩大现有

编号	时间	文件名称	政策要求（节选）
51	2019.11.01	《中共中央办公厅、国务院办公厅印发〈关于在国土空间规划中统筹划定落实三条控制线的指导意见〉的通知》（厅字〔2019〕48号）	建设用地和耕地规模前提下，修缮生产生活设施，保留生活必需的少量种植、放牧、捕捞、养殖；因国家重大能源资源安全需要开展的战略性能源资源勘查，公益性自然资源调查和地质勘查；自然资源、生态环境监测和执法包括水文水资源监测及涉水违法事件的查处等，灾害防治和应急抢险活动；经依法批准进行的非破坏性科学研究观测、标本采集；经依法批准的考古调查发掘和文物保护活动；不破坏生态功能的适度参观旅游和相关的必要公共设施建设；必须且无法避让、符合县级以上国土空间规划的线性基础设施建设、防洪和供水设施建设与运行维护；重要生态修复工程
52	2019.10.31	《中共中央关于坚持和完善中国特色社会主义制度　推进国家治理体系和治理能力现代化若干重大问题的决定》（2019年10月31日中国共产党第十九届中央委员会第四次全体会议通过）	生态文明建设是关系中华民族永续发展的千年大计。必须践行绿水青山就是金山银山的理念，坚持节约资源和保护环境的基本国策，坚持节约优先、保护优先、自然恢复为主的方针，坚定走生产发展、生活富裕、生态良好的文明发展道路，建设美丽中国。实行最严格的生态环境保护制度。坚持人与自然和谐共生，坚守尊重自然、顺应自然、保护自然，健全源头预防、过程控制、损害赔偿、责任追究的生态环境保护体系。加快建立健全国土空间规划和用途统筹协调管控制度，统筹划定落实生态保护红线、永久基本农田、城镇开发边界等空间管控边界以及各类海域保护线，完善主体功能区制度。完善绿色生产和消费的法律制度和政策导向，发展绿色金融，推进市场导向的绿色技术创新，更加自觉地推动绿色循环低碳发展。构建以排污许可制为核心的固定污染源监管制度体系，完善污染防治区域联动机制和陆海统筹的生态环境治理体系。加强农业农村环境污染防治。完善生态环境保护法律体系和执法司法制度

2．部委级划定要求

生态环境部（原环境保护部）、国家发展改革委、财政部、自然资源部（原国土资源部）等部委在重点生态功能区环境保护和管理与重点生态功能区转移支付、湖泊生态环境保护、生态保护、主体功能区、土地利用、生态文明先行示范区、特色小镇和特色小城镇建设、西部大开发、兰州—西宁城市群、应对气候变化、生态文明建设气象保障服务、农业可持续发展、铁路、城镇化地区综合交通网、生态旅游、煤炭、油气管网、能源、矿产资源、生态扶贫、永久基本农田特殊保护等方面出台了相应的文件，落实生态保护红线划定工作，详见表1-2。

表1-2　部委级生态保护红线划定政策文件

编号	时间	文件名称	有关要求（节选）
1	2013.01.22	《环境保护部、国家发展改革委、财政部关于加强重点生态功能区环境保护和管理的意见》（环发〔2013〕16号）	全面划定生态红线。根据《国务院关于加强环境保护重点工作的意见》和《国家环境保护"十二五"规划》要求，环境保护部要会同有关部门出台生态红线划定技术规范，在国家重要（重点）生态功能区、陆地和海洋生态环境敏感区、脆弱区等区域划定生态红线，并会同国家发展改革委、财政部等制定生态红线管制要求和环境经济政策。地方各级政府要根据国家划定的生态红线，依照各自职责和相关管制要求严格监管，对生态红线管制区内易对生态环境产生破坏或污染的企业尽快实施关闭、搬迁等措施，并对受损企业提供合理的补偿或转移安置费用。 要强化监督检查，建立专门针对国家重点生态功能区和生态红线管制区的协调监管机制。各级环境保护部门要对重点生态功能区和生态红线管制区内的各类资源开发、生态建设和恢复等项目进行分类管理，依据其不同的生态影响特点和程度实行严格的生态环境监管，建立天地一体化的生态环境监管体系，完善区域内整体联动监管机制
2	2013.01.25	《环境保护部关于印发〈全国生态保护"十二五"规划〉的通知》（环发〔2013〕13号）	划定生态保护红线。在重要（点）生态功能区、陆地和海洋生态环境敏感区、脆弱区等区域划定生态红线，会同有关部门制定生态红线管制要求，将生态功能保护和恢复任务落实到地块，形成点上开发、面上保护的区域发展空间结构。研究出台生态红线划定技术规范，制定生态红线管理办法

编号	时间	文件名称	有关要求（节选）
3	2013.06.18	《国家发展改革委贯彻落实主体功能区战略推进主体功能区建设若干政策的意见》（发改规划〔2013〕1154号）	加强禁止开发区域监管。依据法律法规和相关规划实施强制性保护，严格控制人为因素对自然生态和文化自然遗产原真性、完整性的干扰，加强对有代表性的自然生态系统、珍稀濒危野生动植物物种、有特殊价值的自然遗迹和文化遗址等自然文化资源的保护。 严禁开展不符合主体功能定位的各类开发活动，引导人口逐步有序转移，实现污染物"零排放"，提高环境质量。 在不损害主体功能的前提下，允许保持适度的旅游和农牧业等活动，支持在旅游、林业等领域推行循环型生产方式。 从保护生态出发，严格控制基础设施建设。除文化自然遗产保护、森林草原防火、应急救援和必要的旅游基础设施外，不得在禁止开发区域建设交通基础设施。新建铁路、公路等交通基础设施，严格执行环境影响评价，严禁穿越自然保护区核心区，避免对重要自然景观和生态系统的分割。 加强国家级自然保护区、国家森林公园等禁止开发区域的自然生态系统保护和修复，不断提高保护和管理能力
4	2013.12.02	《国家发展改革委、财政部、国土资源部、水利部、农业部、国家林业局关于印发国家生态文明先行示范区建设方案（试行）的通知》（发改环资〔2013〕2420号）	科学谋划空间开发格局。加快实施主体功能区战略，严格按照主体功能定位发展，合理控制开发强度，调整优化空间结构，进一步明确市县功能区布局，构建科学合理的城镇化格局、农业发展格局、生态安全格局。科学划定生态红线，推进国土综合整治，加强国土空间开发管控和土地用途管制。 着力推动绿色循环低碳发展。严守耕地、水资源，以及林草、湿地、河湖等生态红线
5	2014.09.10	《国家发展改革委关于印发国家应对气候变化规划（2014—2020年）的通知》（发改气候〔2014〕2347号）	禁止开发区域。依据法律和相关规划实施强制性保护，严禁不符合主体功能定位的各类开发活动，按核心区、缓冲区、实验区的顺序，引导人口逐步有序转移，逐步实现"零排放"。严格保护风景名胜区内自然环境。禁止在风景名胜区从事与风景名胜资源无关的生产建设活动。根据资源状况和环境容量对旅游规模进行有效控制。加强生物多样性保护，根据气候变化状况科学调整各类自然保护区的功能区

编号	时间	文件名称	有关要求（节选）
6	2014.09.10	《环境保护部、国家发展改革委、财政部关于印发〈水质较好湖泊生态环境保护总体规划（2013—2020年）〉的通知》（环发〔2014〕138号）	深入贯彻落实科学发展观，树立尊重自然、顺应自然、保护自然的生态文明理念，以保护和改善湖泊水质、维持湖泊生态健康为目标，按照湖泊流域人口、资源、环境相均衡、经济社会、生态效益相统一的原则，优化生产空间、生活空间和生态空间，科学构建湖泊流域城镇化格局、农业发展格局、生态安全格局，严格按照主体功能定位，划定并严守生态保护红线，提高生态服务功能，建立水质较好湖泊生态环境保护长效机制，以美丽湖泊妆扮美丽中国。 保护优先，预防为主。坚持保护优先和自然恢复为主的方针，优先保护水质较好、具有重要饮用水水源或重要生态功能的湖泊。采取预防措施，清理和治理现有的和潜在的污染源，划定并严守湖泊生态保护红线，严格保护湖滨生态敏感区，给湖泊留下更多的自然修复空间，防止湖泊生态环境退化。推动湖泊流域在保护中发展，在发展中保护
7	2014.10.29	《国家发展改革委、财政部、国土资源部、水利部、农业部、国家林业局关于印发青海省生态文明先行示范区建设实施方案的通知》（发改环资〔2014〕2415号）	主要任务。优化国土空间开发格局，加大生态屏障保护与建设力度，构建绿色产业体系，强化资源节约利用，加强环境污染治理，稳步改善人居环境，努力开创生态空间青山绿水、生产空间集约高效、生活空间集中宜居、经济社会发展与人口资源环境相协调的新局面，加快建设"大美青海"。优化空间开发格局。构建"一屏两带"为主体的生态安全格局，构建以三江源草原草甸湿地生态功能区为屏障，以祁连山冰川与水源涵养生态带、青海湖草原湿地生态带为骨架，以禁止开发区域为重要组成的生态安全格局。加快生态功能区红线勘界落地。 加快生态文明制度建设。落实主体功能区制度。全面落实主体功能区制度，优化国土空间开发格局，划定生产、生活、生态空间开发管制界限。逐项划定由生态功能红线、环境质量红线和资源利用红线构成的生态保护红线，到"十三五"末，建立较完备的生态保护红线体系和相配套的管理政策。2014年，启动生态功能红线划定工作，开展生态功能红线"落地"试点；2015年，启动环境质量红线划定工作；按照自然资源要素，逐步逐项完善水资源保护、基本草原等资源利用红线的划定。积极探索国家公园制度。在国家公园试点区域内，同步进行生态红线划定、"多规合一"、自然资源资产产权、生态补偿、县城生态环境监测评估预警体系、生态保护和民生改善绩效考核、编制自然资源资产负债表等生态文明制度改革试点

编号	时间	文件名称	有关要求（节选）
8	2015.05.20	《农业部、国家发展改革委、科技部、财政部、国土资源部、环境保护部、水利部、国家林业局关于印发〈全国农业可持续发展规划（2015—2030年）〉的通知》（农计发〔2015〕145号）	坚持生产发展与资源环境承载力相匹配。坚守耕地红线、水资源红线和生态保护红线，优化农业生产力布局，提高规模化集约化水平，确保国家粮食安全和主要农产品有效供给。 完善政绩考核评价体系。创建农业可持续发展的评价指标体系，将耕地红线、资源利用与节约、环境治理、生态保护纳入地方各级政府绩效考核范围。对领导干部实行自然资源资产离任审计，建立生态破坏和环境污染责任终身追究制度和目标责任制，为农业可持续发展提供保障
9	2015.07.23	《环境保护部、国家发展改革委关于贯彻实施国家主体功能区环境政策的若干意见》（环发〔2015〕92号）	禁止开发区域环境政策。按照依法管理、强制保护的原则，执行最严格的生态环境保护措施，保持环境质量的自然本底状况，恢复和维护区域生态系统结构和功能的完整性，保持生态环境质量、生物多样性状况和珍稀物种的自然繁衍，保障未来可持续生存发展空间。 优化保护区管理体制机制。将国家级自然保护区的全部、国家级风景名胜区、国家森林公园、国家地质公园、世界文化自然遗产等区域的生态功能极重要区纳入生态保护红线的管控范围，明确其空间分布界线和管控要求。 重点生态功能区环境政策。按照生态优先、适度发展的原则，着力推进生态保育，增强区域生态服务功能和生态系统的抗干扰能力，夯实生态屏障，坚决遏制生态系统退化的趋势。保持并提高区域的水源涵养、水土保持、防风固沙、生物多样性维护等生态调节功能，保障区域生态系统的完整性和稳定性，土壤环境维持自然本底水平。水源涵养和生物多样性维护型重点生态功能区水质达到地表水、地下水 I 类，空气质量达到一级；水土保持型重点生态功能区的水质达到 II 类，空气质量达到二级；防风固沙型重点生态功能区的水质达到 II 类，空气质量得到改善。

编号	时间	文件名称	有关要求（节选）
9	2015.07.23	《环境保护部、国家发展改革委关于贯彻实施国家主体功能区环境政策的若干意见》（环发〔2015〕92号）	划定并严守生态保护红线。在重点生态功能区、生态环境敏感区和脆弱区等区域划定生态保护红线，实行严格保护，确保生态功能不降低、面积不减少、性质不改变；科学划定森林、草原、湿地、海洋等领域生态保护红线。 重点开发区域环境政策。按照强化管治、集约发展的原则，加强环境管理与管治，大幅降低污染物排放强度，改善环境质量。 切实加强城市环境管理。推动建立基于环境承载能力的城市环境功能分区管理制度，加强特征污染物控制。划定城市生态保护红线，促进形成有利于污染控制和降低居民健康风险的城市空间格局。保护对区域生态系统服务功能极重要的基础生态用地，将区域开敞空间与城市绿地系统有机结合起来，加强生态用地的连通性。 优化开发区域环境政策。加强城市环境质量管理。优化城市生产、生活、生态空间，划定城市生态保护红线和最小生态安全距离，优化提升城市群生态保护空间，促进形成有利于污染控制和降低居民健康风险的城市空间格局。 实施保障措施。要按照《意见》确定的目标、要求以及本地区主体功能定位，编制实施环境功能区划，划定并严守生态保护红线，建立环境承载能力监测预警机制并认真组织实施。 积极推进生态环境空间管治。开展生态保护红线划分与管理试点，建立配套的制度和政策
10	2015.11.24	《国家发展改革委、交通运输部关于印发〈城镇化地区综合交通网规划〉的通知》（发改基础〔2015〕2706号）	合理设计项目线路走向和场站选址，避绕水源地、自然保护区、风景名胜等环境敏感区域，与居民点等声环境敏感区保持一定距离

编号	时间	文件名称	有关要求（节选）
11	2016.05.30	《国家发展改革委、财政部、国土资源部、环境保护部、水利部、农业部、国家林业局、国家能源局、国家海洋局〈关于加强资源环境生态红线管控的指导意见〉的通知》（发改环资〔2016〕1162号）	资源环境生态红线管控是指划定并严守资源消耗上限、环境质量底线、生态保护红线，强化资源环境生态红线指标约束，将各类经济社会活动限定在红线管控范围以内。 总体要求。统筹考虑资源禀赋、环境容量、生态状况等基本国情，根据我国发展的阶段性特征及全面建成小康社会目标的需要，合理设置红线管控指标，构建红线管控体系，健全红线管控制度，保障国家能源资源和生态环境安全，倒逼发展质量和效益提升，构建人与自然和谐发展的现代化建设新格局。 严格管控、保障发展。树立底线思维和红线意识，设定并严守资源环境生态红线，并与空间开发保护管理相衔接，实行最严格的管控和保护措施。推动资源环境生态红线管控与经济社会发展相适应，预留必要的发展空间。 划定生态保护红线。根据涵养水源、保持水土、防风固沙、调蓄洪水、保护生物多样性，以及保持自然本底、保障生态系统完整和稳定性等要求，兼顾经济社会发展需要，划定并严守生态保护红线。 依法在重点生态功能区、生态环境敏感区和脆弱区等区域划定生态保护红线，实行严格保护，确保生态功能不降低、面积不减少、性质不改变；科学划定森林、草原、湿地、海洋等领域生态红线，严格自然生态空间征（占）用管理，有效遏制生态系统退化的趋势
12	2016.06.22	《国土资源部关于印发全国土地利用总体规划纲要（2006—2020年）调整方案的通知》（国土资发〔2016〕67号）	健全土地节约集约利用机制。加强相关规划与土地利用总体规划的协调衔接，相关规划在土地利用上的安排应符合土地利用总体规划确定的用地规模和总体布局。以二次调查成果、土地利用总体规划和城市（镇）总体规划为基础，加快划定永久基本农田、城市开发边界和生态保护红线，推进"多规合一"

编号	时间	文件名称	有关要求（节选）
13	2016.07.13	《国家发展改革委、交通运输部、中国铁路总公司关于印发〈中长期铁路网规划〉的通知》（发改基础〔2016〕1536 号）	预防和减轻不良环境影响的措施。一是坚持"保护优先、避让为主"的路网布设原则，加强对沿线环境敏感区保护。合理设计项目线路走向和场站选址，尽量利用既有交通廊道，避开基本农田保护区、避绕水源地、自然保护区、风景名胜等环境敏感区域以及水土流失重点预防区和治理区。二是做好超前规划，国土、环保等部门提前介入，为项目勘察设计、预留建设用地等前期工作提供有力保障
14	2016.08.22	《国家发展改革委、旅游局关于印发全国生态旅游发展规划（2016—2025 年）的通知》（发改社会〔2016〕1831 号）	在自然保护区的核心区和缓冲区、风景名胜区的核心景区、重要自然生态系统严重退化的区域（如水土流失和石漠化脆弱区）、具有重要科学价值的自然遗迹和濒危物种分布区、水源地保护区等重要和敏感的生态区域，严守生态红线，禁止旅游项目开发和服务设施建设
15	2016.10.27	《环境保护部关于印发〈全国生态保护"十三五"规划纲要〉的通知》（环生态〔2016〕151 号）	把保障国家生态安全作为根本目标。严格落实生态空间管控，划定并严守生态保护红线，加强自然保护区监督管理，保护最重要的生态空间，推动形成以"两屏三带"为主体的生态安全格局，建设生态安全屏障。到 2020 年，全面划定生态保护红线，管控要求得到落实，国家生态安全格局总体形成。 建立生态空间保障体系。加快划定生态保护红线。制定发布《关于划定并严守生态保护红线的若干意见》。按照自上而下和自下而上相结合的原则，各省（区、市）在科学评估的基础上划定生态保护红线，并落地到水流、森林、山岭、草原、湿地、滩涂、海洋、荒漠、冰川等生态空间。2017 年年底前，京津冀区域、长江经济带沿线各省（区、市）划定生态保护红线；2018 年年底前，各省（区、市）全面划定生态保护红线；2020 年年底前，各省（区、市）完成勘界定标。在各省（区、市）生态保护红线的基础上，环境保护部会同相关部门汇总形成全国生态保护红线，向国务院报告，并向社会公开发布。

编号	时间	文件名称	有关要求（节选）
15	2016.10.27	《环境保护部关于印发〈全国生态保护"十三五"规划纲要〉的通知》（环生态〔2016〕151号）	推动建立和完善生态保护红线管控措施。到2020年，基本建立生态保护红线制度。推动将生态保护红线作为建立国土空间规划体系的基础。各地组织开展现状调查，建立生态保护红线台账系统，识别受损生态系统类型和分布。制定实施生态系统保护与修复方案，选择水源涵养和生物多样性保护为主导功能的生态保护红线，开展一批保护与修复示范。定期组织开展生态保护红线评价，及时掌握全国、重点区域、县域生态保护红线生态功能状况及动态变化。推动建立和完善生态保护红线补偿机制。 建设生态安全监测预警及评估体系。建立"天地一体化"的生态监测体系。建设一批相对固定的生态保护红线监控点。定期开展生态状况评估。全面开展生态保护红线、重点生态功能区、重点流域及城市生态评估，系统掌握生态系统质量和功能变化状况。 建立全国生态保护监控平台。建立生态保护综合监控平台，对生态保护红线、自然保护区、重点生态功能区、生物多样性保护优先区域等的开发建设活动实施常态化和业务化监控，实现由被动监管转为主动监管、应急监管转为日常监管、分散监管转为系统监管。2018年，完成生态保护红线监管平台建设，作为全国生态保护监控平台二期工程。 加强开发建设活动生态保护监管。以"生态保护红线、环境质量底线、资源利用上线和环境准入负面清单"为手段，强化空间、总量、准入环境管理。 完善法律法规。推进制定自然保护区法，研究生态保护红线立法
16	2016.12.22	《国家发展改革委、国家能源局关于印发煤炭工业发展"十三五"规划的通知》（发改能源〔2016〕2714号）	青海做好重要水源地、高寒草甸和冻土层生态环境保护，加快矿区环境恢复治理，从严控制煤矿建设生产。加快依法关闭退出落后小煤矿，以及与保护区等生态环境敏感区域重叠、安全事故多发、国家明令禁止使用的采煤工艺的煤矿。 加强治理，改善矿区生态环境。树立生态保护红线意识，严格执行国家有关环境治理和水土保持方面的法律法规及标准要求，全面落实环境保护和水土保持"三同时"制度。在环境敏感区和生态脆弱区，结合资源条件和环境容量，严格控制煤炭开发规模，合理安排开发时序

编号	时间	文件名称	有关要求（节选）
17	2016.12.26	《国家发展改革委、国家能源局关于印发能源发展"十三五"规划的通知》（发改能源〔2016〕2744号）	加快淘汰落后产能：尽快关闭13类落后小煤矿，以及开采范围与自然保护区、风景名胜区、饮用水水源保护区等区域重叠的煤矿。2018年前淘汰产能小于30万吨/年且发生过重大及以上安全生产责任事故的煤矿，产能15万吨/年且发生过较大及以上安全生产责任事故的煤矿，以及采用国家明令禁止使用的采煤方法、工艺且无法实施技术改造的煤矿。 有序退出过剩产能：开采范围与依法划定、需特别保护的相关环境敏感区重叠的煤矿，晋、蒙、陕、宁等地区产能小于60万吨/年的非机械化开采煤矿，冀、辽、吉、黑、苏、皖、鲁、豫、甘、青、新等地区产能小于30万吨/年的非机械化开采煤矿，其他地区产能小于9万吨/年的非机械化开采煤矿有序退出市场
18	2016.11	《国土资源部、国家发展改革委、工业和信息化部、财政部、环境保护部、商务部印发〈全国矿产资源规划（2016—2020年)〉》	严格各类保护地矿产开发管理。全面落实主体功能区规划和生态保护要求，在自然保护区内严禁开展不符合功能定位的开发活动。在国家地质公园等地区，依法严格准入管理。全面清理各类保护地内已有矿产资源勘查开发项目，由各地区别情况，分类处理，研究制定退出补偿方案，在维护矿业权人合法权益的前提下，依法有序退出，及时治理恢复矿区环境，复垦损毁土地；确需保留的极少数国家战略性矿产开发项目，按程序批准后，实行清单式管理，明确资源环境保护要求和措施，严格监管。 设置自然保护区、世界文化与自然遗产、森林公园、风景名胜区等范围时，涉及查明重要矿产资源的，有关主管部门应与国土资源主管部门进行充分衔接，严格论证。 重点加强稀土等保护性开采的特定矿种、产能严重过剩矿种、自然保护区内已探明的大中型以上规模矿产地的储备和保护。 以储备为目的，探索在自然保护区内由国家财政出资、市场化运作方式进行勘查，已探明和新发现的大中型矿产地纳入储备管理

编号	时间	文件名称	有关要求（节选）
19	2017.01.11	《国家发展改革委关于印发西部大开发"十三五"规划的通知》（发改西部〔2017〕89号）	到2020年，生态文明建设和绿色发展理念深入人心，生产生活方式加快向绿色、循环、低碳转变。生态保护红线全面划定，生态保护补偿机制基本建立，重点生态区综合治理取得积极进展，水土流失面积大幅减少，生物多样性有所恢复，长江上游等重点地区生态屏障建设取得新成效
20	2017.05.19	《国家发展改革委、国家能源局关于印发〈中长期油气管网规划〉的通知》（发改基础〔2017〕965号）	预防和减轻不良环境影响的对策措施。一是坚持"保护优先、避让为主"的管网布局原则，加强对沿线环境敏感区保护。合理设计项目线路走向和选址，尽量利用既有油气运输通道，避开永久基本农田保护区，避绕水源地、自然保护区、风景名胜、地质公园等环境敏感区域、水土流失重点预防区和治理区，以及人口居住稠密区域。 加大统筹协调力度。做好与土地利用总体规划、城乡规划、岸线规划、省域城镇体系规划等相关规划的协调衔接，提前谋划、预留油气运输通道，优化关键节点路由，合理安排管道穿越空间
21	2017.07.17	《环境保护部、国家发展改革委、水利部印发〈长江经济带生态环境保护规划〉的通知》（环规财〔2017〕88号）	划定生态保护红线，实施生态保护与修复 贯彻"山水林田湖草是一个生命共同体"理念，坚持保护优先、自然恢复为主的原则，统筹水陆，统筹上中下游，划定并严守生态保护红线，系统开展重点区域生态保护和修复，加强水生生物及特有鱼类的保护，防范外来有害生物入侵，增强水源涵养、水土保持等生态系统服务功能。 划定生态保护红线。基于长江经济带生态整体性和上中下游生态服务功能定位差异性，开展科学评估，识别水源涵养、生物多样性维护、水土保持、防风固沙等生态功能重要区域和生态环境敏感脆弱区域，划入生态保护红线，涵盖所有国家级、省级禁止开发区域，以及有必要严格保护的其他各类保护地等。 2017年年底前，11省市要完成生态保护红线划定，加快勘界定标。

编号	时间	文件名称	有关要求（节选）
21	2017.07.17	《环境保护部、国家发展改革委、水利部印发〈长江经济带生态环境保护规划〉的通知》（环规财〔2017〕88号）	严守生态保护红线。要将生态保护红线作为空间规划编制的重要基础，相关规划要符合生态保护红线空间管控要求，不符合的要及时进行调整。生态保护红线原则上按禁止开发区域的要求进行管理，严禁不符合主体功能定位的各类开发活动，严禁任意改变用途。对国家重大战略资源勘查，在不影响主体功能定位的前提下，经国务院有关部门批准后予以安排。对生态保护红线保护成效进行考核，结果纳入生态文明建设目标评价考核体系，作为党政领导班子和领导干部综合评价及责任追究、离任审计的重要参考。建立生态保护红线监管平台，加强监测数据集成分析与综合应用，强化生态状况监测，实时监控人类干扰活动、生态系统状况与服务功能变化，预警生态风险
22	2017.11.15	《环境保护部办公厅、国家发展改革委办公厅关于印发〈各省（区、市）生态保护红线分布意见建议〉的通知》（环办生态〔2017〕85号）	青海省生态保护红线分布意见建议：青海省生态保护红线呈现"一屏两带"分布格局："一屏"为三江源草原草甸湿地生态屏障带。"两带"为祁连山冰川与水源涵养生态带和青海湖草原湿地生态带，主要生态功能为水源涵养和生物多样性维护，主要分布在长江、黄河、澜沧江发源的三江源头区域及主要支流的汇水区域，唐古拉山东南边缘，巴颜喀拉山东部、祁连山山地及其与阿尔金山的山地沟谷区，柴达木和共和盆地等区域
23	2017.11.20	《国家发展改革委、交通运输部、国家铁路局、中国铁路总公司关于印发〈铁路"十三五"发展规划〉的通知》（发改基础〔2017〕1996号）	规划坚持选址选线的环保避让原则，新增铁路用地约13万公顷，路网布局严格坚守重点生态功能区、生态环境敏感区和脆弱区等区域划定生态保护红线，确保生态保护与铁路建设有序推进，提升铁路沿线区域生态服务功能。 环境保护对策和措施。一是加强生态保护。坚持科学布局，严守生态保护红线，按照"保护优先、避让为主"的选线原则，尽量避让自然保护区、风景名胜区、水源保护区及人口密集的居民区等环境敏感区，严格执行"三同时"制度，加强环境监理工作，做好水土保持和生态环境恢复工作

编号	时间	文件名称	有关要求（节选）
24	2017.12.04	《国家发展改革委、国土资源部、环境保护部、住房和城乡建设部关于规范推进特色小镇和特色小城镇建设的若干意见》（发改规划〔2017〕2084号）	严守生态保护红线。各地区要按照《关于划定并严守生态保护红线的若干意见》要求，依据应划尽划、应保尽保原则完成生态保护红线划定工作。严禁以特色小镇和小城镇建设名义破坏生态，严格保护自然保护区、文化自然遗产、风景名胜区、森林公园和地质公园等区域，严禁挖山填湖、破坏山水田园。严把特色小镇和小城镇产业准入关，防止引入高污染高耗能产业，加强环境治理设施建设
25	2017.12.12	《中国气象局关于加强生态文明建设气象保障服务工作的意见》（气发〔2017〕79号）	建立生态遥感业务体系。建立全国生态环境卫星遥感业务系统，实现对全国地表生态环境变化的动态监测，为划定并严守生态保护红线、资源环境承载力、山水林田湖草生态系统保护和修复、重大灾害的影响调查等提供高精度的监测评价产品。 健全与环境和资源保护有关的气象评价指标体系。开展划定并严守生态保护红线气象评价工作，为划定并严守生态保护红线空间格局和分布意见提供技术支持和指导。建立资源环境承载力气象监测预警指标体系，为制定资源超载区限制性和激励性措施提供评价依据
26	2018.01.12	《国家发展改革委关于印发三江源国家公园总体规划的通知》（发改社会〔2018〕64号）	依据国家关于划定并严守生态保护红线的要求，落实生态保护红线
27	2018.01.18	《国家发展改革委、国家林业局、财政部、水利部、农业部、国务院扶贫办关于印发〈生态扶贫工作方案〉的通知》（发改农经〔2018〕124号）	发展生态旅游业。健全生态旅游开发与生态资源保护衔接机制，加大生态旅游扶贫的指导和扶持力度，依法加强自然保护区、森林公园、湿地公园、沙漠公园、草原等旅游配套设施建设，完善生态旅游行业标准，建立健全消防安全、环境保护等监管规范。 青海三江源生态保护和建设二期工程。深入推进三江源地区森林、草原、荒漠、湿地与湖泊生态系统保护和建设，加大黑土滩等退化草地治理，完成黑土滩治理面积220万亩，有效提高草地生产力。为从事畜牧业生产的牧户配套建设牲畜暖棚和贮草棚，改善生产条件。通过发展高原生态有机畜牧业，促进牧民增收。

编号	时间	文件名称	有关要求（节选）
27	2018.01.18	《国家发展改革委、国家林业局、财政部、水利部、农业部、国务院扶贫办关于印发〈生态扶贫工作方案〉的通知》（发改农经〔2018〕124号）	沙化土地封禁保护区建设工程。在内蒙古、西藏、陕西、甘肃、青海、宁夏、新疆等省（区）及新疆生产建设兵团的贫困地区推进沙化土地封禁保护区建设，优先将贫困县498万亩适宜沙地纳入工程范围，实行严格的封禁保护。加大深度贫困地区全国防沙治沙综合示范区建设，提升贫困地区防风固沙能力
28	2018.03.13	《国家发展改革委、住房和城乡建设部关于印发兰州—西宁城市群发展规划的通知》（发改规划〔2018〕423号）	坚持生态优先，划定并严守生态保护红线，确定生态空间。依次确定农业、城镇空间范围，并划定永久基本农田和城市开发边界。生态空间、农业空间原则上按限制开发区进行用途管制，其中生态保护红线范围内空间原则上按禁止开发区进行用途管制，永久基本农田一经划定，任何单位和个人不得擅自占用或改变用途。城镇空间按照集约紧凑高效原则实施从严管控。 严守生态功能保障基线。加强河湖、湿地、森林、草原、荒漠、山体等重要生态空间管制，引导区域绿色发展格局建设。2020年年底前，全面完成生态保护红线勘界定标，基本建立生态保护红线制度，强化跨区域生态保护红线的衔接与协调，实现一条红线管控重要生态空间
29	2018.03.23	《国土资源部关于全面实行永久基本农田特殊保护的通知》（国土资规〔2018〕1号）	统筹永久基本农田保护与各类规划衔接。协同推进生态保护红线、永久基本农田、城镇开发边界三条控制线划定工作。按照中央4号文件要求，将永久基本农田控制线划定成果作为土地利用总体规划的规定内容，在规划批准前先行核定并上图入库、落地到户。各地区各有关部门在编制城乡建设、基础设施、生态建设等相关规划，推进"多规合一"过程中，在划定生态保护红线、城镇开发边界工作中，要与已划定的永久基本农田控制线充分衔接，原则上不得突破永久基本农田边界。位于国家自然保护区核心区内的永久基本农田，经论证确定可逐步退出，按照永久基本农田划定规定原则上在该县域内补划

编号	时间	文件名称	有关要求（节选）
30	2018.06.25	《财政部关于印发〈中央对地方重点生态功能区转移支付办法〉的通知》（财预〔2018〕86号）	重点补助对象为重点生态县域，长江经济带沿线省市，"三区三州"等深度贫困地区。 对重点生态县域补助按照标准财政收支缺口并考虑补助系数测算。其中，标准财政收支缺口参照均衡性转移支付测算办法，结合中央与地方生态环境保护治理财政事权和支出责任划分，将各地生态环境保护方面的减收增支情况作为转移支付测算的重要因素，补助系数根据标准财政收支缺口情况、生态保护区域面积、产业发展受限对财力的影响情况和贫困情况等因素分档分类测算。 对长江经济带补助根据生态保护红线、森林面积、人口等因素测算。 对"三区三州"补助根据贫困人口、人均转移支付等因素测算。 禁止开发补助对象为禁止开发区域。根据各省禁止开发区域的面积和个数等因素分省测算，向国家自然保护区和国家森林公园两类禁止开发区倾斜。 引导性补助对象为国家生态文明试验区、国家公园体制试点地区等试点示范和重大生态工程建设地区，分类实施补助
31	2019.05.28	《自然资源部关于全面开展国土空间规划工作的通知》（自然资发〔2019〕87号）	做好过渡期内现有空间规划的衔接协同。对现行土地利用总体规划、城市（镇）总体规划实施中存在矛盾的图斑，要结合国土空间基础信息平台的建设，按照国土空间规划"一张图"要求，作一致性处理，作为国土空间用途管制的基础。一致性处理不得突破土地利用总体规划确定的2020年建设用地和耕地保有量等约束性指标，不得突破生态保护红线和永久基本农田保护红线，不得突破土地利用总体规划和城市（镇）总体规划确定的禁止建设区和强制性内容，不得与新的国土空间规划管理要求矛盾冲突。今后工作中，主体功能区规划、土地利用总体规划、城乡规划、海洋功能区划等统称为"国土空间规划"

编号	时间	文件名称	有关要求（节选）
32	2020.02.17	《自然资源部办公厅关于印发〈省级国土空间规划编制指南〉（试行）的通知》（自然资办发〔2020〕5号）	统筹三条控制线。将生态保护红线、永久基本农田、城镇开发边界等作为调整经济结构、规划产业发展、推进城镇化不可逾越的红线。结合生态保护红线和自然保护地评估调整、永久基本农田核实整改等工作，陆海统筹，确定省域三条控制线的总体格局和重点区域，明确市县划定任务，提出管控要求，将三条控制线的成果在市县乡级国土空间规划中落地。实事求是解决历史遗留问题，协调解决划定矛盾，做到边界不交叉、空间不重叠、功能不冲突。各类线性基础设施应尽量并线、预留廊道，做好与三条控制线的协调衔接

3. 省级划定要求

《青海省人民政府关于加强环境保护工作的意见》（青政〔2012〕21号）中首次提出了划定重要生态功能区、生态环境敏感区和脆弱区等区域生态红线的要求。划定并严守生态保护红线先后纳入《青海省主体功能区规划》《青海省国民经济和社会发展"十三五"五年规划纲要》，明确了具体任务。青海省第十三次党代会报告提出，严守资源消耗上限、环境质量底线、生态保护红线，将各类开发活动限制在资源环境承载能力之内。中共青海省委、青海省人民政府发布的《关于贯彻落实〈中共中央　国务院关于加快推进生态文明建设的意见〉的实施意见》《关于贯彻落实〈中共中央　国务院生态文明体制改革总体方案〉的实施意见》，将生态保护红线划定与国家公园体制建设等作为生态文明建设和生态文明体制改革具有突破性和牵引性的领域及改革举措予以重点推进。在全省打赢蓝天保卫战三年行动、土壤污染防治、湿地保护修复，创建生态旅游示范省、健全生态保护补偿机制、促进乡村产业振兴步伐、推进新型城镇化建设、创建全省特色小镇和特色小城镇、创建全国生态文明先行区行动、长江青海段水生生物保护等工作中均对划定并严守生态保护红线提出了具体落实要求。《青海省贯彻落实〈关于建立以国家公园为主体的自然保护地体系的指导意见〉的实施方案》要求调整后的自然保护地全部纳入生态保护红线。

青海省人民政府办公厅《关于印发青海省生态保护红线划定和管理工作方案的通知》（青政办〔2017〕157号），提出了生态保护红线划定的总体要求、主要任务和保障措施，详见表1-3。

表1-3 青海省发布的生态保护红线划定政策文件

编号	时间	文件名称	有关要求（节选）
1	2012.04.11	《青海省人民政府关于加强环境保护工作的意见》（青政〔2012〕21号）	加大重点生态功能区保护力度。贯彻实施《青藏高原区域生态建设与环境保护规划（2011—2030年）》，落实国家生态功能区划，划定重要生态功能区、生态环境敏感区和脆弱区等区域生态红线，制定各类主体功能区环境标准和政策
2	2013.12.21	《中共青海省委、青海省人民政府关于印发青海省创建全国生态文明先行区行动方案的通知》（青发〔2013〕19号）	构建"一屏两带"为主体的生态安全战略格局。在重点生态功能区及其他环境敏感区、脆弱区划定生态红线
3	2014.03.31	《青海省人民政府关于印发青海省主体功能区规划的通知》（青政〔2014〕22号）	指导思想。提供生态产品的理念。把提供生态产品作为国土空间开发的重要任务，划定生态保护红线，完善生态补偿和生态交易机制，增强生态产品生产能力，稳步推进重要生态功能区管理改革，逐步实施国家公园模式。 基本原则。坚持分类指导。科学确定各主体功能区域发展方向、重点任务，划定生态保护红线，以保护自然生态为前提、以资源环境承载能力为基础，有度有序开发，走人与自然和谐相处的发展道路。 主要任务。构建"一屏两带"为主体的生态安全战略格局。构建以三江源草原草甸湿地生态功能区为屏障，以祁连山冰川与水源涵养生态带、青海湖草原湿地生态带为骨架以及禁止开发区域组成的生态安全战略格局，提高生态系统的稳定性和安全性。在重点生态功能区及其他环境敏感区、脆弱区划定生态保护红线，对各类主体功能区分别制定相应的环境标准和环境政策

编号	时间	文件名称	有关要求（节选）
3	2014.03.31	《青海省人民政府关于印发青海省主体功能区规划的通知》（青政〔2014〕22 号）	规划目标。形成点状开发、面上保护的空间结构。开展生态保护红线划定工作，优化生态、生产和生活空间格局。开发强度得到有效控制，保有大片开敞生态空间，湿地、林地、草地等绿色生态空间扩大。 近期任务。进一步界定自然保护区中核心区、缓冲区、实验区的范围，划定生态保护红线。 区域政策。制定实施分类管理的区域政策，统筹和强化国土空间用途管制，逐项划定生态红线，强化重要生态功能保育、资源集约激励和环境质量约束，形成符合各区域主体功能的利益导向机制。 政府职责。环境保护部门组织划定生态保护红线
4	2014.08.27	《青海省人民政府办公厅关于印发〈进一步加大祁连山省级自然保护区保护与治理工作方案〉的通知》（青政办〔2014〕142 号）	切实强化祁连山省级自然保护区保护与治理，严守生态红线
5	2014.11.13	《青海省人民政府办公厅转发国家发展改革委等六部门关于青海省生态文明先行示范区建设实施方案的通知》（青政办〔2014〕179 号）	主要任务。优化国土空间开发格局，加大生态屏障保护与建设力度，构建绿色产业体系，强化资源节约利用，加强环境污染治理，稳步改善人居环境，努力开创生态空间青山绿水、生产空间集约高效、生活空间集中宜居、经济社会发展与人口资源环境相协调的新局面，加快建设"大美青海"。优化空间开发格局。构建"一屏两带"为主体的生态安全格局，构建以三江源草原草甸湿地生态功能区为屏障，以祁连山冰川与水源涵养生态带、青海湖草原湿地生态带为骨架，以禁止开发区域为重要组成的生态安全格局。加快生态功能区红线勘界落地。 加快生态文明制度建设。落实主体功能区制度。全面落实主体功能区制度，优化国土空间开发格局，划定生产、生活、生态空间开发管制界限。逐项划定由生态功能红线、环境质量红线和资源利用红线构成的生态保护红线，到"十三五"末，

编号	时间	文件名称	有关要求（节选）
5	2014.11.13	《青海省人民政府办公厅转发国家发展改革委等六部门关于青海省生态文明先行示范区建设实施方案的通知》（青政办〔2014〕179号）	建立较完备的生态保护红线体系和相配套的管理政策。2014年，启动生态功能红线划定工作，开展生态功能红线"落地"试点；2015年，启动环境质量红线划定工作；按照自然资源要素，逐步逐项完善水资源保护、基本草原等资源利用红线的划定。积极探索国家公园制度。在国家公园试点区域内，同步进行生态红线划定、"多规合一"、自然资源资产产权、生态补偿、县城生态环境监测评估预警体系、生态保护和民生改善绩效考核、编制自然资源资产负债表等生态文明制度改革试点
6	2015.05.14	《中共青海省委、青海省人民政府关于贯彻落实〈中共中央　国务院关于加快推进生态文明建设的意见〉的实施意见》	加强资源节约。严守资源消耗上限、环境质量底线、生态保护红线，将各类开发活动限制在资源环境承载能力之内。 健全生态文明制度体系。落实主体功能区制度。逐项划定由生态功能红线、环境质量红线和资源利用红线构成的生态保护红线，建立较完备的配套管理政策。 积极探索国家公园体制。加快推进三江源国家公园体制建设试点。在试点区域内，同步进行生态红线划定、"多规合一"、自然资源资产产权、生态保护补偿、生态保护和民生改善绩效考核等生态文明制度改革试点
7	2015.10.29	《中共青海省委、青海省人民政府关于贯彻落实〈中共中央　国务院生态文明体制改革总体方案〉的实施意见》（青发〔2015〕13号）	结合青海实际，主动作为，选择具有突破性和牵引性的领域及改革举措予以重点推进，力争在推进国家公园体制建设、生态红线划定、生态环境监测网络建设、建立健全草原生态保护补奖绩效管理机制、探索建立县域资源环境综合执法模式、建立农村环境综合整治长效机制、强化生态补偿和建立分级行使所有权体制等七个方面形成一批特色凸显、示范效应显著的改革亮点

编号	时间	文件名称	有关要求（节选）
7	2015.10.29	《中共青海省委、青海省人民政府关于贯彻落实〈中共中央　国务院生态文明体制改革总体方案〉的实施意见》（青发〔2015〕13号）	全面落实生态文明体制改革任务。建立国土空间开发保护制度。健全国土空间用途管制。将用途管制扩大到所有自然生态空间，划定并严守生态红线，严禁任意改变用途，防止不合理开发建设活动对生态红线的破坏。 完善生态文明绩效评价考核和责任追究制度。建立资源环境承载能力监测预警机制。进一步完善覆盖全省国土空间的监测系统，建立健全全省生态环境监测网络，加快划定生态红线，构建基于不同主体功能区的资源环境承载能力监测预警机制。 努力形成生态文明体制改革特色。加快生态保护红线划定，构建管控体系。按照国家部署，先行在三江源地区22个县（市）开展生态保护红线地块核查和甄别工作，并与重大规划衔接，完成三江源生态保护红线方案，在此基础上于2016年划定全省生态保护红线，实行严格保护
8	2015.12.29	《青海省人民政府关于印发〈青海省水污染防治工作方案〉的通知》（青政〔2015〕100号）	创新生态环境管理模式，实施中国三江源国家公园体制试点，划定三江源生态空间保护红线。 保护水和湿地生态系统。加强河湖水生态保护，科学划定保护红线。 优化空间布局。根据流域水质保护和改善目标，结合主体功能区规划及生态红线要求，细化水生态环境功能分区，实施差别化的环境准入政策
9	2016.01	《青海省人民政府印发〈青海省国民经济和社会发展第十三个五年规划纲要〉》	划定生产、生活、生态空间管制界线，严守生态红线和环境容量底线，统筹推进集聚开发、分类保护和综合整治，促进国土资源开发利用与经济社会发展相协调。 强化城镇规划的科学性、权威性、严肃性，发挥好调控、引领和约束作用。控制城镇开发强度，划定水体保护线、绿地系统线、基础设施建设控制线、历史文化保护线、永久基本农田和生态保护红线，防止"摊大饼"式扩张，推动形成绿色低碳的城镇建设运营模式
10	2016.10.19	《青海省人民政府关于深入推进青海省新型城镇化建设的实施意见》（青政〔2016〕76号）	划定永久基本农田、生态保护红线，实施城市生态廊道建设和生态系统修复工程，建设生态型城市

编号	时间	文件名称	有关要求（节选）
11	2016.12.22	《青海省人民政府关于印发青海省土壤污染防治工作方案的通知》（青政〔2016〕92 号）	加强空间布局管控。各地要依据青海省主体功能区规划和生态环境保护红线划定方案，统筹考虑土壤等环境承载能力，科学合理确定区域功能定位和空间布局
12	2017.05.15	《青海省人民政府办公厅关于印发祁连山生态环境保护与管理工作方案的通知》（青政办〔2017〕87 号）	严守生态保护红线。严格执行《中华人民共和国环境保护法》《中华人民共和国自然保护区条例》，加快划定祁连山地区生态保护红线，明确禁止开发区域和项目，确保生态保护优先落到实处
13	2017.06.19	《青海省人民政府办公厅关于贯彻落实湿地保护修复制度方案的实施意见》	科学划定纳入生态保护红线的湿地范围，公布名录，落实具体地块
14	2017.07.11	《青海省人民政府办公厅关于印发青海省生态环境监测网络建设实施方案的通知》（青政办〔2017〕124 号）	建设青海省生态保护红线监管平台。建立生态保护红线监管制度和重点区域生态状况定期调查评估制度
15	2017.08.18	《青海省人民政府办公厅关于印发青海省生态保护红线划定和管理工作方案的通知》（青政办〔2017〕157 号）	以建设生态大省、生态强省为目标，以改善生态环境质量为核心，以保障和维护生态功能为主线，按照山水林田湖系统保护要求，划定并严守生态保护红线，实现一条红线管控重要生态空间，确保生态功能不降低、面积不减少、性质不改变，维护国家生态安全，促进经济社会可持续发展。2017 年优先完成祁连山地区生态保护红线划定方案。2018 年完成全省生态保护红线划定方案，报国务院批准后，由省人民政府发布实施。2020 年年底前，完成全省生态保护红线勘界定标，制定生态保护红线制度和配套政策，基本建立运行红线监管信息平台。到 2030 年，生态保护红线布局进一步优化，生态保护红线制度有效实施，生态功能显著提升，生态安全得到全面保障。主要任务：建立协调机制；科学划定生态保护红线；履行国家审核批准程序；组织实施生态保护红线勘界定标；加强生态保护红线监管能力建设；制定生态保护红线管控措施；加大生态保护补偿力度；落实严守生态保护红线主体责任；加强生态保护与修复。保障措施：成立工作领导小组，加强组织协调；强化技术支撑，省生态环境遥感监测中心负责生态保护红线划定技术工作，承担生态保护红线的具体划定工作；强化资金保障

编号	时间	文件名称	有关要求（节选）
16	2017.11.04	《青海省人民政府关于印发创建生态旅游示范省工作方案的通知》（青政〔2017〕72号）	严守生态保护红线，强化对重点生态功能区和生态环境敏感区域、生态脆弱区域的有效保护
17	2017.05.22	《青海省第十三次党代会报告》	开展资源节约提效行动。节约资源是对环境最好的保护。增强资源环境管理约束的自觉性，严守资源消耗上限、环境质量底线、生态保护红线，将各类开发活动限制在资源环境承载能力之内
18	2018.01.02	《青海省人民政府办公厅关于健全生态保护补偿机制的实施意见》（青政办〔2018〕1号）	完善生态保护补偿政策。划定并严守生态保护红线，继续推进生态保护补偿试点，统筹各类补偿资金，探索综合性补偿办法。建立健全自然保护区、世界文化自然遗产、风景名胜区、森林公园、湿地公园和地质公园等各类保护地的综合生态保护补偿政策。支持在三江源国家公园及祁连山国家公园内扩大生态公益管护岗位设置范围，确保生态资源安全
19	2018.05.02	《青海省人民政府办公厅关于印发祁连山国家公园体制试点（青海片区）实施方案的通知》（青政办〔2018〕57号）	建立生态文明绩效评价考核体系。按照省委办公厅、省政府办公厅印发的《青海省生态文明建设目标评价考核办法（试行）》对祁连山国家公园管理机构和当地政府进行年度工作绩效评价考核，落实资源环境生态红线管控制度，并按照省统计局、省发展改革委、省环境保护厅、省委组织部印发的《青海省绿色发展指标体系》开展年度评价，按年度开展第三方评估
20	2018.09.15	《青海省人民政府办公厅关于印发全省特色小镇和特色小城镇创建工作实施意见的通知》（青政办〔2018〕136号）	坚持生态优先，严守生态保护红线。贯彻落实《中共中央办公厅　国务院办公厅关于划定并严守生态保护红线的若干意见》，按照应划尽划、应保尽保的原则，完成生态保护红线划定工作。严禁以特色小（城）镇建设名义破坏生态，严格保护自然保护区、文化自然遗产、风景名胜区、森林公园和地质公园等区域，严禁挖山填湖、破坏森林山水田园。严把特色小（城）镇产业准入关，防止引入高污染高耗能产业，加强环境治理设施建设

编号	时间	文件名称	有关要求（节选）
21	2018.11.24	《青海省人民政府关于印发青海省打赢蓝天保卫战三年行动实施方案（2018—2020年）的通知》（青政〔2018〕86号）	合理优化产业布局。完成生态保护红线、环境质量底线、资源利用上线、环境准入清单编制工作，明确禁止和限制发展的行业、生产工艺和产业目录
22	2018.12.28	《青海省人民政府办公厅关于加强长江青海段水生生物保护工作的实施意见》（青政办〔2018〕187号）	基本原则。树立红线思维，留足生态空间。严守生态保护红线、环境质量底线和资源利用上线，根据水生生物保护和水域生态修复的实际需要，在重点生态功能和生态环境敏感脆弱区域科学建立水生生物保护区，实行严格保护管理。加强水域生态环境保护。结合我省生态保护红线划定，加强长江流域4处国家级水产种质资源保护区的保护和管理，促进水产种质资源的可持续利用
23	2019.01.19	《青海省人民政府办公厅印发关于在全省开展"百日攻坚"专项行动实施方案的通知》（青政办〔2019〕4号）	抓生态，促环境。跟踪衔接生态保护红线划定方案的报批，组织开展生态保护红线勘界定标工作
24	2019.01.27	《政府工作报告——青海省第十三届人民代表大会第三次会议》	推进生态保护工程。树立全域共建理念，发布实施生态红线，建立"三线一单"管理机制，完善"天地一体化"生态环境监测评估预警体系
25	2019.04.11	《青海省人民政府关于印发化肥农药减量增效行动总体思路及2019年试点实施方案的通知》（青政〔2019〕26号）	基本原则。坚持生产与生态统筹。从保障国家生态安全出发，坚持"绿水青山就是金山银山"的理念，坚守生态红线，把生态环境保护和建设与生产发展相结合，打好生态牌，走好绿色路，推进种养结合，实现农牧业可持续发展，确保粮食安全和生态安全
26	2019.11.20	《青海省人民政府关于加快促进乡村产业振兴步伐的实施意见》（青政〔2019〕69号）	基本原则。生态优先，绿色发展。践行"绿水青山就是金山银山"的发展理念，严守耕地和生态保护红线，实现农牧产业与生态保护有机统一，打响"生态青海，绿色农牧"品牌
27	2019.11.20	《中共青海省委办公厅、青海省人民政府办公厅印发〈青海省贯彻落实关于建立以国家公园为主体的自然保护地体系的指导意见〉的实施方案》的通知》（青办字〔2019〕144号）	协调自然保护地布局与生态保护红线。在自然保护地整合归并优化过程中，充分衔接生态保护红线，科学合理优化生态、生产、生活空间的布局，调整后的自然保护地全部纳入生态保护红线。按照自然资源资产管理与国土空间用途管制的"两个统一行使"要求，统筹生态保护、绿色发展、民生改善的现实需求，严守生态保护红线

4．法律规章

保护生态环境必须依靠制度、依靠法治。只有实行最严格的制度、最严密的法治，才能为生态文明建设提供可靠保障。划定并严守生态保护红线被先后写入修订后的《中华人民共和国环境保护法》（以下简称《环境保护法》）、《中华人民共和国国家安全法》《中华人民共和国水污染防治法》《中华人民共和国海洋环境保护法》，确立了生态保护红线的法律地位。

《环境保护法》是生态环境保护领域的基础性、综合性法律。2014 年 4 月 24 日第十二届全国人民代表大会常务委员会第八次会议修订了《中华人民共和国环境保护法》，于 2015 年 1 月 1 日起施行，这是我国自 1989 年公布实施生态环境保护领域基本法以来的首次修订，被媒体评论为"史上最严环保法"。《环境保护法》第二十九条规定了国家在重点生态功能区、生态环境敏感区和脆弱区等区域划定生态保护红线，实行严格保护。《环境保护法》建立了生态保护红线制度，从立法角度对生态保护红线予以明确，既是贯彻落实中共中央、国务院加强生态保护，建设生态文明，实现美丽中国的重大举措，也是国家法律的要求，是实现国家生态安全的必然选择。

国家安全是国家生存发展最重要、最基本的前提和基础。2015 年 7 月 1 日第十二届全国人大常委会第十五次会议审议通过了《中华人民共和国国家安全法》（以下简称《国家安全法》），同日，国家主席习近平签署第 29 号主席令公布，自公布之日起施行。《国家安全法》是一部立足全局、统领国家安全各领域工作的综合性、全局性、基础性法律。《国家安全法》第三十条规定了国家完善生态环境保护制度体系，加大生态建设和环境保护力度，划定生态保护红线，强化生态风险的预警和防控，妥善处置突发环境事件，保障人民赖以生存发展的大气、水、土壤等自然环境和条件不受威胁和破坏，促进人与自然和谐发展。《国家安全法》将生态安全与政治安全、国土安全、军事安全、经济安全、文化安全、社会安全、科技安全、信息安全、资源安全、核安全等一同纳入国家总体安全体系，将生态保护红线划定与实施纳入国家安全战略框架，成为国家安全和国家生态安全的重要组成部分，划定生态保护红线就是守住国家生态安全的底线，从法律制度上保障生态安全，为保障国家安全奠定了坚实的基础。

《中华人民共和国水污染防治法》于 2017 年 6 月 27 日在第十二届全国人民代

表大会常务委员会第二十八次会议第二次修正，确定了严守生态保护红线基本制度。第二十九条规定了从事开发建设活动，应当采取有效措施，维护流域生态环境功能，严守生态保护红线。

《中华人民共和国海洋环境保护法》于 2017 年 11 月 4 日在第十二届全国人民代表大会常务委员会第三十次会议第三次修正，确定了生态保护红线为海洋环境保护的基本制度，将有利于更好地保护和改善海洋环境，保护海洋资源，推进生态文明建设。第三条规定了国家在重点海洋生态功能区、生态环境敏感区和脆弱区等海域划定生态保护红线，实行严格保护。第二十四条规定了开发利用海洋资源，应当根据海洋功能区划合理布局，严格遵守生态保护红线，不得造成海洋生态环境破坏。

《青海省生态文明建设促进条例》是除贵州省之外我国第二部省级生态文明地方性法规，也是我国藏区第一部省级地方生态文明建设立法，详见表1-4。

表 1-4　生态保护红线相关法律法规规章

编号	名称	时间	法律规定（节选）
1	中华人民共和国环境保护法	2014 年 4 月 24 日第十二届全国人民代表大会常务委员会第八次会议修订，自 2015 年 1 月 1 日起施行	第二十九条　国家在重点生态功能区、生态环境敏感区和脆弱区等区域划定生态保护红线，实行严格保护
2	中华人民共和国国家安全法	2015 年 7 月 1 日第十二届全国人民代表大会常务委员会第十五次会议通过，自公布之日起施行	第三十条　国家完善生态环境保护制度体系，加大生态建设和环境保护力度，划定生态保护红线，强化生态风险的预警和防控，妥善处置突发环境事件，保障人民赖以生存发展的大气、水、土壤等自然环境和条件不受威胁和破坏，促进人与自然和谐发展
3	中华人民共和国水污染防治法	2017 年 6 月 27 日第十二届全国人民代表大会常务委员会第二十八次会议第二次修正	第二十九条　从事开发建设活动，应当采取有效措施，维护流域生态环境功能，严守生态保护红线
4	中华人民共和国海洋环境保护法	2017 年 11 月 4 日第十二届全国人民代表大会常务委员会第三十次会议第三次修正	第三条　国家在重点海洋生态功能区、生态环境敏感区和脆弱区等海域划定生态保护红线，实行严格保护。第二十四条　开发利用海洋资源，应当根据海洋功能区划合理布局，严格遵守生态保护红线，不得造成海洋生态环境破坏

编号	名称	时间	法律规定（节选）
5	中华人民共和国土地管理法	2019年8月26日第十三届全国人民代表大会常务委员会第十二次会议第三次修正	第十八条　国家建立国土空间规划体系。编制国土空间规划应当坚持生态优先，绿色、可持续发展，科学有序统筹安排生态、农业、城镇等功能空间，优化国土空间结构和布局，提升国土空间开发、保护的质量和效率。 经依法批准的国土空间规划是各类开发、保护、建设活动的基本依据。已经编制国土空间规划的，不再编制土地利用总体规划和城乡规划
6	青海省生态文明建设促进条例	2015年1月13日，青海省第十二届人民代表大会常务委员会第十六次会议通过根据2015年1月27日青海省第十二届人民代表大会常务委员会第十七次会议《关于修改〈青海省生态文明建设促进条例〉的决定》修正	第十三条　省人民政府应当根据主体功能区规划、城镇体系规划、城乡总体规划，划定生态保护红线，强化重要生态功能保育、资源集约激励和环境质量约束。 第二十六条　各级人民政府应当根据生态文明建设规划，在重点生态功能区、生态环境敏感区和脆弱区等区域划定生态保护红线，实行严格保护。 第七十三条　违反本条例规定，在生态保护红线范围内从事损害生态环境保护活动的，由有关行政主管部门责令停止违法行为，限期整改，恢复原状，没收违法所得，对个人处以二万元以上十万元以下罚款，对单位处以二十万元以上一百万元以下罚款
7	青海省湿地保护条例	2018年9月18日青海省第十三届人民代表大会常务委员会第六次会议修正	第三十一条　县级以上人民政府应当确保生态保护红线范围内湿地性质不改变、湿地面积不减少、生态功能不降低
8	土地利用总体规划管理办法	2017年5月2日国土资源部第1次部务会议通过，国土资源部令第72号 2019年7月16日自然资源部第2次部务会议通过废止	第二十二条　编制市级、县级、乡（镇）土地利用总体规划，国土资源主管部门应当会同环境保护、住房城乡建设等部门，充分考虑生态保护红线、永久基本农田、城镇开发边界，因地制宜划定下列城乡建设用地管制边界和管制区域： （一）城乡建设用地规模边界； （二）城乡建设用地扩展边界； （三）城乡建设用地禁建边界； （四）允许建设区； （五）有条件建设区； （六）限制建设区； （七）禁止建设区

编号	名称	时间	法律规定（节选）
9	青海省旅游条例	2003 年 5 月 30 日青海省第十届人民代表大会常务委员会第二次会议通过 2010 年 9 月 30 日青海省第十一届人民代表大会常务委员会第十八次会议第一次修订 2016 年 11 月 25 日青海省第十二届人民代表大会常务委员会第三十次会议第二次修订	第五条　依托国家公园、风景名胜区、自然保护区等资源开展旅游活动，由依法设立的管理机构在职责范围内做好旅游管理相关工作。 第九条　编制旅游发展规划和重点旅游资源开发利用的专项规划，应当体现地方特色、民族特色、文化内涵、生态环境保护理念和区域功能优势，结合打造区域旅游品牌、整合线路、扶贫开发等要求，构建自然景观、生态环境、历史文化、民俗风情等优势资源的科学保护和合理利用机制，防止无序开发和重复建设。 第十条　编制旅游发展规划和重点旅游资源开发利用的专项规划，应当与土地利用总体规划、城乡规划、环境保护规划以及其他的自然资源和文物等人文资源保护和利用规划相衔接。 编制或者调整国民经济和社会发展规划、土地利用总体规划、城乡规划以及其他涉及旅游的专项规划时，有关部门应当考虑旅游业发展实际需求，并征求本级人民政府旅游主管部门意见。 第十四条　旅游主管部门应当会同有关部门对本行政区域内的旅游资源进行普查和评价，建立完善旅游资源数据库，指导、协调旅游资源保护和开发利用。 对自然遗产、国家公园、风景名胜区、自然保护区和具有青海地域特色的重要旅游资源，应当加大保护力度，合理开发，永续利用。 第四十八条　在自然保护区、风景名胜区、文物保护单位和宗教活动场所进行旅游活动，应当依法遵守有关规定

《党政领导干部生态环境损害责任追究办法（试行）》《青海省党政领导干部生态环境损害责任追究实施细则（试行）》（青办发〔2016〕31号）、《青海省生态环境保护工作责任规定（试行）》（青办发〔2016〕54号）等对生态保护红线做了责任规定，详见表1-5。

表1-5　生态保护红线相关损害责任追究规定

编号	时间	文件名称	相关要求（节选）
1	2015.08.09	《党政领导干部生态环境损害责任追究办法（试行）》	第四条　党政领导干部生态环境损害责任追究，坚持依法依规、客观公正、科学认定、权责一致、终身追究的原则。 第五条　有下列情形之一的，应当追究相关地方党委和政府主要领导成员的责任： （三）违反主体功能区定位或者突破资源环境生态红线、城镇开发边界，不顾资源环境承载能力盲目决策造成严重后果的； 有上述情形的，在追究相关地方党委和政府主要领导成员责任的同时，对其他有关领导成员及相关部门领导成员依据职责分工和履职情况追究相应责任
2	2017.07	《青海省党政领导干部生态环境损害责任追究实施细则（试行）》（青办发〔2016〕31号）	第五条　党政领导干部生态环境损害责任追究，坚持依法依规、客观公正、科学认定、权责一致、终身追究的原则。 第六条　有下列情形之一的，应当追究相关地方党委和政府主要领导成员的责任： （三）违反主体功能区定位或者突破资源环境生态红线、城镇开发边界，违背自然保护区、国家公园管控政策，不顾资源环境承载能力盲目决策造成严重后果的； 有上述情形的，在追究相关地方党委和政府主要领导成员责任的同时，对其他有关领导成员及相关部门领导成员依据职责分工和履职情况追究相应责任
3	2017.07	《青海省生态环境保护工作责任规定（试行）》（青办发〔2016〕54号）	第七条　各级政府在生态环境保护中履行以下工作责任： （四）保障生态红线安全。制定生态保护红线规划，依法依规划定生态保护红线，严格保护饮用水水源保护区、自然保护区、国家公园等重要生态功能区以及其他生态红线区域。严格落实生态红线区域分级管控措施，加大生态红线区域保护考核力度，实施生态补偿制度

编号	时间	文件名称	相关要求（节选）
3	2017.07	《青海省生态环境保护工作责任规定（试行）》（青办发〔2016〕54号）	第二十四条　国土资源部门在生态环境保护中履行以下责任： (一)编制土地利用总体规划和矿产资源总体规划，强化对自然资源和生态环境的保护，严格落实生态红线区域分级管控措施。在维护生态平衡的前提下，依法合理开发利用土地和矿产资源。 第二十五条　环境保护部门在生态环境保护中履行以下责任： (四)指导、协调、监督生态保护工作。负责生态红线区域的统一监督管理，会同财政部门进行生态红线区域保护监督管理考核。对各类自然保护区的管理进行监督检查，监督引起生态环境变化的重大经济活动。 第三十条　林业部门在生态环境保护中履行以下责任： (三)依法加强主管的生态红线区域保护，承担创建省生态文明先行区林业生态建设的具体工作。 第四十一条　旅游发展部门在生态环境保护中履行以下责任： (一)加强旅游发展规划与生态红线、环境保护规划的衔接，科学合理开发利用旅游资源，督导旅游景区景点落实环境保护措施，防止环境污染和生态破坏

5．技术规范

为推进生态保护红线划定工作，环境保护部先后组织制定生态保护红线划定技术规范。

（1）国家生态保护红线——生态功能红线划定技术指南（试行）

为贯彻落实《国务院关于加强环境保护重点工作的意见》（国发〔2011〕35号）和党的十八届三中全会精神，指导全国生态保护红线划定工作，环境保护部选择内蒙古、江西、湖北和广西四省（区）开展划定生态保护红线试点，在建立协调机制、提出建议方案、划定技术方法和程序以及管控政策等方面进行试点探索，江苏省率先完成划定方案。在地方试点和探索实践的基础上，环境保护部在2014年1月制定了《国家生态保护红线——生态功能红线划定技术指南（试行）》（环发

〔2014〕10号），主要内容包括生态功能红线的定义、类型及特征界定，生态功能红线划定的基本原则、技术流程、范围、方法和成果要求等，初步建立了生态保护红线划定的技术路线和方法。提出了划定生态功能红线需要遵循的重要性、系统性、等级性、协调性、可操作性、动态性的六条基本原则。

（2）生态保护红线划定技术指南

2014年4月，修订后的《环境保护法》明确规定"国家在重点生态功能区、生态环境敏感区和脆弱区等区域划定生态保护红线，实行严格保护"。为适应最新形势要求，结合全国各地生态保护红线划定工作进展情况，环境保护部修订印发了《生态保护红线划定技术指南》（环发〔2015〕56号），界定了生态保护红线概念与特征，以及"性质不转换、面积不减少、功能不降低、责任不改变"的基本管控要求，明确了强制性、合理性、协调性、可行性和动态性原则，提出了划定范围识别、科学评估、方案确定、边界核定等生态保护红线划定方法与技术流程，确定了生态保护红线命名方法和成果产出要求，该指南成为指导全国各地生态保护红线划定工作的纲领性技术文件。

（3）生态保护红线划定指南

按照《关于划定并严守生态保护红线的若干意见》要求，环境保护部、国家发展改革委会同有关部门制定并发布了生态保护红线划定技术规范，环境保护部办公厅、国家发展改革委办公厅2017年5月印发了《生态保护红线划定指南》（环办生态〔2017〕48号），明确了水源涵养、生物多样性维护、水土保持、防风固沙等生态功能重要区域，以及水土流失、土地沙化、石漠化、盐渍化等生态环境敏感脆弱区域的评价方法以及技术流程，提出了科学性、整体性、协调性、动态性的划定原则，采取自上而下和自下而上相结合的划定工作程序。

（4）"生态保护红线、环境质量底线、资源利用上线和环境准入负面清单"编制技术指南（试行）

为加快建立"生态保护红线、环境质量底线、资源利用上线和环境准入负面清单"（又称"三线一单"）环境管控体系，2017年12月，环境保护部印发了《"生态保护红线、环境质量底线、资源利用上线和环境准入负面清单"编制技术指南（试行）》（环办环评〔2017〕99号）。该指南坚持以改善生态环境质量为核心，以生态保护红线、环境质量底线、资源利用上线为基础，划定环境管控单元，在"一张图"

上落实"三大红线"的管控要求，编制环境准入负面清单，构建环境分区管控体系。工作定位主要用于环评管理，兼顾为其他环境管理工作提供空间管控依据。重点是通过"划框子、定规则"，优化空间布局、调整产业结构、控制发展规模、保障生态功能，为战略环评与规划环评落地以及项目环评管理提供依据和支撑，为加强生态环境保护、促进形成绿色发展方式和生产生活方式提供抓手。总体思路是与当前环境质量管理与自然资源管理各项工作充分衔接，以改善生态环境质量为核心，将行政区域划分为若干环境管控单元，将生态保护红线、环境质量底线、资源利用上线转化为空间布局约束、污染物排放管控、环境风险防控、资源利用效率等要求，编制环境准入负面清单，构建环境分区管控体系。提出了加强统筹衔接、强化空间管控、突出差别准入、实施动态更新、坚持因地制宜 5 项基本原则。

该指南包括 8 章 30 节、4 项附录，提出了建立"三线一单"的一般性原则、具体技术要求、成果要求，以及工作底图制作、大气与水环境模拟评价要点、信息平台建设等 4 项规范性附录。

四、生态保护红线划定进展

自国务院《关于加强环境保护重点工作的意见》（国发〔2011〕35 号）和党的十八届三中全会要求划定生态保护红线以来，全国各省启动了生态保护红线划定工作，2013 年江苏省率先完成划定，发布了《江苏省生态红线区域保护规划》。到 2016 年年底，江西、湖北、山东、海南、四川、天津、重庆等省（市），以及沈阳、南京等市先后发布生态保护红线，青海、新疆、内蒙古、河北等省（区）的生态保护红线方案已通过省委、省政府审议，但未发布实施。在这些省份的生态保护红线方案中，生态保护红线采取分区或分级划定，划分出一类、二类管控区或一级、二级管控区，详见表 1-6。

依照《关于划定并严守生态保护红线的若干意见》划定目标要求，京津冀区域 3 省（直辖市），长江经济带沿线 11 省（直辖市）以及宁夏回族自治区共 15 个省（直辖市、自治区）按照要求 2018 年 6 月完成生态保护红线划定并公开发布，青海、新疆、内蒙古等 16 个省（自治区）的生态保护红线划定方案，在 2018 年 10 月底前通过了省委、省政府的审议，以及生态环境部和自然资源部的论证审核，正在报批中，详见表 1-7。

表 1-6   2013—2016 年部分省市生态保护红线发布情况统计（按照时间顺序）

编号	省份	发布日期	文件名称	管控类型
1	江苏	2013.08.30	《江苏省人民政府关于印发江苏省生态红线区域保护规划的通知》（苏政发〔2013〕113 号）	一类、二类管控区
2	江西	2016.07.05	《江西省人民政府关于印发江西省生态空间保护红线区划的通知》（赣府发〔2016〕30 号）	一类、二类管控区
3	湖北	2016.07.19	《湖北省人民政府关于印发湖北省生态保护红线划定方案的通知》（鄂政发〔2016〕34 号）	一类、二类管控区
4	山东	2016.08.15	《山东省人民政府关于山东省生态保护红线规划（2016—2020 年）的批复》（鲁政字〔2016〕173 号）	一类、二类管控区
5	海南	2016.09.18	《海南省人民政府关于划定海南省生态保护红线的通告》（琼府〔2016〕90 号）	一类、二类管控区
6	四川	2016.09.29	《四川省人民政府关于印发四川省生态保护红线实施意见的通知》（川府发〔2016〕45 号）	一类、二类管控区
7	重庆	2016.11.03	《重庆市人民政府办公厅关于印发重庆市生态保护红线划定方案的通知》	一类、二类管控区

资料来源：根据相关省市政府网站发布的信息整理。

表 1-7   京津冀、长江经济带省市及宁夏回族自治区生态保护红线划定情况（按照时间顺序）

编号	省份	发布日期	文件名称	生态保护红线（陆域、海洋）面积/万 km²	占国土面积（陆域、管辖海域面积）比例/%
1	江苏	2018.06.09	《江苏省政府关于印发江苏省国家级生态保护红线规划的通知》（苏政发〔2018〕74 号）	0.85	8.21
2	贵州	2018.06.27	《贵州省人民政府关于发布贵州省生态保护红线的通知》（黔府发〔2018〕16 号）	4.59	26.06
3	安徽	2018.06.27	《安徽省人民政府关于发布安徽省生态保护红线的通知》（皖政秘〔2018〕120 号）	2.12	15.15
4	河北	2018.06.29	《河北省人民政府关于发布〈河北省生态保护红线〉的通知》（冀政字〔2018〕23 号）	总面积：4.05 陆域：3.86 海洋：0.19	20.70 20.49 26.02

编号	省份	发布日期	文件名称	生态保护红线（陆域、海洋）面积/万 km²	占国土面积（陆域、管辖海域面积）比例/%
5	云南	2018.06.29	《云南省人民政府关于发布云南省生态保护红线的通知》（云政发〔2018〕32 号）	11.84	30.90
6	江西	2018.06.30	《江西省人民政府关于发布江西省生态保护红线的通知》（赣府发〔2018〕21 号）	4.69	28.06
7	宁夏	2018.06.30	《宁夏回族自治区人民政府关于发布宁夏回族自治区生态保护红线的通知》（宁政发〔2018〕23 号）	1.29	24.76
8	重庆	2018.07.02	《重庆市人民政府关于发布重庆市生态保护红线的通知》（渝府发〔2018〕25 号）	2.04	24.82
9	北京	2018.07.06	《北京市人民政府关于发布北京市生态保护红线的通知》（京政发〔2018〕18 号）	0.43	26.10
10	四川	2018.07.20	《四川省人民政府关于印发四川省生态保护红线方案的通知》（川府发〔2018〕24 号）	14.80	30.45
11	浙江	2018.07.20	《浙江省人民政府关于发布浙江省生态保护红线的通知》（浙政发〔2018〕30 号）	总面积：3.89 陆域：2.48 海洋：1.41	26.25 23.82 31.72
12	湖北	2018.07.25	《湖北省人民政府关于发布湖北省生态保护红线的通知》（鄂政发〔2018〕30 号）	4.15	22.30
13	湖南	2018.07.25	《湖南省人民政府关于印发〈湖南省生态保护红线〉的通知》（湘政发〔2018〕20 号）	4.28	20.23
14	上海	2018.08.10	《上海市人民政府关于发布上海市生态保护红线的通知》（沪府发〔2018〕30 号）	总面积：0.21 陆域：0.01 长江河口及海域：0.20	—
15	天津*	2018.09.03	《天津市人民政府关于发布天津市生态保护红线的通知》（津政发〔2018〕21 号）	总面积：0.14 陆域：0.12 海洋：0.02	9.91 10.00 10.24

注：*根据《天津市人民政府关于发布天津市生态保护红线的通知》（津政发〔2018〕21 号），另有 18.63 km 自然岸线被划入生态保护红线。

资料来源：根据相关省市政府网站发布的信息整理。

　　此外，江苏、天津、深圳、武汉、沈阳等省、市发布了生态红线管理办法或生态控制线等规章制度。《深圳市基本生态控制线管理规定》（深圳市人民政府第145 号令）、《深圳市人民政府关于进一步规范基本生态控制线管理的实施意见》（深府〔2016〕13 号）、《天津市永久性保护生态区域管理规定》（津政发〔2019〕23 号）、《沈阳市生态保护红线管理办法》（沈阳市人民政府第 47 号令）、《沈阳市人民政府办公厅关于加强生态保护红线管理工作的通知》（沈政办发〔2016〕113 号）、《江苏省生态红线区域保护监督管理考核暂行办法》（苏政办发〔2014〕23 号）、《武汉市基本生态控制线管理规定》（武汉市人民政府第 224 号令）、《武汉市基本生态控制线管理条例》（2016 年 5 月 26 日武汉市第十三届人民代表大会常务委员会第三十六次会议通过，2016 年 7 月 28 日湖北省第十二届人民代表大会常务委员会第二十三次会议批准）、《贵州省生态保护红线管理暂行办法》（黔府发〔2016〕32 号）、《吉林省生态保护红线区管理办法（试行）》（吉政发〔2016〕50 号）、《湖北省生态保护红线管理办法（试行）》（鄂政办发〔2016〕72 号）。

　　《关于划定并严守生态保护红线的若干意见》出台后，仅宁夏发布了专门的生态保护红线管理条例，2018 年 11 月 29 日宁夏回族自治区第十二届人民代表大会常务委员会第七次会议通过了《宁夏回族自治区生态保护红线管理条例》，自 2019年 1 月 1 日起施行。

　　其他涉及生态保护红线管理的还有国土资源部《自然生态空间用途管制办法（试行）》（国土资发〔2017〕33 号）、《北京市生态控制线和城市开发边界管理办法》（京政发〔2019〕7 号）、《江西省自然生态空间用途管制试行办法》等。

第二章 研究方法

一、研究范围

划定并严守生态保护红线，是贯彻落实主体功能区制度、实施生态空间用途管制、建立国土空间规划体系的重要举措。研究范围包括国家和省级层面的主体功能区和生态功能区有关对青海生态红线划定体系的定位，全省尺度上的自然生态本底概况、自然保护地本底现状、生态功能重要性和生态环境敏感性评估、生态保护红线划定范围研究等。

二、研究内容

自然生态状况从地理国情、土地、生态、森林、草地、湿地、冰川雪山、生物、矿产等方面，研究各要素类型、面积和空间分布特点；主体功能区位从主体功能区规划、国土规划纲要、土地利用总体规划、城镇体系规划、兰州—西宁城市群发展规划等方面，研究主体功能类别、定位、国土空间划分、用地规模、开发原则、管控政策等；生态功能区位从生态功能区、生态脆弱区、生物多样性保护、水土流失重点预防规划等方面，研究类型、区域等；自然保护地从国家公园、自然保护区、其他保护地等方面，研究批建依据、时间、面积、范围、级别、保护重点、管理要求等，生态功能评估从生态功能重要性和生态环境敏感性方面，研究生态功能极重要区和生态环境极敏感区的空间分布，详见表 2-1。

表 2-1　青海省生态保护红线划定主要研究内容统计

研究内容	研究要素	说明
自然资源	地理国情、土地资源、生态系统、森林资源、草地资源、湿地资源、冰川雪山、生物资源、矿产资源	类型、面积、空间分布
主体功能区位	主体功能区规划	主体功能区类别、国土空间类别、战略任务、主体功能区划分
	国土规划纲要	生态安全格局、全域保护格局
	土地利用总体规划	主要目标、土地利用方向、政策、分区、指标
	城镇体系规划	总体目标、城镇空间结构、建设用地规模、生态环境保护、空间管制分区、空间管制分级
	兰州—西宁城市群发展规划	规划范围、发展基础、战略定位、发展目标、空间格局
生态功能区位	重点生态功能区	类型、区域、开发管制原则
	生态脆弱区	基本特征、主要类型、重点保护区域
	生物多样性保护优先区	区域、保护重点
	水土流失重点预防	区域、重点预防面积
	生态环境功能区	区域、类型
	生态保护综合试验区	试验区范围、区域划分
自然保护地	国家公园、自然保护区、其他保护地	批建依据、时间、范围、面积、级别、保护重点、管理要求
生态功能评估	生态功能重要性评估	类型、区域、主导功能
	生态环境敏感性评估	类型、区域

三、研究方法

本书以国家和省部级制定的生态保护红线划定政策为依据,以主体功能区划、土地利用总体规划、国土规划纲要、城镇体系规划、城市群发展规划、生态功能区划、生物多样性保护规划等现有国土空间规划、生态保护专项规划成果为基础,全面摸清青海省自然生态本底条件,整理青海省国家公园、自然保护区、饮用水水源保护区等依法批复的各类各级保护地,开展生态功能重要性和生态环境敏感性评估，分析主导生态功能和生态功能极重要区、生态环境极敏感区，统筹生态保护与社会经济发展空间性规划，衔接国家提出的青海省生态保护红线划定建议，开展生态保护红线划定研究，提出生态保护红线方案。

四、术语和定义

本书中涉及的生态保护红线及相关术语较多，不同规划不同时期不同阶段的定义也不尽相同，具体术语的定义及来源出处说明详见表 2-2。

表 2-2 生态保护红线及相关术语和定义

术语名称	定　义	说　明
生态保护红线	是指对维护国家和区域生态安全及经济社会可持续发展，保障人民群众健康具有关键作用，在提升生态功能、改善环境质量、促进资源高效利用等方面必须严格保护的最小空间范围与最高或最低数量限值	环境保护部《国家生态保护红线——生态功能红线划定技术指南（试行）》（环发〔2014〕10 号）
	是指依法在重点生态功能区、生态环境敏感区和脆弱区等区域划定的严格管控边界，是国家和区域生态安全的底线。生态保护红线所包围的区域为生态保护红线区，对于维护生态安全格局、保障生态系统功能、支撑经济社会可持续发展具有重要作用	环境保护部《生态保护红线划定技术指南》（环发〔2015〕56 号）
	生态保护红线的实质是生态环境安全的底线。可划分为生态功能保障基线、环境质量安全底线、自然资源利用上线	《青海省国民经济和社会发展第十三个五年规划纲要》
	是指在生态空间范围内具有特殊重要生态功能、必须强制性严格保护的区域，是保障和维护国家生态安全的底线和生命线，通常包括具有重要水源涵养、生物多样性维护、水土保持、防风固沙、海岸生态稳定等功能的生态功能重要区域，以及水土流失、土地沙化、石漠化、盐渍化等生态环境敏感脆弱区域。生态保护红线原则上按禁止开发区域的要求进行管理	《中共中央办公厅 国务院办公厅关于划定并严守生态保护红线的若干意见》（厅字〔2017〕2 号）

术语名称	定　义	说　明
生态保护红线	是指在生态空间范围内具有特殊重要生态功能、必须强制性严格保护的区域	《中共中央办公厅　国务院办公厅关于在国土空间规划中统筹划定落实三条控制线的指导意见》（厅字〔2019〕48号）
	在生态空间范围内具有特殊重要生态功能，必须强制性严格保护的陆域、水域、海域等区域	《省级国土空间规划编制指南》（自然资办发〔2020〕5号）
国土空间	是指国家主权与主权权利管辖下的地域空间，是国民生存的场所和环境，包括陆地、陆上水域、内水、领海、领空等	《全国主体功能区规划》（国发〔2010〕46号）
	国家主权与主权权利管辖下的地域空间，包括陆地国土空间和海洋国土空间	《省级国土空间规划编制指南》（自然资办发〔2020〕5号）
城市空间	包括城市建设空间、工矿建设空间。城市建设空间包括城市和建制镇居民点空间。工矿建设空间是指城镇居民点以外的独立工矿空间	《全国主体功能区规划》（国发〔2010〕46号）
城镇空间	以承载城镇经济、社会、政治、文化、生态等要素为主的功能空间	《省级国土空间规划编制指南》（自然资办发〔2020〕5号）
农业空间	包括农业生产空间、农村生活空间。农业生产空间包括耕地、改良草地、人工草地、园地、其他农用地（包括农业设施和农村道路）空间。农村生活空间即农村居民点空间	《全国主体功能区规划》（国发〔2010〕46号）
	以农业生产、农村生活为主的功能空间	《省级国土空间规划编制指南》（自然资办发〔2020〕5号）
生态空间	包括绿色生态空间、其他生态空间。绿色生态空间包括天然草地、林地、湿地、水库水面、河流水面、湖泊水面。其他生态空间包括荒草地、沙地、盐碱地、高原荒漠等	《全国主体功能区规划》（国发〔2010〕46号）
	是指具有自然属性、以提供生态服务或生态产品为主体功能的国土空间，包括森林、草原、湿地、河流、湖泊、滩涂、岸线、海洋、荒地、荒漠、戈壁、冰川、高山冻原、无居民海岛等	《中共中央办公厅　国务院办公厅关于划定并严守生态保护红线的若干意见》（厅字〔2017〕2号）
	以提供生态系统服务功能或生态产品为主的功能空间	《省级国土空间规划编制指南》（自然资办发〔2020〕5号）

术语名称	定 义	说 明
其他空间	指除以上三类空间（城市空间、农业空间、生态空间）以外的其他国土空间，包括交通设施空间、水利设施空间、特殊用地空间。交通设施空间包括铁路、公路、民用机场、港口码头、管道运输等占用的空间。水利设施空间即水利工程建设占用的空间。特殊用地空间包括居民点以外的国防、宗教等占用的空间	《全国主体功能区规划》（国发〔2010〕46 号）
主体功能区	以资源环境承载能力、经济社会发展水平、生态系统特征以及人类活动形式的空间分异为依据，划分出具有某种特定主体功能、实施差别化管控的地域空间单元	《省级国土空间规划编制指南》（自然资办发〔2020〕5 号）
优化开发区域	是经济比较发达、人口比较密集、开发强度较高、资源环境问题更突出，从而应该优化进行工业化城镇化开发的城市化地区	《全国主体功能区规划》（国发〔2010〕46 号）
重点开发区域	是有一定经济基础、资源环境承载能力较强、发展潜力较大、集聚人口和经济条件较好，从而应该重点进行工业化城镇化开发的城市化地区	《全国主体功能区规划》（国发〔2010〕46 号）
限制开发区域	限制开发区域分为两类：一类是农产品主产区，即耕地较多、农业发展条件较好，尽管也适宜工业化城镇化开发，但从保障国家农产品安全以及中华民族永续发展的需要出发，必须把增强农业综合生产能力作为发展的首要任务，从而应该限制进行大规模高强度工业化城镇化开发的地区；另一类是重点生态功能区，即生态系统脆弱或生态功能重要，资源环境承载能力较低，不具备大规模高强度工业化城镇化开发的条件，必须把增强生态产品生产能力作为首要任务，从而应该限制进行大规模高强度工业化城镇化开发的地区	《全国主体功能区规划》（国发〔2010〕46 号）
禁止开发区域	是依法设立的各级各类自然文化资源保护区域，以及其他禁止进行工业化城镇化开发、需要特殊保护的重点生态功能区	《全国主体功能区规划》（国发〔2010〕46 号）
永久基本农田	按照一定时期人口和经济社会发展对农产品的需求，依据国土空间规划确定的不得擅自占用或改变用途的耕地	《省级国土空间规划编制指南》（自然资办发〔2020〕5 号）

术语名称	定　义	说　明
城镇开发边界	在一定时期内因城镇发展需要，可以集中进行城镇开发建设，重点完善城镇功能的区域边界，涉及城市、建制镇以及各类开发区等	《省级国土空间规划编制指南》（自然资办发〔2020〕5号）
城市群	依托发达的交通通信等基础设施网络所形成的空间组织紧凑、经济联系紧密的城市群体	《省级国土空间规划编制指南》（自然资办发〔2020〕5号）
都市圈	以中心城市为核心，与周边城镇在日常通勤和功能组织上存在密切联系的一体化地区，一般为1小时通勤圈，是区域产业、生态和设施等空间布局一体化发展的重要空间单元	《省级国土空间规划编制指南》（自然资办发〔2020〕5号）
城镇圈	以多个重点城镇为核心，空间功能和经济活动紧密关联、分工合作可形成小城镇整体竞争力的区域，一般为半小时通勤圈，是空间组织和资源配置的基本单元，体现城乡融合和跨区域公共服务均等化	《省级国土空间规划编制指南》（自然资办发〔2020〕5号）
重点生态功能区	是指生态系统十分重要，关系全国或较大范围区域的生态安全，目前生态系统有所退化，需要在国土空间开发中限制进行大规模高强度工业化城镇化开发，以保持并提高生态产品供给能力的区域。 国家重点生态功能区分为水源涵养型、水土保持型、防风固沙型和生物多样性维护型四种类型	《全国主体功能区规划》（国发〔2010〕46号）
	是指生态系统服务功能重要、以生态脆弱区域为主的区域	《省级国土空间规划编制指南》（自然资办发〔2020〕5号）
水源涵养型重点生态功能区	主要指我国重要江河源头和重要水源补给区	《全国主体功能区规划》（国发〔2010〕46号）
水土保持型重点生态功能区	主要指土壤侵蚀性高、水土流失严重、需要保持水土功能的区域	《全国主体功能区规划》（国发〔2010〕46号）
防风固沙型重点生态功能区	主要指沙漠化敏感性高、土地沙化严重、沙尘暴频发并影响较大范围的区域	《全国主体功能区规划》（国发〔2010〕46号）
生物多样性维护型重点生态功能区	主要指濒危珍稀动植物分布较集中、具有典型代表性生态系统的区域	《全国主体功能区规划》（国发〔2010〕46号）

术语名称	定　义	说　明
水源涵养	是生态系统（如森林、草地等）通过其特有的结构与水相互作用，对降水进行截留、渗透、蓄积，并通过蒸散发实现对水流、水循环的调控，主要表现在缓和地表径流、补充地下水、减缓河流流量的季节波动、滞洪补枯、保证水质等方面	《环境保护部办公厅、国家发展改革委办公厅〈生态保护红线划定指南〉》（环办生态〔2017〕48号）
水土保持	是生态系统（如森林、草地等）通过其结构与过程减少由于水蚀所导致的土壤侵蚀的作用，是生态系统提供的重要调节服务之一	《环境保护部办公厅、国家发展改革委办公厅〈生态保护红线划定指南〉》（环办生态〔2017〕48号）
防风固沙	是生态系统（如森林、草地等）通过其结构与过程减少由于风蚀所导致的土壤侵蚀的作用，是生态系统提供的重要调节服务之一	《环境保护部办公厅、国家发展改革委办公厅〈生态保护红线划定指南〉》（环办生态〔2017〕48号）
生物多样性维护	是生态系统在维持基因、物种、生态系统多样性发挥的作用，是生态系统提供的最主要功能之一	《环境保护部办公厅、国家发展改革委办公厅〈生态保护红线划定指南〉》（环办生态〔2017〕48号）
生态环境敏感脆弱区	指生态系统稳定性差，容易受到外界活动影响而产生生态退化且难以自我修复的区域。 主要包括水土流失敏感性、土地沙化敏感性、石漠化敏感性、盐渍化敏感性	《环境保护部办公厅、国家发展改革委办公厅〈生态保护红线划定指南〉》（环办生态〔2017〕48号）
生态敏感区	是指那些对人类生产、生活活动具有特殊敏感性或具有潜在自然灾害影响，极易受到人为的不当开发活动影响而产生生态负面效应的地区。生态敏感区包括生物、栖息地、水资源、大气、土壤、地质、地貌以及环境污染等属于生态范畴的所有内容	《青海省国民经济和社会发展第十三个五年规划纲要》
自然保护地	是由各级政府依法划定或确认，对重要的自然生态系统、自然遗迹、自然景观及其所承载的自然资源、生态功能和文化价值实施长期保护的陆域或海域。要将生态功能重要、生态环境敏感脆弱以及其他有必要严格保护的各类自然保护地纳入生态保护红线管控范围。 自然保护地按生态价值和保护强度高低依次分为3类：国家公园、自然保护区、自然公园	《中共中央办公厅、国务院办公厅〈关于建立以国家公园为主体的自然保护地体系的指导意见〉》（中办发〔2019〕42号）

术语名称	定　义	说　明
国家公园	是指由国家批准设立并主导管理，边界清晰，以保护具有国家代表性的大面积自然生态系统为主要目的，实现自然资源科学保护和合理利用的特定陆地或海洋区域。 国家公园是我国自然保护地最重要的类型之一，属于全国主体功能区规划中的禁止开发区域，纳入全国生态保护红线区域管控范围，实行最严格的保护。国家公园建立后，在相关区域内一律不再保留或设立其他自然保护地类型	《中共中央办公厅、国务院办公厅〈建立国家公园体制总体方案〉》（中办发〔2017〕55号）
	是指以保护具有国家代表性的自然生态系统为主要目的，实现自然资源科学保护和合理利用的特定陆域或海域，是我国自然生态系统中最重要、自然景观最独特、自然遗产最精华、生物多样性最富集的部分，保护范围大，生态过程完整，具有全球价值、国家象征，国民认同度高	《中共中央办公厅、国务院办公厅〈关于建立以国家公园为主体的自然保护地体系的指导意见〉》（中办发〔2019〕42号）
自然保护区	是指保护典型的自然生态系统、珍稀濒危野生动植物种的天然集中分布区、有特殊意义的自然遗迹的区域。具有较大面积，确保主要保护对象安全，维持和恢复珍稀濒危野生动植物种群数量及赖以生存的栖息环境	《中共中央办公厅、国务院办公厅〈关于建立以国家公园为主体的自然保护地体系的指导意见〉》（中办发〔2019〕42号）
	是指对有代表性的自然生态系统、珍稀濒危野生动植物物种的天然集中分布区、有特殊意义的自然遗迹等保护对象所在的陆地、陆地水体或者海域，依法划出一定面积予以特殊保护和管理的区域	《中华人民共和国自然保护区条例》（2017年10月7日国务院令第687号修订）
国家级自然保护区	是指经国务院批准设立，在国内外有典型意义、在科学上有重大国际影响或者有特殊科学研究价值的自然保护区	《全国主体功能区规划》（国发〔2010〕46号）
自然公园	是指保护重要的自然生态系统、自然遗迹和自然景观，具有生态、观赏、文化和科学价值，可持续利用的区域。确保森林、海洋、湿地、水域、冰川、草原、生物等珍贵自然资源，以及所承载的景观、地质地貌和文化多样性得到有效保护。包括森林公园、地质公园、海洋公园、湿地公园等各类自然公园	中共中央办公厅、国务院办公厅《关于建立以国家公园为主体的自然保护地体系的指导意见》（中办发〔2019〕42号）

术语名称	定　义	说　明
风景名胜区	是指具有观赏、文化或者科学价值，自然景观、人文景观比较集中，环境优美，可供人们游览或者进行科学、文化活动的区域	《风景名胜区条例》（国务院令第 474 号）
国家级风景名胜区	是指经国务院批准设立，具有重要的观赏、文化或科学价值，景观独特，国内外著名，规模较大的风景名胜区	《全国主体功能区规划》（国发〔2010〕46 号）
地质遗迹	是指在地球演化的漫长地质历史时期，由于各种内外动力地质作用，形成、发展并遗留下来的珍贵的、不可再生的地质自然遗产	《地质遗迹保护管理规定》（1995 年 5 月 4 日地质矿产部第 21 令发布）
国家地质公园	是指以具有国家级特殊地质科学意义、较高的美学观赏价值的地质遗迹为主体，并融合其他自然景观与人文景观而构成的一种独特的自然区域	《全国主体功能区规划》（国发〔2010〕46 号）
森林公园	是指森林景观优美，自然景观和人文物集中，具有一定规模，可供人们游览、休息或进行科学、文化、教育活动的场所	《森林公园管理办法》（2016 年 9 月 22 日国家林业局令第 42 号修改）
国家湿地公园	是指以保护湿地生态系统、合理利用湿地资源、开展湿地宣传教育和科学研究为目的，经国家林业局批准设立，按照有关规定予以保护和管理的特定区域。国家湿地公园是自然保护体系的重要组成部分，属社会公益事业	《国家湿地公园管理办法》（林湿发〔2017〕150 号）
城市湿地公园	是在城市规划区范围内，以保护城市湿地资源为目的，兼具科普教育、科学研究、休闲游览等功能的公园绿地	《城市湿地公园管理办法》（建城〔2017〕222 号）
湿地	是指常年或者季节性积水地带、水域和低潮时水深不超过 6 米的海域，包括沼泽湿地、湖泊湿地、河流湿地、滨海湿地等自然湿地，以及重点保护野生动物栖息地或者重点保护野生植物原生地等人工湿地。 湿地按照其生态区位、生态系统功能和生物多样性等重要程度，分为国家重要湿地、地方重要湿地和一般湿地	《湿地保护管理规定》（2017 年 12 月 5 日国家林业局令第 48 号修改）
水产种质资源保护区	是指为保护水产种质资源及其生存环境，在具有较高经济价值和遗传育种价值的水产种质资源的主要生长繁育区域，依法划定并予以特殊保护和管理的水域、滩涂及其毗邻的岛礁、陆域	《水产种质资源保护区管理暂行办法》（2011 年 1 月 5 日农业部令 2011 年第 1 号公布）

术语名称	定　义	说　明
水利风景区	是指以水域（水体）或水利工程为依托，具有一定规模和质量的风景资源与环境条件，可以开展观光、娱乐、休闲、度假或科学、文化、教育活动的区域。 水利风景资源是指水域（水体）及相关联的岸地、岛屿、林草、建筑等能对人产生吸引力的自然景观和人文景观	《水利风景区管理办法》（水综合〔2004〕143 号）
国家沙化土地封禁保护区	对于不具备治理条件的以及因保护生态的需要不宜开发利用的连片沙化土地，由国家林业局根据全国防沙治沙规划确定的范围，按照生态区位的重要程度、沙化危害状况和国家财力支持情况等分批划定为国家沙化土地封禁保护区	《国家沙化土地封禁保护区管理办法》（林沙发〔2015〕66 号）
沙漠公园	是指以荒漠景观为主体，以保护荒漠生态系统和生态功能为核心，合理利用自然与人文景观资源，开展生态保护及植被恢复、科研监测、宣传教育、生态旅游等活动的特定区域	《国家沙漠公园管理办法》（林沙发〔2017〕104 号）
饮用水水源保护区	是指为了保护集中供水的地表、地下水水源安全而划定的加以特殊保护、防止污染和破坏的水域及相关陆域。 饮用水水源是指用于城乡集中式供水的江河、湖泊、水库、地下水井等地表、地下水源。集中式供水是指以公共供水系统向城乡居民提供生活饮用水的供水方式	《青海省饮用水水源保护条例》（2018 年 3 月 30 日青海省第十三届人民代表大会常务委员会第二次会议修正）
可可西里自然遗产地	是指按照国家规定的自然遗产地划定标准和程序，在玉树藏族自治州治多县可可西里地区及索加乡、曲麻莱县曲麻河乡行政区划内划定并公布的区域	《青海省可可西里自然遗产地保护条例》（2016 年 9 月 23 日青海省第十二届人民代表大会常务委员会第二十九次会议通过）
三江源国家公园	由长江源（可可西里）、黄河源、澜沧江源三个园区构成，具体范围以国家批准公布的三江源国家公园总体规划为准	《三江源国家公园条例（试行）》（2017 年 6 月 2 日青海省第十二届人民代表大会常务委员会第三十四次会议通过）

术语名称	定义	说明
生态产品	指维系生态安全、保障生态调节功能、提供良好人居环境的自然要素，包括清新的空气、清洁的水源和宜人的气候等。生态产品同农产品、工业品和服务产品一样，都是人类生存发展所必需的。生态功能区提供生态产品的主体功能主要体现在：吸收二氧化碳、制造氧气、涵养水源、保持水土、净化水质、防风固沙、调节气候、清洁空气、减少噪声、吸附粉尘、保护生物多样性、减轻自然灾害等。一些国家或地区对生态功能区的"生态补偿"，实质是政府代表人民购买这类地区提供的生态产品	《全国主体功能区规划》（国发〔2010〕46号）
	指维系生态安全、保障生态调节功能、提供良好人居环境的自然要素，包括清新的空气、清洁的水源和宜人的气候等	《青海省国民经济和社会发展第十三个五年规划纲要》
生态系统	是指在一定的空间和时间范围内，在各种生物之间以及生物群落与其无机环境之间，通过能量流动和物质循环而相互作用的一个统一整体	《全国主体功能区规划》（国发〔2010〕46号）
生态安全	指在国家或区域尺度上，生态系统结构合理、功能完善、格局稳定，并能够为人类生存和经济社会发展持续提供生态服务的状态，是国家安全的重要组成部分	环境保护部办公厅、国家发展改革委办公厅《生态保护红线划定指南》（环办生态〔2017〕48号）
生态安全格局	指由事关国家和区域生态安全的关键性保护地构成的结构完整、功能完备、分布连续的生态空间布局	环境保护部办公厅、国家发展改革委办公厅《生态保护红线划定指南》（环办生态〔2017〕48号）
生态功能区划	是在生态调查的基础上，分析区域生态特征、生态系统服务功能与生态敏感性空间分异规律，确定不同地域单元的主导生态功能。制定生态功能区划，对贯彻落实科学发展观，牢固树立生态文明观念，维护区域生态安全，促进人与自然和谐发展具有重要意义	《青海省国民经济和社会发展第十三个五年规划纲要》
五大生态板块	即三江源、环青海湖地区、祁连山水源涵养区、柴达木水源涵养区、河湟地区五大生态板块	《青海省国民经济和社会发展第十三个五年规划纲要》

术语名称	定　义	说　明
"一屏两带"生态安全格局	指以三江源草原草甸湿地生态功能区为屏障,以青海湖草原湿地生态带、祁连山水源涵养生态带为骨架的"一屏两带"生态安全格局	《青海省国民经济和社会发展第十三个五年规划纲要》
"三区一带"农牧业发展战略	省委十二届十次全会《中共青海省委关于制定国民经济和社会发展第十三个五年规划的建议》提出,"积极构建'三区一带'农牧业发展格局",即打造东部特色种养高效示范区、环湖农牧交错循环发展先行区、青南生态有机畜牧业保护发展区和沿黄冷水养殖适度开发带,以此壮大高原特色生态农牧业	《青海省国民经济和社会发展第十三个五年规划纲要》
开发(优化开发、重点开发、限制开发、禁止开发)	《全国主体功能区规划》的优化开发、重点开发、限制开发、禁止开发中的"开发",特指大规模高强度的工业化城镇化开发。限制开发,特指限制大规模高强度的工业化城镇化开发,并不是限制所有的开发活动。对农产品主产区,要限制大规模高强度的工业化城镇化开发,但仍要鼓励农业开发;对重点生态功能区,要限制大规模高强度的工业化城镇化开发,但仍允许一定程度的能源和矿产资源开发。将一些区域确定为限制开发区域,并不是限制发展,而是为了更好地保护这类区域的农业生产力和生态产品生产力,实现科学发展	《全国主体功能区规划》(国发〔2010〕46号)
开发与发展	开发通常指以利用自然资源为目的的活动,也可以指发现或发掘人才、发明技术等活动。发展通常指经济社会进步的过程。开发与发展既有联系也有区别,资源开发、农业开发、技术开发、人力资源开发以及国土空间开发等会促进发展,但开发不完全等同于发展,对国土空间的过度、盲目、无序开发不会带来可持续的发展	《全国主体功能区规划》(国发〔2010〕46号)
生态廊道	是指从生物保护的角度出发,为可移动物种提供一个更大范围的活动领域,以促进生物个体间的交流、迁徙和加强资源保存与维护的物种迁移通道。生态廊道主要由植被、水体等生态要素构成	《全国主体功能区规划》(国发〔2010〕46号)

术语名称	定　义	说　明
生态孤岛	是指物种被隔绝在一定范围内，生态系统只能内部循环，与外界缺乏必要的交流与交换，物种向外迁移受到限制，处于孤立状态的区域	《全国主体功能区规划》（国发〔2010〕46号）
退耕还林、退牧还草、退田还湖	一定意义上就是将以提供农产品为主体功能的地区，恢复为以提供生态产品为主体功能的地区，是对过去开发中主体功能错位的纠正	《全国主体功能区规划》（国发〔2010〕46号）
城市化发展区	指经济社会发展基础较好，集聚人口和产业能力较强的区域	《省级国土空间规划编制指南》（自然资办发〔2020〕5号）
农产品主产区	指农用地面积较多，农业发展条件较好，保障国家粮食和重要农产品供给的区域	《省级国土空间规划编制指南》（自然资办发〔2020〕5号）
城市矿产	就是富含锂、钛、黄金、铟、银、锑、钴、钯等稀贵金属的废旧家电、电子垃圾等	《青海省国民经济和社会发展第十三个五年规划纲要》

第三章　青海基本情况

一、地理位置

青海省位于中国西北内陆地区中南部、青藏高原东北部，因境内有全国最大的内陆高原咸水湖——青海湖而得名。东部和北部与甘肃省相接，东南部与四川省相连，西北部同新疆维吾尔自治区接壤，西南部与西藏自治区毗连，是连接新疆、西藏、甘肃与内陆的纽带，是国家稳藏固疆的战略要地。青海省东部素有"天河锁钥""海藏咽喉""金城屏障""西域之冲"和"玉塞咽喉"的称谓。境内是我国著名河流长江、黄河、澜沧江、黑河的发源地，素有"三江之源""江河之源""中华水塔"之称。

根据青海省第一次全国地理国情普查公报成果，青海省地理坐标位于东经89°24′03″～103°04′10″，跨经度 13°40′07″；北纬 31°36′02″～39°12′45″，跨纬度7°36′43″，属中纬地带。青海省东西长 1 240.63 km，南北长 844.53 km。青海省椭球面积[①]为 696 667.89 km²，表面面积[②]为 729 119.65 km²，约占全国陆地面积的 7.25%，仅次于新疆维吾尔自治区、西藏自治区、内蒙古自治区，位居全国第 4 位。

---

① 地球表面是一个曲面，通过定义一个大小和形状同地球极为接近的旋转椭球体，并通过由一个扁率很小的椭圆绕短轴旋转而成，这是一个纯数学表面，称为地球椭球体。此处的面积采用 CGCS 2000 作为参考椭球面的椭球面面积。

② 是指基于数字高程模型（DEM）计算得到的地形表面的面积。此处的面积统计使用的是我国 10 m 分辨率 DEM 数据，本书中统一采用 696 667.89 km² 作为全省国土面积。

二、行政区划

青海省现辖 2 个地级市、6 个民族自治州、45 个县级行政单位（包括 26 个县、7 个民族自治县、4 个县级市、7 个市辖区、1 个行委），省会是西宁。青海省是继西藏自治区之后的全国第二大藏族居住区，全国 10 个藏族自治州中海北、黄南、海南、果洛、玉树 5 个藏族自治州和 1 个海西蒙古族藏族自治州共 6 个在青海省，下辖 31 个县（市）和 1 个行委，面积 67.61 万 km²，民族自治区域面积占青海省国土面积的 97.04%，是全国民族自治州、县和民族乡最多的省份，详见表 3-1。

表 3-1　青海省行政区域及州、市、县（区）统计

地区	简称	驻地	县级行政单位数量/个	县级行政单位名称
西宁市	西宁市	城中区	7	城东区、城西区、城中区、城北区、湟中区、湟源县、大通回族土族自治县
海东市	海东市	乐都区	6	平安区、乐都区、民和回族土族自治县、互助土族自治县、化隆回族自治县、循化撒拉族自治县
海北藏族自治州	海北州	西海镇	4	海晏县、祁连县、刚察县、门源回族自治县
黄南藏族自治州	黄南州	同仁县	4	同仁县、尖扎县、泽库县、河南蒙古族自治县
海南藏族自治州	海南州	共和县	5	共和县、同德县、贵德县、兴海县、贵南县
果洛藏族自治州	果洛州	玛沁县	6	玛沁县、班玛县、甘德县、达日县、久治县、玛多县
玉树藏族自治州	玉树州	玉树市	6	玉树市、杂多县、称多县、治多县、囊谦县、曲麻莱县
海西蒙古族藏族自治州	海西州	德令哈市	7	格尔木市、德令哈市、茫崖市、乌兰县、都兰县、天峻县、大柴旦行委
青海省	—	—	45	—

三、自然地理

1. 地形地貌

青海省地处具有"世界屋脊"之称的青藏高原东北部，属我国三大地形阶梯的第一级地形阶梯，境内东北部的祁连山地区（含河湟谷地）为黄土高原与青藏高原的过渡区，西北部的柴达木盆地为青藏高原和西亚高原的过渡区，南部则为青藏高原主体。青海省东北和东部与黄土高原、秦岭山地相过渡，北部与河西走廊相望，西北部通过阿尔金山与塔里木盆地相隔，南与藏北高原相连，东南部通过山地和高原盆地——若尔盖高原与四川盆地相接。

青海省位于第一地势阶梯，属高海拔地区，全省平均海拔4 058.40 m，仅低于西藏。海拔最高点位于东昆仑山主峰布喀达坂峰，海拔6 851 m；海拔最低点位于黄河支流湟水在民和县下川口村出省处，海拔1 647 m，青海省海拔高低点位相差5 204 m，是全国最低点海拔高度最大的省份。青海省海拔2 000 m以下区域占全省面积的0.09%，海拔2 000～3 000 m区域占15.84%，海拔3 000～4 000 m区域占23.77%，海拔4 000～5 000 m占52.55%，海拔5 000 m以上区域占7.75%，其中海拔5 500 m以上的区域主要分布在唐古拉山脉、昆仑山脉及祁连山脉，详见表3-2。

表3-2   青海省分高程带面积和比例统计

高程带/m	面积/km^2	比例/%	高程带/m	面积/km^2	比例/%
1 500～2 000	592.22	0.09	4 000～4 500	160 366.4	23.02
2 000～2 500	5 309.53	0.76	4 500～5 000	205 684.58	29.53
2 500～3 000	105 046	15.08	5 000～5 500	50 854.26	7.30
3 000～3 500	80 697.88	11.58	≥5 500	3 164.33	0.45
3 500～4 000	84 952.7	12.19	合计	696 667.89	100.00

受地质构造运动控制，青海省地貌基本格局呈北西西—南东东走向，大地貌单元基本上沿纬线方向呈带状分布，祁连山—阿尔金山、昆仑山、唐古拉山三大山系构成全省地貌的基本骨架，自北向南，大致东西走向的祁连山—阿尔金山、

昆仑山—布尔汗布达山—可可西里山—巴颜喀拉山—阿尼玛卿山、唐古拉山三大主要构造带，构成了青海高原地理格局，并划分为祁连山山地及环湖地区、柴达木盆地和青南高原三大地貌单元。总体呈现北部山地，中部盆地、谷地和低地，南部高原；西部以高山、极高山、高原宽谷和大型凹陷盆地为主，东部以高山深谷和小型山间陷盆地为主。高大山脉、山间盆地、高原相间排列，呈现马鞍形地貌格局。

全省地势高峻，高低悬殊，西高东低，南北高中部低，自西向东倾斜。既有巍峨的高山、宽坦的盆地，也有辽阔的高原宽谷和恬静的湖盆，更有流水切割强烈的河谷和中山。水平方向地貌差异和垂直分化明显。

全省地貌类型复杂多样，以山地为主，兼有平原、丘陵和台地地貌类型，总体概括为"一分台地、三分平原、六分山地"。其中，平原面积 197 487.78 km²，占全省面积的 28.35%，主体分布在柴达木盆地；台地面积 56 503.95 km²，占全省面积的 8.11%，在全省各地均有分布；丘陵面积 101 732.21 km²，占全省面积的 14.60%，在全省各地均有分布；山地面积 340 943.95 km²，占全省面积的 48.94%，分布在东北部的祁连山脉、青南高原的昆仑山脉和唐古拉山脉。

2．土壤

青海省土壤共有 22 个土类 56 个亚类 118 个土属 178 个土种，具有明显的水平和垂直规律性，大致划分为 4 个土壤区。

东部黄土高原区栗钙区，包括祁连山地东部的黄河、湟水谷地以及大通河的门源滩地。其中，川水地区土体较厚，自然土壤主要有灰钙土、栗钙土；海拔 2 000～2 600 m 的垂直带谱是浅山地，分布有大面积的淡钙栗土和栗钙土，地力贫瘠；海拔 2 600～3 400 m 的高山带谱是脑山地，位于阳坡有暗钙土，位于阴坡有黑钙土和耕种钙土，土体较厚，肥力较高。

柴达木盆地荒漠区，怀头他拉至都兰县香日德以东为棕钙土，以西地区为灰棕漠土，南部一带为宽阔的三湖盆地，土壤有盐沼、盐化沼泽土、沼泽盐土、草甸盐土及残积盐土、洪积盐土等，北部和东部均为山间盆地。

青海湖环湖及海南台地黑钙土区，在海拔 3 400～4 300 m 的垂直带谱上，多为黑钙土和高山草甸土；海拔 2 800～3 400 m 的滩地、坡地上，为栗钙土和暗栗钙土，土壤肥力较高，土层较薄；河漫滩分布有草甸土及草甸沼泽土。

青南高原高山区，东南部有高山草原土、高山荒漠草原土、沼泽土、高山草甸土、灰褐土等，西部和北部广泛分布有沼泽土。

3. 气候

青海省地处青藏高原，深居内陆，远离海洋，地势高耸，相对高差大，气候高寒干旱，大陆性气候明显，具有高原气候特征，气候普遍表现为高寒冷凉的特点，日照时间长，太阳辐射强；冬季漫长、夏季凉爽；年平均气温低、日温差大、年温差小；降水量少而集中，地域差异大，东部雨水较多，西部干燥多风，缺氧、寒冷。

①海拔高、空气稀薄、气压低，含氧量少，全省平均大气压仅为海平面的 2/3，空气含氧量只有海平面的 60%～80%。

②日照充足，太阳辐射强，年平均太阳总辐射在 5 860～7 400 MJ/m^2，比同纬度的东部季风区高33%左右，仅次于西藏自治区，居全国第 2 位。平均每天日照时数为 6～10 h，日照百分率 51%～85%，夏季长于冬季，西北多于东南，年日照时数 2 336～3 341 h，其中冷湖全年日照时数 3 553.9 h，比"日光城"拉萨还要高。

③年平均气温低，年较差小，日较差大；冬季漫长，夏季凉爽；年平均气温为–5.0～9.0℃，受地形的影响，北高南低，1 月平均气温为–17.4～–4.7℃，其中托勒为最冷的地区；7 月气温在 5.8～20.2℃，民和为最热的地区，东部湟水、黄河谷地年平均气温在 6～9℃。年温差多在 20～30℃，比同纬度的平原地区低 4～6℃；日温差达 12～16℃，比同纬度地区高几摄氏度到十几摄氏度，比东部沿海平原地区高出一倍以上。气温日较差 1 月为 14～22℃，7 月为 10～16℃，冬季大于夏季。

④降水稀少，季节不均，地域差异大，雨热同季，降水量从东南向西北递减，年降水量海拔高处大于海拔低处，南北多，中间盆地、谷地较少，祁连山区东部边缘地带在 410～520 mm，东南部的久治、班玛一带超过 600 mm，久治年平均降水量最大，达到746.4 mm；柴达木盆地年降水量在 16.8～356.9 mm，冷湖降水最少。多年降水量在 16.8～746.4 mm，全省 2/3 的面积降水量在 400 mm 以下，

降水集中于5—9月，降水量占全年降水总量的80%～90%，多夜雨。年降水最多的久治与降水最少的冷湖相差40倍以上。

⑤年相对湿度为40%～70%，东南部较大，柴达木盆地较小。受地形和海拔高度的共同影响，青海省各地全年主要盛行偏西风和偏东风。青海省年平均大风日数为38 d，以青南高原西部为最多，达100 d以上；东部黄河、湟水谷地最少，为13 d左右。

⑥主要气象灾害有干旱、雪灾、霜冻、连阴雨、冰雹和大风。

4. 水系

青海省境内河流众多，是我国著名河流长江、黄河、澜沧江、黑河的发源地，素有"三江之源""江河之源""中华水塔"之称。境内兼跨外流区和内陆区，省内自东北向西南，大致以冷龙岭、默勒山、大通山、日月山、青海南山、鄂拉山、布青山、博卡雷克塔格山、乌兰乌拉山、祖尔肯乌拉山、格拉丹东至青藏边界为界线，东南为外流区，西北为内陆区。外流区包括长江流域、黄河流域、澜沧江流域，水文特点是河网密集、流程长、径流丰富；内陆区包括祁连山地区的黑河流域、疏勒河流域、石羊河流域、哈拉湖流域、青海湖流域，柴达木水系的格尔木河流域、那棱格勒河流域、柴达木河流域以及茶卡—沙珠玉盆地内陆流域、可可西里盆地流域等，水文特点河网稀疏、径流贫乏、流程短。全省流域面积在50 km²以上的河流有3 518条，流域面积在100 km²以上的河流有1 791条，流域面积在1 000 km²以上的河流有200条，流域面积在10 000 km²以上的河流有27条；湖泊面积在1 km²以上的有242个，水面总面积1.29万km²；湖泊面积在10 km²以上的有88个，水面总面积在1.23万km²。年总径流量622亿m³。

长江是我国第一大河，发源于青海省西南部海西藏族蒙古族自治州格尔木市唐古拉山镇境内的唐古拉山脉中段主峰格拉丹东雪山的西南麓姜根迪如冰川，正源为沱沱河，源头区海拔5 100 m。青海省境内上游干流长1 205.7 km，落差2 065 m，平均比降1.7‰，流域面积15.85万km²。长江一级支流雅砻江和二级支流大渡河，分别发源于青海省称多县、班玛县境内，单独流出省境后，在四川境内注入长江。

黄河是我国第二大河，发源于青海省玉树藏族自治州曲麻莱县境内的巴颜喀拉山北麓约古宗列盆地西南隅，源头区海拔 4 720 m、干流长 1 693.8 km，落差达 2 768 m，平均比降 1.6‰，流域面积 15.23 万 km²。

澜沧江为国际河流，发源于青海省玉树藏族自治州杂多县境内唐古拉山北麓查加日玛山西侧，源头区海拔 5 300 m。青海境内干流长 448.0 km，落差 1 553 m，平均比降 3.5‰，流域面积 3.75 万 km²。

内流（陆）河流域。由柴达木盆地、青海湖盆地、哈拉湖盆地、茶卡—沙珠玉盆地、祁连山地及可可西里等的大小内陆水系河流组成，多为永久性河流，流域面积 36.68 万 km²。主要河流包括柴达木盆地水系的那棱格勒河、格尔木河、柴达木河、诺木洪河等；青海湖盆地水系的布哈河、沙柳河、哈尔盖河、倒淌河、黑马河、伊克乌兰河、吉尔孟河等；哈拉湖盆地水系的奥果吐尔乌兰郭勒河等；茶卡—沙珠玉盆地水系的沙珠玉河、茶卡河、大水河、小察苏河等；祁连山地水系的疏勒河、托勒河、黑河、八宝河及石羊河等；可可西里水系的曾松曲、切尔恰藏布、兰丽河、陷车河、库赛河等。

青海省湖泊星罗棋布，主要有祁连山湖群区、柴达木盆地湖群区、长江源头与可可西里湖群区和黄河河源湖群区。祁连山湖群区分布于青海湖、海西州德令哈以北至祁连山党河南山省界范围之间，主要为咸水湖；柴达木盆地湖群区是青海中部盐湖、咸水湖集中分布区；长江源头与可可西里湖群区主要分布在昆仑山和唐古拉山之间，青藏公路以西的波状高原地区；黄河河源湖群区分布在巴颜喀拉山以北玛多县境内，主要为淡水湖。

5. 植被

青海省深居内陆、远离海洋，海洋季风影响很弱，地理位置、地形、大气环流形式和气候等自然条件具有明显的地区差异，地域跨幅较大，反映到植被分布上也具有一定的水平和垂直分布规律。植被分布总的趋势是：从东南向西北减少，植被景观也依次相应呈现出森林、草原和荒漠 3 个基本类型。垂直分布由于各山体所处的位置、地貌形态、水热条件等不同，垂直带谱类型也多种多样。随着气候干旱性的增强，越向西垂直结构越简化，各垂直带也逐渐抬高。森林、灌木丛主要分为针叶林、阔叶林、灌木林和草原灌木林等。针叶林主要为寒温性针叶林，有青海云杉、青杆、冷杉、祁连圆柏等；阔叶林全为落叶阔叶林，其建群种主要是桦木科、杨柳科、榆科和壳斗科等典型北温带种，以桦木属和杨属分布最为普遍；灌木林组成以柳属、杜鹃花属、锦鸡儿属、绣线菊属为主；草原灌木林主要为短叶锦鸡儿。草原分为温性草原和高寒草原，温性草原分布海拔为 1 750～3 200 m，由沙生针茅、冷蒿等组成；高寒草原主要分布在青南高原西部和北部以及祁连山系地区，分布海拔为 3 000～4 700 m，主要以紫花针茅、扇穗茅、青藏薹草等作为优势种。荒漠、半荒漠景观主要分布有驼绒藜、梭梭、合头草、盐爪爪、猪毛菜、柽柳等。

（1）水平分布规律

①经向分布规律。青海省北半部由于受东南季风尾闾的影响，经向分布规律较为明显，自东北部大通河、湟水、黄河谷地到青海湖盆地、柴达木盆地。自东向西海拔从 1 750 m 增至 3 200 m 左右，为地势较低的地区，年降水量自东向西递减——自民和县的 360 mm 降至都兰县的 177 mm 和格尔木地区的 40 mm，植被的分布依次为寒温性针叶林—温性草原—荒漠。青海东北部大通河、湟水流域和黄河谷地，分布着以长芒草为主的温性草原，山地则是以青海云杉和祁连圆柏为主的寒温性针叶林。向西至青海湖盆地，海拔为 3 200 m 左右，分布着以芨芨草和青海固沙草为主的温性草原或以高山嵩草、紫花针茅为主的草原化草甸。再向西至柴达木盆地东部，分布着以驼绒藜、嵩叶猪毛菜和芨芨草为主的荒漠草原，德令哈、香日德一线以西则为典型的荒漠植被类型，有膜果麻黄、柽柳、白刺、沙拐枣、红砂、黑柴等灌木荒漠和小半灌木荒漠。

②纬向分布规律。青海省植被的纬向分布特征不明显，在东半壁，自南向北，由班玛、囊谦到果洛地区，再到青海东北部，植被分布依次为寒温性针叶林—高寒灌丛，高寒草甸—温性草原（寒温性针叶林）。班玛、囊谦地区，由于长江、澜沧江水系的强烈切制，形成近乎南北走向的高山峡谷，西南暖湿气流可以进入，气候较湿润，分布着以川西云杉和大果圆柏为主的寒温性针叶林；而在果洛地区，因海拔多在 4 000 m 左右，分布着以杜鹃、金露梅、毛枝山居柳为主的高寒灌丛和以嵩草为主的高寒草甸；到青海东北部，分布着以长芒草为主的温性草原，山地则为以青海云杉和祁连圆柏为主的寒温性针叶林。

青海省西半壁，通天河以南的囊谦、杂多、治多和曲麻莱中、西部，分布着以高山嵩草、异针茅为优势种的草原化草甸，通天河以西或西北的广大地区分布着以耐寒、耐旱的紫花针茅为主的高寒草原，最北部的柴达木盆地为温带荒漠植被。总之，自南向北植被的水平分布为草原化草甸—高寒草原—温带荒漠。

青南高原海拔大都在 4 000 m 以上，高原面地势愈向西北愈高，在水平地带性分异的背景上，又叠加了垂直带性影响，由东南向西北，依次为寒温性针叶林—高寒灌丛—高寒草甸—高寒草原—高寒荒漠。青南高原东南部高山峡谷，是以川西云杉、大果圆柏为主的寒温性针叶林；中部分布着以杜鹃、金露梅、毛枝山居柳为主的高寒灌丛和以嵩草为主的高寒草甸；西部分布着以紫花针茅、异针茅为主的高寒草原；可可西里地区，则是以垫状驼绒藜为主的高寒荒漠。

（2）垂直分布规律

青海植被的垂直分布特别显著。

①由于植被垂直带基带不同，形成了不同的植被垂直带谱，如玉树南部的植被基带为寒温性针叶林带，4 000～4 700 m 为高寒灌丛草甸带，4 700 m 以上为岩屑坡稀疏植被带和高山冰雪带。昆仑山北坡基带为温带荒漠带，3 200～4 000 m 为温带荒漠草原带，4 000～4 800 m 为高寒草原草甸带，4 800～5 000 m 为垫状植被带，5 000 m 以上为岩屑坡稀疏植被带和高山冰雪带。

②植被垂直分布上限自南向北降低，如玉树南部寒温性针叶林分布上限为 4 000 m，到湟水流域降为 3 200 m。

③柴达木盆地的植被垂直带呈环带状分布，从盆底到四周高山的植被带为盐生沼泽植被—盐生草甸—荒漠植被—高寒草原—高寒草甸。

④本省东北部循化孟达地区，海拔较低、气候温暖，植被区系成分比较复杂、植物种类丰富、植被垂直带谱也较复杂。

山地阴坡 1 800～2 100 m 为亚热带亚高山华山松林、暖温带油松林和落叶阔叶辽东栎林，2 100～3 800 m 为以青海云杉为主的寒温性针叶林，3 800～4 000 m 为以毛枝山居柳、金露梅为主的高寒灌丛，4 000 m 以上为以嵩草为主的高寒草甸。

山地阳坡带谱比较简单，1 800～3 800 m 为以祁连圆柏为主的寒温性针叶林，3 800 m 以上为以嵩草为主的高寒草甸。

四、自然资源

1. 地理国情

青海省测绘地理信息局、青海省国土资源厅、青海省统计局、青海省第一次全国地理国情普查领导小组办公室联合发布的青海省第一次全国地理国情普查公报成果，是以 2015 年 6 月 30 日为标准时点，历时 3 年，查清了青海省各类地理国情要素的现状和空间分布的特点，详尽反映了地表自然与人文地理国情要素的基本状况，包括青海省地形地貌、植被覆盖、水域、荒漠与裸露地、铁路与道路、居民地与设施等地理国情要素的数量、位置、分布、范围。

青海省自然地理要素面积为 692 228.90 km^2，人文地理要素面积为 4 439.02 km^2，分别占青海省国土面积的 99.36% 和 0.64%。

植被覆盖（种植土地、林草覆盖）面积为 559 802.56 km^2。种植土地（旱地、果园、苗圃、花圃和其他经济苗木）面积为 6 988.46 km^2，占青海省国土面积的 1.00%，主要分布在省内东部地区。林草覆盖（乔木林、灌木林、乔灌混合林、疏林、绿化林地、人工幼林、灌草丛、天然草地和人工草地）面积为 552 814.10 km^2，占青海省国土面积的 79.35%。

水域（湖泊、河流、水渠、水库、坑塘、冰川与常年积雪）面积为 22 753.53 km^2，占青海省国土面积的 3.27%，主要分布在西南及东部地区。青海省湖泊面积为 15 789.36 km^2，单个面积在 5 000 m^2 以上的湖泊有 42 513 个，面积大于 500 km^2 的湖泊有 5 个，依次为青海湖 4 348.67 km^2、鄂陵湖 652.84 km^2、乌兰乌拉湖 647.25 km^2、哈拉湖 608.32 km^2、扎陵湖 527.22 km^2。冰川与常年积雪面积为 4 064.49 km^2，主体分布在海拔 4 000 m 以上的区域。

荒漠与裸露地面积为 109 672.80 km^2，占青海省国土面积的 15.74%，主要分布在西部地区，详见表 3-3。

表 3-3　青海省地理国情总体情况

一级类型	二级类型	面积/km²	占全省国土面积比例/%	一级类型	二级类型	面积/km²	占全省国土面积比例/%
自然地理要素	种植土地	6 988.46	1.00	人文地理要素	铁路与道路	854.00	0.12
	林草覆盖	552 814.1	79.35		居民地与设施	3 585.02	0.52
	水域	22 753.53	3.27		小计	4 439.02	0.64
	荒漠与裸露地	109 672.80	15.74	全省	合计	696 667.92	100.00
	小计	692 228.90	99.36	—	—	—	—

2．土地资源

根据第二次全国土地利用现状调查数据（2018 年），青海省农用地面积为 420 794.29 km²，占全省土地总面积的 66.34%，建设用地面积为 28 183.31 km²，占全省土地总面积的 4.53%，其他土地总面积为 202 935.71 km²，占全省土地总面积的 29.13%。

（1）农用地

青海省耕地总面积为 5 897.33 km²，占全省土地总面积的 0.85%，主要分布在海东市和西宁市，耕地面积分别为 2 208.96 km² 和 1 446.38 km²，分别占全省耕地面积的 37.46% 和 24.53%；玉树和果洛州耕地面积最少，分别为 132.20 km² 和 12.71 km²，分别占全省耕地面积的 2.24% 和 0.22%。

青海省园地总面积仅 60.16 km²，占全省土地总面积的 0.01%。主要是受青海高海拔自然地理条件综合因素影响，适宜种植干鲜果品和其他经济作物的区域很少，仅在省域东部的黄河与湟水河河谷以及柴达木盆地诺木洪、香日德一带等海拔相对较低的区域有少量的种植。

青海省林地面积为 35 392.95 km²，占全省土地面积的 5.08%。林地资源较为稀少，主要分布在海西州、玉树州、海东市，面积分别占全省林地面积的 25.47%、18.40% 和 13.75%。

青海省草地面积为 420 794.29 km²，占全省土地总面积的 60.40%，草原资源丰富，尤其是天然牧草地面积最大。主要分布在玉树州和海西州，玉树州和海西州草地面积为 170 688.13 km² 和 110 447.40 km²，分别占全省草地面积的 40.56%

和 26.25%；西宁市和海东市草地面积最少，仅占全省草地面积的 0.51% 和 1.12%。

（2）建设用地

青海省城镇村及工矿用地面积为 2 457.74 km²，占全省土地总面积的 0.35%。其中，青海省城市面积占全省城镇村及工矿用地面积的 6.87%，建制镇占 16.45%，村庄占 37.39%，风景名胜地及特殊用地占 2.85%。青海省城镇村及工矿用地主要集中分布在海西州、西宁市和海东市，分别占全省城镇村及工矿用地面积的 44.94%、17.18% 和 14.96%。果洛州、黄南州城镇村及工矿用地面积最少，分别占全省城镇村及工矿用地面积的 1.69% 和 2.48%。海西州以采矿用地为主，占海西州城镇村及工矿用地面积的 75.15%。西宁市以村庄用地为主，占西宁市城镇村及工矿用地面积的 46.42%。

青海省交通运输用地面积为 925.25 km²，占全省土地总面积的 0.13%。其中，海西州、海东市、海南州分别占全省交通运输用地面积的 31.09%、13.97% 和 13.31%；黄南州最少，占 5.04%。

青海省水域及水利设施用地面积为 28 183.31 km²，占全省土地总面积的 4.05%。主要集中在海西州和玉树州，面积分别为 10 769.03 km² 和 8 243.31 km²，分别占全省水域及水利设施用地的 38.21% 和 29.25%。黄南州和西宁市面积最小，分别占 0.21% 和 0.43%。

（3）其他土地

青海省其他土地面积为 202 935.71 km²，占全省土地总面积的 29.13%。其中海西州其他土地面积最大，为 168 705.65 km²，占全省其他土地面积的 83.13%。其他土地中裸地面积最大，约为 11.39 万 km²，约占全省其他土地面积的 56.13%，详见表 3-4。

表 3-4　青海省土地利用现状面积（2018 年）　　　　单位：km²

名称 类型 地区	农用地				建设用地			其他土地	小计
	耕地	园地	林地	草地	城镇村及 工矿用地	交通运 输用地	水域及水利 设施用地	其他土地	
西宁市	1 446.38	0.82	2 982.07	2 129.24	422.21	84.44	60.35	481.26	7 606.78
海东市	2 208.96	13.27	4 867.54	4 722.75	367.70	129.22	159.97	513.01	12 982.42
海北州	567.75	0.00	4 183.09	22 015.25	106.55	69.61	2 776.71	4 670.93	34 389.89
黄南州	198.62	0.74	2 022.21	15 267.40	60.99	46.64	121.88	507.97	18 226.46

类型 地区	农用地				建设用地			其他土地	小计
名称	耕地	园地	林地	草地	城镇村及 工矿用地	交通运 输用地	水域及水利 设施用地	其他土地	
海南州	844.19	4.62	2 572.26	33 618.95	240.68	123.14	3 247.35	2 802.05	43 453.24
果洛州	12.71	0.00	3 242.04	61 905.17	41.60	70.03	2 804.69	6 170.12	74 246.36
玉树州	132.20	0.16	6 510.67	170 688.13	113.44	114.52	8 243.31	19 084.71	204 887.14
海西州	486.55	40.55	9 013.07	110 447.40	1 104.58	287.65	10 769.03	168 705.65	300 854.48
合计	5 897.36	60.16	35 392.95	420 794.29	2 457.74	925.25	28 183.29	202 935.71	696 646.77

3. 生态系统

按照全国生态环境十年变化（2000—2010 年）遥感调查与评估项目的生态系统分类体系和青海省生态环境十年变化（2000—2010 年）遥感调查与评价基本成果，青海省生态系统类型一级类型有 9 类，二级类型有 17 类，三级类型有 33 类。其中，一级生态系统类型有森林、灌丛、草地、湿地、农田、城镇、荒漠、冰川/永久积雪和裸地。2010 年，青海省生态系统以草地、荒漠和湿地为主，占省域面积的 89.97%。其中草地面积为 377 580.67 km^2，占省域面积的 54.20%。其次为荒漠和湿地，分别占省域面积的 28.81% 和 6.96%，灌丛、裸地和农地则分别占省域面积的 3.78%、3.57% 和 1.26%。冰川/永久积雪、森林和城镇面积分别只占省域面积的 0.72%、0.42% 和 0.28%。

青海省各类生态系统类型的空间分布特征。草地主要集中于青南高原、祁连山地区和柴达木盆地东南部边缘山地；农田和人工表面分布相对集中，大部分农田集中分布在东部地区的日月山以东的湟水流域和黄河流域一带，其次是柴达木盆地和共和盆地，祁连山北部边缘和青南高原东南部边缘海拔较低的河谷地带也有小面积分布；城镇的分布与农田分布相适应，此外在柴达木盆地也有小面积集中分布；湿地在全省呈现相间分布，其中中东部的青海湖面积最大，其次为北部的祁连山麓的哈拉湖和西南部三江源区域的众多水系；森林主要分布在东北部的祁连山区，且以木本植物树种的常绿针叶林分布最广，其次在青南高原东部地区和最南端的囊谦、玉树和班玛境内也有小面积分布，另外，在柴达木盆地的荒漠化区域分布有少量耐旱、耐盐碱的乔木；灌丛分布主要呈现出两种不同情形：分布于祁连山区的河漫滩的森林和草地间及青南高原区，在广袤的柴达木盆地则分布着旱生的耐盐碱的荒漠化半灌木和灌木；森林与灌丛总体沿巴颜喀拉山、积石山、唐古拉山三组山地和黄河、长江及澜沧江三条河流两侧呈现为块状分布；荒漠主要集中分布在柴达木盆地，其次是北羌塘高原的可可西里等高原半荒漠、荒漠生态区，青南高原北缘和茶卡—沙珠玉盆地也有零散分布，详见表3-5。

表3-5　2000—2010年青海省生态系统面积及比例

生态系统	2000 年		2010 年		2000—2010 年变化	
	面积/km²	比例/%	面积/km²	比例/%	面积/km²	面积变化率/%
森林	2 946.73	0.42	2 950.19	0.42	3.46	0.12
灌丛	26 309.61	3.78	26 312.21	3.78	2.60	0.01
草地	376 670.52	54.07	377 580.67	54.20	910.15	0.24
湿地	47 068.29	6.76	48 598.09	6.96	1 529.80	3.25
农地	9 969.79	1.43	8 781.27	1.26	−1 188.52	−11.92
城镇	1 397.08	0.20	1 883.43	0.28	486.35	34.81
荒漠	202 298.86	29.04	200 615.58	28.81	−1 683.28	−0.83
冰川/永久积雪	4 928.40	0.71	5 000.71	0.72	72.31	1.47
裸地	25 054.54	3.60	24 921.66	3.57	−132.88	−0.53

4. 草地资源

根据青海省第二次草地资源调查成果，全省草地总面积为 421 271.57 km²，其中天然草地面积为 419 171.72 km²（天然草地可利用面积为 386 457.63 km²），人工草地（含改良草地）面积为 2 099.85 km²，草地面积占全省国土总面积的60.47%，占全国草地总面积的10.72%，仅次于新疆维吾尔自治区、内蒙古自治区和西藏自治区，居全国第4位，是全国五大重要牧区之一。依据我国草地分类系统，全省天然草地共分为9个草地类、10个草地亚类、9个草地组和93个草地型。其中，高寒草甸类草地面积最大，为 254 362.53 km²，占全省草地总面积的60.38%；

其次是高寒草原类，面积为 90 384.53 km²，占全省草地总面积的 21.46%；其余依次是温性荒漠类、温性草原类、高寒荒漠类、低地草甸类、高寒草甸草原类、温性荒漠草原类、山地草甸类。青海天然草地中高寒草地类组是主体，4 个草地类面积为 359 779.21 km²，占全省草地总面积的 85.41%，详见表 3-6。

表 3-6 青海草地各草地类面积

草地类型	草地面积/ km²	草地可利用面积/ km²	平均可食鲜草/ （kg/km²）	占草地面积比例/%
温性草原类	21 179.35	20 714.41	158 700	5.03
温性荒漠草原类	2 243.96	2 031.74	127 400	0.53
高寒草甸草原类	3 515.98	3 332.16	124 200	0.84
高寒草原类	90 384.53	80 315.62	84 800	21.46
温性荒漠类	28 912.00	19 274.94	134 500	6.86
高寒荒漠类	11 516.17	7 391.07	36 000	2.73
低地草甸类	5 661.57	5 324.61	253 700	1.34
山地草甸类	1 395.63	1 325.50	339 300	0.33
高寒草甸类	254 362.53	246 747.58	182 000	60.38
人工草地	2 099.85	2 099.85	1 736 500	0.50
合计	421 271.57	388 557.47	—	100.00

数据来源：《青海草地资源》。

青海省草地主要分布在日月山以西的广大区域，大体上可分为环青海湖地区、青南高原区和柴达木盆地 3 大块。从行政区域划分来看，玉树州草地面积最大，占全省草地面积的 37.05%；海西州草地面积位居第 2，占全省草地面积的 28.35%；果洛州草地面积位居第 3，占全省草地面积的 14.84%；海南州草地面积位居第 4，占全省草地面积的 8.14%；海北州草地面积位居第 5，占全省草地面积的 5.62%；黄南州草地面积位居第 6，占全省草地面积的 3.66%。日月山以东的海东及西宁地区草地面积呈零星分布，占全省草地面积的 2.34%，详见表 3-7。

表 3-7 青海省各市（州）草地面积及比例

地区	草地面积/km²	占所在地区土地面积比例/%	占全省草地面积比例/%	草地可利用面积/km²	占所在地区草地面积比例/%	占全省草地可利用面积比例/%
西宁市	3 067.76	40.33	0.72	3 003.56	97.91	0.77
海东市	6 813.96	52.49	1.62	6 563.72	96.33	1.69
海北州	23 674.30	68.84	5.62	23 044.75	97.34	5.93
海南州	34 273.77	78.88	8.14	33 111.39	96.61	8.52
黄南州	15 420.30	84.60	3.66	15 002.16	97.29	3.86
玉树州	156 071.22	76.17	37.05	148 988.84	95.46	38.34
果洛州	62 511.19	84.19	14.84	60 636.07	97.00	15.61
海西州	119 439.06	39.70	28.35	98 206.98	82.22	25.28
合计	421 271.57	60.47	100.00	388 557.47	92.23	100.00

数据来源：《青海草地资源》。

5. 湿地资源

根据青海省第二次湿地资源调查成果，全省湿地总面积为 81 435 km²，占全省国土面积的 11.69%，居全国第 1 位。全省湿地类型除海洋湿地、稻田湿地外，主要有河流湿地、湖泊湿地、沼泽湿地和人工湿地共 4 类 17 型。其中，河流湿地面积为 8 852 km²，占全省湿地总面积的 10.87%；其中永久性河流湿地面积为 6 297 km²、季节性河流湿地面积为 885 km²，洪泛平原湿地面积为 1 670 km²。湖泊湿地面积为 14 703 km²，占全省湿地总面积的 18.05%；其中永久性淡水湖湿地面积为 3 336 km²、永久性咸水湖泊湿地面积为 11 189 km²、季节性淡水湿地面积为 14 km²、季节性咸水湿地面积为 164 km²。沼泽湿地面积为 56 454 km²，占全省湿地总面积的 69.32%，其中草本沼泽湿地面积为 2 719 km²、灌丛沼泽湿地面积为 6 km²、内陆盐沼湿地面积为 22 454 km²、沼泽化草甸湿地面积为 31 274 km²、地热湿地面积为 0.08 km²、淡水泉和绿洲湿地面积为 0.49 km²。人工湿地面积为 1 426 km²，占全省湿地总面积的 1.75%，其中库塘湿地面积为 558 km²、运水沟面积为 3.80 km²、水产养殖场面积为 0.12 km²、盐田面积为 864 km²，详见表 3-8。

表 3-8 青海省湿地类型与面积统计

湿地类别	湿地类型	面积/km²	占全省国土面积比例/%	湿地类别	湿地类型	面积/km²	占全省国土面积比例/%
河流湿地	永久性河流湿地	6 297	0.90	湖泊湿地	永久性淡水湖湿地	3 336	0.48
	季节性河流湿地	885	0.13		永久性咸水湖湿地	11 189	1.61
	洪泛平原湿地	1 670	0.24		季节性淡水湖湿地	14	<0.01
	小计	8 852	1.27		季节性咸水湖湿地	164	0.02
沼泽湿地	草本沼泽湿地	2 719	0.39		小计	14 703	2.11
	灌丛沼泽湿地	6	<0.01	人工湿地	库塘湿地	558	0.08
	内陆盐沼湿地	22 454	3.22		输水河	3.80	<0.01
	沼泽化草甸湿地	31 274	4.49		水产养殖场	0.12	<0.01
	地热湿地	0.08	<0.01		盐田	864	0.12
	淡水泉、绿洲湿地	0.49	<0.01		小计	1 426	0.20
	小计	56 454	8.10	合计		81 435	11.69

数据来源：《中国湿地资源·青海卷》。

6. 冰川雪山

高山冰雪是巨大的天然"固体水库"，夏季冰雪融水成为江河的重要水源。其河流湖泊、自然环境、社会经济、历史文化，都具有浓郁的地方特色。长江、黄河是中华民族的母亲河，它们孕育了灿烂的文化，也哺育了我们华夏民族，神奇而高远，令世人向往。

根据《青海省综合自然区划》，全省国土面积 84% 以上的区域海拔在 3 000 m 以上，境内许多山地的主山脊和高峰更是高达 5 500 m 甚至 6 000 m 以上，主要分布在唐古拉山脉、昆仑山脉及祁连山脉。巨大的高度、足够的低温为现代冰川发育创造了必不可少的重要气候条件。这些山地由于地势高耸，还可以截获较多的高空水汽，形成远比谷地和高原丰富的降水，一定数量的固体降水使它们本身具备发育冰川的另一重要气候条件。

冰川能否形成与雪线高度是否降到地面紧密相关，而雪线位置又与气温、固体降水量和地貌条件紧密相关。青海省平均降水量较少，广大青南高原内部由于年降水量仅为 100~200 mm，地势开阔平坦，缺乏依托，青东南降水虽略多但海拔不够高，不具备必要的低温，北部盆地和海拔不高的山地更是温暖干燥，雪线高度远高于地面，所以并不能发育冰川。只有唐古拉山、东昆仑山和祁连山等山地的高山带，占有发育冰川的气候地貌优势，因而成为现代冰川的主要分布区。

全省冰川面积约 5 200 km^2，储水量 3 700 亿 m^3，唐古拉山、祁连山和东昆仑山是三个最大最集中的冰川区。青藏交界上的唐古拉山冰川面积约 2 082 km^2，其中在青海省内为 1 564 km^2，约占该山地冰川面积的 75%，表明这一山地的冰川主要发育在气温更低的北坡即青海省一侧。长江源的格拉丹冬雪山冰川分布尤为集中，主峰为一个冰帽，许多冰舌呈放射状伸向四周山麓，最长的姜根迪如南冰川，长 14.7 km，是一条较大的山谷冰川，山脉中西段雪线海拔 5 500～5 800 m，东端由于降水量显著增多，雪线降至 5 200 m 上下。

祁连山地区有大小冰川 2 815 条，面积 1 930 km^2，其中在青海省境内为 1 474.5 km^2，约占该山地冰川面积的 76%。这是由于祁连山的数列平行山脉绝大部分位于青海省，甘肃省只占有最北一列山脉主脊以北部分。祁连山雪线亦呈自东向西抬升趋势，东部雪线通过 4 400～4 500 m 高度，西部则升至 4 700～5 000 m。但祁连山西部山体普遍较东部高，高山带气温较东部低，而降水量却与之无太大差别。因而，山地西部突出雪线之上的部分仍超过东部。冰川作用中心和规模较大的冰川都集中于山地西部，位于吐尔根达坂的平顶冰川为敦德冰川，面积达 57 km^2，是整个山地最大的冰川，哈拉湖北岸的岗纳楼冰川，长度为 8.4 km，则是青海省内最长的山谷冰川。

东昆仑山地区冰川面积共 1 462 km^2，集中分布于那棱格勒河源区青海—新疆边界的布喀达坂峰，最大的冰川是一条冰帽状平顶冰川，面积达 100 km^2，有十余条冰舌向周围辐射，其中以宽尾冰川—莫诺马哈冰川为最长，达 23 km，雪线海拔 5 300～5 700 m，楚拉克塔格和博卡雷克塔格冰川数量也较多，但在东经 95° 以东却极为少见。

上述三个山地冰川面积共 4 500 km^2，占全省冰川面积的 86%。此外，青海省东南部的阿尼玛卿山还有 157 km^2 冰川，羌塘高原、青南高原上的一些高山如祖尔肯乌拉、乌兰乌拉、可可西里山、冬布里山等，还零星分布着约 500 km^2 的冰川。青海省东南部的年保玉则峰，也引人注目地发育了数条小型冰川，面积共 3.75 km^2。

值得注意的是，青海省的主要冰川区紧邻柴达木盆地，面积为 1 761 km^2，储冰量为 1 230 亿 m^3，以其融水滋润着柴达木这片干旱的土地，成为这里主要的地表径流补给源之一。据估算，每年有 4 亿～5 亿 m³ 冰川融水补给柴达木盆地的地表径流和地下水，有 12 亿～15 亿 m³ 融水补给全省的河流、湖泊和地下水。

主要依靠高海拔造成的低温环境发育起来的青海省山地冰川，规模一般较小，悬冰川、冰斗冰川等在数量上占绝对优势，长大的山谷冰川为数极少。某些古夷平面上的冰帽或平顶冰川即使面积较广，厚度也不够大。青海省冰川均属大陆性冰川类型，其特征表现为积累量和消融量小，物质平衡水平低，活动性弱；雪线海拔高，年平均气温远低于 0℃，无液态降水；冰面降水垂直梯度小，冰层全剖面呈负温，成冰作用以渗浸、冻结为主，年层薄；夏季消融强盛并属强辐射消融型；冰面水系发达而冰下河道不多见；冰川运动速度在 30～100 m/a，即使所在山地垂直带谱结构中有森林带，冰舌也不能下伸至森林带等地方。

在全球气候变暖的大趋势下，青南高原三江源地区、祁连山地区冰川雪山持续消融减退，冻土层解冻加速，沼泽湿地减少，在短期内造成部分河流、湖泊水位大幅度上涨，但从长远看，这将改变三江源水系分布格局，甚至使源区水源濒临枯竭、荒漠化加剧，任其发展将导致整个江河流域出现干旱。

7. 生物资源

参考青海省环境保护厅组织编写的《青海省生物多样性调查与评价》（2008—2009 年）相关资料，野生维管束植物种类共 106 科 571 属 2 537 种，其中蕨类植物 14 科 19 属 43 种、裸子植物 3 科 7 属 33 种、被子植物 89 科 545 属 2 461 种。野生高等动物种类共 32 目 106 科 549 种，其中哺乳类为 8 目 23 科 103 种、鸟类为 17 目 68 科 380 种、两栖类为 2 目 5 科 9 种、鱼类为 3 目 5 科 50 种、爬行类为 2 目 5 科 7 种，昆虫类 1 700 余种。

遗传资源多样。青稞是青海省重要的农作物产品，既是藏区的特殊商品和藏民族的主食，同时又是宗教节日中藏族人民以示祝福的祭祀物，在藏区群众生产生活中不可或缺。野生冬葵为我国特有的原生蔬菜，小麦族中的鹅观草属、赖草属、冰草属等在世界基因保存和研究中占有重要位置。

8. 矿产资源

青海省横跨古亚洲和特提斯-喜马拉雅两大成矿域，位于塔里木、藏滇、扬子、阿拉善 4 大陆块交汇部位，成矿地质条件优越。全省划分为祁连成矿带、柴达木盆地北缘成矿带、柴达木盆地成矿区、东昆仑成矿带、巴颜喀拉—"西南三江"成矿带北段等。其中，祁连成矿带以有色金属、石棉、煤为主；柴达木盆地北缘成矿带以贵金属、有色金属、煤炭为主；柴达木盆地成矿区以石油、天然气、盐湖矿产为主；东昆仑成矿带以有色金属、贵金属矿产为主；巴颜喀拉—"三江"北段成矿带以铜、铅锌、钼等有色金属矿产为主。

目前，全省已发现矿产种类 134 种，已查明有资源储量的矿产种类有 109 种。其中能源矿产 2 种，黑色金属矿产 4 种，有色金属矿产 12 种，贵金属矿产 5 种，稀有、稀土、分散元素矿产 10 种，冶金辅助原料非金属矿产 5 种，化工原料非金属矿产 17 种，建材和其他非金属矿产 31 种，水气矿产 3 种。全省有 60 种矿产的保有资源储量居全国前 10 位。其中锂矿、氯化镁、硫酸镁、玻璃用石英岩、电石用灰岩、化肥用蛇纹岩、钾盐、石棉、锶矿、饰面用蛇纹岩、制碱用石灰岩 11 种矿产的保有资源储量居全国第 1 位。在国民经济占主导地位的 45 种主要矿产中，优势矿产锂矿（LiCl）、锶矿、钾盐（KCl）、石棉、玻璃用石英岩居第 1 位，而大宗支柱性矿产的煤炭居第 15 位，石油居第 10 位，天然气居第 7 位，铜矿居第 11 位，锌矿居第 10 位，铅矿居第 12 位，金矿居第 15 位，铁矿居第 21 位。

盐湖矿产及石油、天然气：主要分布于柴达木盆地西部。

煤炭：主要分布于柴达木盆地北缘，北祁连、玉树、果洛地区有少量分布。

黑色金属矿产：铁矿主要分布于东昆仑及北祁连等地；铬矿主要分布于北祁连及柴北缘；锰矿主要分布于北祁连、柴北缘及东昆仑东段等地。

有色金属矿产：铜矿主要分布于鄂拉山及阿尼玛卿山和"三江"北段，其次为北祁连、拉脊山等地；铅锌矿主要分布于柴北缘和"三江"北段、北祁连、东昆仑、鄂拉山等地；钴矿主要分布于阿尼玛卿山、东昆仑，其次为拉脊山等地；镍矿主要分布于祁漫塔格夏日哈木、拉脊山、化隆、阿尔金山牛鼻子梁一带；汞矿主要分布于西秦岭地区；锡矿主要分布于东昆仑祁漫塔格、阿尔茨托山及鄂拉山等地；钼矿主要分布在"三江"北段、东昆仑祁漫塔格和都兰等地。

贵金属矿产：岩金主要分布于柴北缘及东昆仑、巴颜喀拉山等地，其次为北祁连、拉脊山、西秦岭；沙金主要分布于巴颜喀拉山及北祁连等地；伴生金主要产于德尔尼、锡铁山、赛什塘及红沟等矿区；银矿主要产于锡铁山、赛什塘、那更康切尔、德尔尼、索拉沟等矿区；原生铂及砂铂矿主要产于北祁连及裕龙沟等地。

冶金、化工材料（包括盐类）非金属矿产：主要分布于祁连及柴达木盆地盐湖地区。其中盐类矿产储量大，共生组分多，是青海省最具特色和开发前景的矿产。

冶金辅料非金属矿产：冶金用石英岩主要分布于西宁市及海东市；此外还探明少量滑石、菱镁矿、萤石、熔剂用灰岩及冶金用白云岩等。

建材及其他非金属矿产：石棉矿石主要产于阿尔金山及北祁连；水泥用灰岩广泛分布于省内中北部广大地区；石膏主要分布于民和—西宁盆地；探明大型硅灰石、水晶、白云母、长石矿床各 1 处；此外还探明有少量水泥配料、饰面石材、玉石、砖瓦黏土及建筑用砂石等矿产。

水气矿产：地下水水源地主要分布于西宁市、海东市、格尔木市及德令哈市等地；矿泉水青海省各地均有分布；地下热水主要分布于西宁市及贵德盆地。

五、社会经济

1. 人口民族

2018 年年末，青海省常住人口为 603.23 万人。按城乡分，城镇常住人口为 328.57 万人，占总人口的（常住人口城镇化率）54.47%；乡村人口为 274.66 万人，占总人口的 45.53%。按性别分，男性人口为 309.46 万人，占总人口的 51.30%；女性人口为 293.77 万人，占总人口的 48.70%。全年人口自然增长率为 8.06‰。另有 55 个少数民族，世居少数民族主要有藏族、回族、土族、撒拉族和蒙古族，少数民族人口为 287.80 万人，占总人口的 47.71%。

2. 国内生产总值

（1）综合

2018 年，青海省实现生产总值为 2 865.23 亿元，比 2017 年增长 7.2%。第一产业增加值为 268.10 亿元，比 2017 年增长 4.5%，占全省生产总值的比重为 9.4%；

第二产业增加值为 1 247.06 亿元，比 2017 年增长 7.8%，占全省生产总值的比重为 43.5%；第三产业增加值为 1 350.07 亿元，比 2017 年增长 6.9%，占全省生产总值的比重为 47.1%。人均生产总值为 47 689 元，比 2017 年增长 6.3%。全年全省一般公共预算收入为 449 亿元，比 2017 年增长 9.7%；全省一般公共预算支出1 647 亿元，比 2017 年增长 7.6%。

（2）种植业和畜牧业

2018 年，全省农作物总播种面积为 5 572.5 km²，比上年增加了 19.3 km²。粮食作物播种面积为 2 812.6 km²，比上年减少了 12.9 km²，其中，小麦播种面积为1 116.0 km²，比上年减少 8.2 km²；青稞播种面积为 486.8 km²，比上年减少 10.9 km²；玉米播种面积为 184.5 km²，比上年减少 4.4 km²；豆类播种面积为 127.6 km²，比上年减少 4.8 km²；薯类播种面积为 882.7 km²，比上年增加 14.4 km²。经济作物播种面积为 1 919.9 km²，比上年减少 12.5 km²，其中，油料播种面积为 1 479.1 km²，比上年减少 74.0 km²；药材播种面积为 440.6 km²，比上年增加 61.4 km²。在药材中，枸杞播种面积为 355.3 km²，比上年增加 20.0 km²。蔬菜及食用菌播种面积为439.6 km²，比上年增加 8.5 km²。全年粮食产量 103.06 万 t，比上年增产 0.51 万 t。

（3）工业和建筑业

2018 年，青海省全部工业增加值为 818.67 亿元，比上年增长 8.6%。规模以上工业增加值比上年增长 8.6%。在规模以上工业中，按经济类型分，股份制企业增加值增长 9.3%，国有企业增加值增长 6.6%，集体企业增加值增长 77.5%，外商及港澳台商投资企业增加值下降 7.0%。按三大门类分，制造业增加值增长 5.4%，采矿业增加值增长 10.3%，电力、热力、燃气及水生产和供应业增加值增长 16.6%。

规模以上工业 33 个大类行业中，21 个行业增加值比上年增长。其中高耗能行业增加值比上年增长 7.7%，占规模以上工业增加值的比重比上年下降 1.1 个百分点。

从工业新兴优势产业看，规模以上工业中新能源产业增加值比上年增长 5.3%，新材料产业增加值增长 18.6%，有色金属产业增加值增长 7.7%，生物产业增加值增长 24.5%，装备制造业增加值增长 21.2%，高技术制造业增加值增长 35.5%。

2018 年全省建筑业增加值为 428.39 亿元，按可比价格计算，比上年增长5.8%。年末全省具有资质等级的总承包和专业承包建筑业企业为 438 个，比上年末增加 32 个。

3．交通

2018年，青海省铁路营运里程达 2 299 km，与上年末持平，其中高速铁路 218 km。公路通车里程 82 135 km，比 2017 年增加 1 240 km，其中高速公路 3 328 km，比 2017 年增加 105 km。民航通航里程 145 736 km，比 2017 年增加 20 767 km。

青藏铁路贯穿全省，兰新高铁已建成通车，正在建设的铁路有格库铁路、格敦铁路。已建成通航的机场有西宁机场、格尔木机场、玉树机场、果洛机场、德令哈机场、茫崖机场、祁连机场。

第四章　主体功能区位

《中共中央关于全面深化改革若干重大问题的决定》提出，划定生态保护红线，坚定不移实施主体功能区制度，建立国土空间开发保护制度，严格按照主体功能区定位推动发展。《中共中央关于坚持和完善中国特色社会主义制度　推进国家治理体系和治理能力现代化若干重大问题的决定》要求，加快建立健全国土空间规划和用途统筹协调管控制度，统筹划定落实生态保护红线、永久基本农田、城镇开发边界等空间管控边界以及各类海域保护线，完善主体功能区制度。

主体功能区是我国制定"十一五"规划时形成的概念。《中华人民共和国国民经济和社会发展第十一个五年规划纲要》明确提出，推进形成主体功能区，根据资源环境承载能力、现有开发密度和发展潜力，统筹考虑未来我国人口分布、经济布局、国土利用和城镇化格局，将国土空间划分为优化开发、重点开发、限制开发和禁止开发四类主体功能区，按照主体功能定位调整完善区域政策和绩效评价，规范空间开发秩序，形成合理的空间开发结构，但对主体功能区的概念并没有进行明确的定义。

实施主体功能区战略，推进主体功能区建设，是加强生态环境保护的有效途径，也是我国经济发展和生态环境保护的大战略。要严格实施环境功能区划，严格按照优化开发、重点开发、限制开发、禁止开发的主体功能定位，在重要生态功能区、陆地和海洋生态环境敏感区、脆弱区，划定并严守生态红线，构建科学合理的城镇化推进格局、农业发展格局、生态安全格局，保障国家和区域生态安全，提高生态服务功能。

《中共中央办公厅　国务院办公厅关于划定并严守生态保护红线的若干意见》指出，划定并严守生态保护红线，是贯彻落实主体功能区制度、实施生态空间用途管制的重要举措，是提高生态产品供给能力和生态系统服务功能、构建国家生态安全格局的有效手段，是健全生态文明制度体系、推动绿色发展的有力保障。生态保护红线原则上按禁止开发区域的要求进行管理。

一、《全国主体功能区规划》

国土空间是指国家主权与主权权利管辖下的地域空间，是国民生存的场所和环境，包括陆地、陆上水域、内水、领海、领空等，是宝贵的资源，是我们赖以生存和发展的家园。我国辽阔的陆地国土和海洋国土，是中华民族繁衍生息和永续发展的家园。为了我们的家园更美好、经济更发达、区域更协调、人民更富裕、社会更和谐，为了给我们的子孙留下天更蓝、地更绿、水更清、土更净的家园，必须推进形成主体功能区，科学开发我们的家园。

2010 年 12 月，国务院发布了《全国主体功能区规划》。该规划推进实现主体功能区主要目标的时间是 2020 年，而规划任务是长远的，是推进形成主体功能区的基本依据，是科学开发国土空间的行动纲领和远景蓝图，是我国国土空间开发的战略性、基础性和约束性规划，是国民经济和社会发展总体规划、人口规划、区域规划、城市规划、土地利用规划、环境保护规划、生态建设规划、流域综合规划、水资源综合规划、海洋功能区划、海域使用规划、粮食生产规划、交通规划、防灾减灾规划等在空间开发和布局的基本依据。对于推进形成人口、经济和资源环境相协调的国土空间开发格局，加快转变经济发展方式，促进经济长期平稳较快发展和社会和谐稳定，实现全面建设小康社会目标和社会主义现代化建设长远目标，具有重要战略意义。

《全国主体功能区规划》内容包括规划背景、指导思想与规划目标、国家层面主体功能区、能源与资源、保障措施、规划实施 6 篇共 13 章，收录了国家重点生态功能区名录、国家禁止开发区域名录和 20 幅图。

1. 主体功能区类别

按照《全国主体功能区规划》，一定的国土空间虽然具有多种功能，但必有一种主体功能。可以按提供工业品和服务产品为主体功能，又可以按提供农产品为主体功能，还可以按提供生态产品为主体功能。但在关系生态安全的区域，应把提供生态产品作为主体功能，把提供农产品和服务产品及工业品作为从属功能，否则，就可能损害生态产品的生产能力。比如，草原的主体功能是提供生态产品，若超载过牧，就会造成草原退化、沙化。在农业发展条件较好的区域，应把提供农产品作为主体功能，否则，大量占用耕地就可能损害农产品的生产能力。因此，必须区分不同国土空间的主体功能，根据主体功能定位确定开发的主体内容和发展的主要任务。

该规划将我国国土空间分为以下主体功能区：按开发方式，分为优化开发区域、重点开发区域、限制开发区域和禁止开发区域；按开发内容，分为城市化地区、农产品主产区和重点生态功能区；按级别，分为国家级和省级两个层级。

该规划对"开发"做了明确解释和说明。优化开发、重点开发、限制开发、禁止开发中的"开发"，特指大规模、高强度的工业化、城镇化开发。对农产品主产区，要限制大规模、高强度的工业化、城镇化开发，但仍要鼓励农业开发；对重点生态功能区，要限制大规模、高强度的工业化、城镇化开发，但仍允许一定程度的能源和矿产资源开发。将一些区域确定为限制开发区域，并不是限制发展，而是为了更好地保护这类区域的农业生产力和生态产品生产力，实现科学发展。

优化开发区域、重点开发区域、限制开发区域和禁止开发区域，是基于不同区域的资源环境承载能力、现有开发强度和未来发展潜力，以及是否适宜或如何进行大规模、高强度、工业化、城镇化开发划分的。

城市化地区、农产品主产区和重点生态功能区，是以提供主体产品的类型为基准划分的。城市化地区是以提供工业品和服务产品为主体功能的地区，并提供农产品和生态产品；农产品主产区是以提供农产品为主体功能的地区，并提供生态产品、服务产品和部分工业品；重点生态功能区是以提供生态产品为主体功能的地区，并提供一定的农产品、服务产品和工业品。

优化开发区域和重点开发区域都属于城市化地区，开发内容总体上相同，开发强度和开发方式不同。优化开发区域是经济比较发达、人口比较密集、开发强度较高、资源环境问题更加突出，从而应该优化进行工业化、城镇化开发的城市化地区。重点开发区域是有一定经济基础、资源环境承载能力较强、发展潜力较大、集聚人口和经济的条件较好，从而应该重点进行工业化、城镇化开发的城市化地区。

限制开发区域分为两类：一类是农产品主产区，即耕地较多、农业发展条件较好，尽管也适宜工业化、城镇化开发，但从保障国家农产品安全以及中华民族永续发展的需要出发，必须把增强农业综合生产能力作为发展的首要任务，从而应该限制进行大规模、高强度工业化、城镇化开发的地区；另一类是重点生态功能区，即生态系统脆弱或生态功能重要，资源环境承载能力较低，不具备大规模、高强度工业化、城镇化开发的条件，必须把增强生态产品生产能力作为首要任务，从而应该限制进行大规模、高强度、工业化、城镇化开发的地区。

禁止开发区域是依法设立的各级、各类自然文化资源保护区域，以及其他禁止进行工业化、城镇化开发，需要特殊保护的重点生态功能区。国家禁止开发区域，包括国家级自然保护区、世界文化自然遗产、国家级风景名胜区、国家森林公园和国家地质公园。省级禁止开发区域，包括省级及以下各级、各类自然文化资源保护区域、重要水源地以及其他省级人民政府根据需要确定的禁止开发区域。

各类主体功能区在全国经济社会发展中具有同等重要的地位，只是主体功能不同，开发方式不同，保护内容不同，发展首要任务不同，国家支持重点不同。对城市化地区主要支持其集聚人口和经济，对农产品主产区主要支持其增强农业综合生产能力，对重点生态功能区主要支持其保护和修复生态环境。

2. 国土空间类别

该规划将空间结构划分为城市空间、农业空间、生态空间和其他空间。

城市空间，包括城市建设空间和工矿建设空间。城市建设空间包括城市和建制镇居民点空间。工矿建设空间是指城镇居民点以外的独立工矿空间。

农业空间，包括农业生产空间和农村生活空间。农业生产空间包括耕地、改良草地、人工草地、园地、其他农用地（包括农业设施和农村道路）空间。农村生活空间即农村居民点空间。

生态空间，包括绿色生态空间和其他生态空间。绿色生态空间包括天然草地、林地、湿地、水库水面、河流水面、湖泊水面。其他生态空间包括荒草地、沙地、盐碱地、高原荒漠等。

其他空间，是指除以上三类空间以外的其他国土空间，包括交通设施空间、水利设施空间、特殊用地空间。交通设施空间包括铁路、公路、民用机场、港口码头、管道运输等占用的空间。水利设施空间即水利工程建设占用的空间。特殊用地空间包括居民点以外的国防、宗教等占用的空间。

3．主要目标

根据党的十七大关于到 2020 年基本形成主体功能区布局的总体要求，推进形成主体功能区的主要目标是：

——空间开发格局清晰。以"两横三纵"为主体的城市化战略格局基本形成，全国主要城市化地区集中全国大部分人口和经济总量；以"七区二十三带"为主体的农业战略格局基本形成，农产品供给安全得到切实保障；以"两屏三带"为主体的生态安全战略格局基本形成，生态安全得到有效保障；海洋主体功能区战略格局基本形成，海洋资源开发、海洋经济发展和海洋环境保护取得明显成效。

——空间结构得到优化。全国陆地国土空间的开发强度控制在 3.91%[①]，城市空间控制在 10.65 万 km^2 以内，农村居民点占地面积减少到 16 万 km^2 以下，各类建设占用耕地新增面积控制在 3 万 km^2 以内，工矿建设空间适度减少。耕地保有量为 120.33 万 km^2（18.05 亿亩[②]），其中基本农田不低于 104 万 km^2（15.6 亿亩）。绿色生态空间扩大，林地保有量增加到 312 万 km^2，草原面积占陆地国土空间面积的比例保持在 40%以上，河流、湖泊、湿地面积有所增加。

——空间利用效率提高。单位面积城市空间创造的生产总值大幅提高，城市建成区人口密度明显提高。粮食和棉、油、糖单产水平稳步提高。单位面积绿色生态空间蓄积的林木数量、产草量和涵养的水量明显增加。

——区域发展协调性增强。不同区域之间城镇居民人均可支配收入、农村居民人均纯收入和生活条件的差距缩小，扣除成本因素后的人均财政支出大体相当，基本公共服务均等化取得重大进展。

——可持续发展能力提升。生态系统稳定性明显增强，生态退化面积减少，主要污染物排放总量减少，环境质量明显改善。生物多样性得到切实保护，森林覆盖率提高到 23%，森林蓄积量达到 150 亿 m^3 以上。草原植被覆盖度明显提高。

[①] 我国国土面积广大，但相当一部分国土空间并不适宜进行工业化、城镇化开发。全国陆地国土空间的开发强度控制在 3.91%是根据《全国土地利用总体规划纲要》确定的建设用地指标，并以全部陆地国土空间测算的，若扣除不适宜进行工业化、城镇化开发的面积，开发强度将大大超过 3.91%。
[②] 1 亩≈666.667 m^2。

主要江河湖库水功能区的水质达标率提高到 80%左右。自然灾害防御水平提升。应对气候变化能力明显增强，详见表 4-1。

表 4-1　全国陆地国土空间开发的规划指标

指　标	2008 年	2020 年
开发强度/%	3.48	3.91
城市空间/万 km²	8.21	10.65
农村居民点/万 km²	16.53	16
耕地保有量/万 km²	121.72	120.33
林地保有量/万 km²	303.78	312
森林覆盖率/%	20.36	23

4．战略任务

从建设富强、民主、文明、和谐的社会主义现代化国家，确保中华民族永续发展出发，构建我国国土空间的城市化、农业和生态安全"三大战略格局"的战略任务。

（1）以"两横三纵"为主体的城市化战略格局

构建以陆桥通道（陆桥通道为东起连云港、西至阿拉山口的运输大通道，是亚欧大陆桥的组成部分）、沿长江通道为两条横轴，以沿海、京哈及京广、包昆通道为三条纵轴，以国家优化开发和重点开发的城市化地区为主要支撑，以轴线上其他城市化地区为重要组成的城市化战略格局。推进环渤海、长江三角洲、珠江三角洲地区的优化开发，形成 3 个特大城市群；推进哈长、江淮、海峡西岸、中原、长江中游、北部湾、成渝、关中—天水等地区的重点开发，形成若干新的大城市群和区域性的城市群。

（2）以"七区二十三带"为主体的农业战略格局

构建以东北平原、黄淮海平原、长江流域、汾渭平原、河套灌区、华南、甘肃及新疆等农产品主产区为主体，以基本农田为基础，以其他农业地区为重要组成的农业战略格局。东北平原农产品主产区，要建设优质水稻、专用玉米、大豆和畜产品产业带；黄淮海平原农产品主产区，要建设优质专用小麦、优质棉花、专用玉米、大豆和畜产品产业带；长江流域农产品主产区，要建设优质水稻、优质专用小麦、优质棉花、油菜、畜产品和水产品产业带；汾渭平原农产品主产区，要建设优质专用小麦和专用玉米产业带；河套灌区农产品主产区，要建设优质专用小麦产业带；华南农产品主产区，要建设优质水稻、甘蔗和水产品产业带；甘肃及新疆农产品主产区，要建设优质专用小麦和优质棉花产业带。

（3）以"两屏三带"为主体的生态安全战略格局

构建以青藏高原生态屏障、黄土高原—川滇生态屏障、东北森林带、北方防沙带和南方丘陵山地带以及大江大河重要水系为骨架，以其他国家重点生态功能区为重要支撑，以点状分布的国家禁止开发区域为重要组成的生态安全战略格局。青藏高原生态屏障，要重点保护好多样、独特的生态系统，发挥涵养大江、大河水源和调节气候的作用；黄土高原—川滇生态屏障，要重点加强水土流失防治和天然植被保护，发挥保障长江、黄河中下游地区生态安全的作用；东北森林带，要重点保护好森林资源和生物多样性，发挥东北平原生态安全屏障的作用；北方防沙带，要重点加强防护林建设、草原保护和防风固沙，对暂不具备治理条件的沙化土地实行封禁保护，发挥"三北"地区生态安全屏障的作用；南方丘陵山地带，要重点加强植被修复和水土流失防治，发挥华南和西南地区生态安全屏障的作用。

5．国家级主体功能区

国家级主体功能区是全国"两横三纵"城市化战略格局、"七区二十三带"农业战略格局、"两屏三带"生态安全战略格局的主要支撑。

（1）优化开发区域

优化开发区域是优化进行工业化、城镇化开发的城市化地区。国家优化开发区域是指综合实力较强、能够体现国家竞争力，经济规模较大、能支撑并带动全国经济发展，城镇体系比较健全、有条件形成具有全球影响力的特大城市群以及内在经济联系紧密、区域一体化基础较好，科学技术创新实力较强、能引领并带动全国自主创新和结构升级的城市化地区。

优化开发区域的主体功能定位是提升国家竞争力，该区域是带动全国经济社会发展的龙头，是全国重要的创新区域，是我国在更高层次上参与国际分工并有全球影响力的经济区，是全国重要的人口和经济密集区。国家级优化开发区域包括环渤海地区、长江三角洲地区、珠江三角洲地区。

（2）重点开发区域

重点开发区域是重点进行工业化、城镇化开发的城市化地区。国家级重点开发区域是指具备较强的经济基础、具有一定的科技创新能力和较好的发展潜力，城镇体系初步形成、具备经济一体化的条件、中心城市有一定的辐射带动能力、有可能发展成为新的大城市群或区域性城市群，能够带动周边地区发展且对促进全国区域协调发展意义重大的城市化地区。

重点开发区域的主体功能定位是支撑全国经济增长，该区域是落实区域发展总体战略、促进区域协调发展的重要支撑点，是全国重要的人口和经济密集区。国家级重点开发区域包括冀中南地区、太原城市群、呼包鄂榆地区、哈长地区、东陇海地区、江淮地区、海峡西岸经济区、中原经济区、长江中游地区、北部湾地区、成渝地区、黔中地区、滇中地区、藏中南地区、关中—天水地区、兰州—西宁地区、宁夏沿黄经济区、天山北坡地区 18 个区域。

其中，兰州—西宁地区位于全国"两横三纵"城市化战略格局中陆桥通道的横轴上，包括甘肃省以兰州为中心的部分地区和青海省以西宁为中心的部分地区。该区域的功能定位是：全国重要的循环经济示范区，新能源和水电、盐化工、石化、有色金属和特色农产品加工产业基地，西北交通枢纽和商贸物流中心，区域性的新材料和生物医药产业基地。

（3）限制开发区域（农产品主产区）

限制开发区域（农产品主产区）是限制进行大规模、高强度工业化、城镇化开发的农产品主产区。国家级限制开发区域（农产品主产区）是指具备较好的农业生产条件，以提供农产品为主体功能，以提供生态产品、服务产品和工业品为其他功能，需要在国土空间开发中限制进行大规模、高强度工业化、城镇化开发，以保持并提高农产品生产能力的区域。

限制开发区域（农产品主产区）的主体功能定位是保障农产品供给安全，该区域是农村居民安居乐业的美好家园，是社会主义新农村建设的示范区。限制开发区域（农产品主产区）应着力保护耕地，稳定粮食生产，发展现代农业，增强农业综合生产能力，增加农民收入，加快建设社会主义新农村，保障农产品供给，确保国家粮食安全和食物安全。从确保国家粮食安全和食物安全的大局出发，充分发挥各地区比较优势，重点建设以"七区二十三带"（七区指东北平原等七个农产品主产区，二十三带指七区中以水稻、小麦等农产品生产为主的二十三个产业带）为主体的农产品主产区。

（4）限制开发区域（重点生态功能区）

限制开发区域（重点生态功能区）是限制进行大规模、高强度工业化、城镇化开发的重点生态功能区。国家级限制开发区域（重点生态功能区）是指生态系统十分重要，关系全国或较大范围区域的生态安全，目前生态系统有所退化，需要在国土空间开发中限制进行大规模、高强度工业化、城镇化开发，以保持并提高生态产品供给能力的区域。国家级限制开发区域（重点生态功能区）详见表4-2。

限制开发区域（重点生态功能区）的主体功能定位是保障国家生态安全，该区域是人与自然和谐相处的示范区。限制开发区域（重点生态功能区）的发展方向要以保护和修复生态环境、提供生态产品为首要任务，因地制宜地发展不影响主体功能定位的产业，引导超载人口逐步有序转移。

限制开发区域（重点生态功能区）分为水源涵养型、水土保持型、防风固沙型和生物多样性维护型4种类型，共25个地区，总面积为386万 km^2，占全国陆地面积的40.2%。

水源涵养型生态功能区主要指我国重要江河源头和重要水源补给区，包括大小兴安岭森林生态功能区、长白山森林生态功能区、阿尔泰山地森林草原生态功能区、三江源草原草甸湿地生态功能区、若尔盖草原湿地生态功能区、甘南黄河重要水源补给生态功能区、祁连山冰川与水源涵养生态功能区、南岭山地森林及生物多样性生态功能区8个区域。推进天然林草保护、退耕还林和围栏封育，治理水土流失，维护或重建湿地、森林、草原等生态系统。严格保护具有水源涵养功能的自然植被，禁止过度放牧、无序采矿、毁林开荒、开垦草原等行为。加强大江大河源头及上游地区的小流域治理和植树造林，减少面源污染。拓宽农民增收渠道，解决农民长远生计，巩固退耕还林、退牧还草成果。

水土保持型生态功能区主要指土壤侵蚀性高、水土流失严重，需要保持水土功能的区域，包括黄土高原丘陵沟壑水土保持生态功能区、大别山水土保持生态功能区、桂黔滇喀斯特石漠化防治生态功能区、三峡库区水土保持生态功能区4个区域。大力推行节水灌溉和雨水集蓄利用，发展旱作节水农业。限制陡坡垦殖和超载过牧。加强小流域综合治理，实行封山禁牧，恢复退化植被。加强对能源和矿产资源开发及建设项目的监管，加大矿山环境整治修复力度，最大限度地减少人为因素造成新的水土流失。拓宽农民增收渠道，解决农民长远生计，巩固水土流失治理、退耕还林、退牧还草的成果。

防风固沙型生态功能区主要指沙漠化敏感性高、土地沙化严重、沙尘暴频发并影响较大范围的区域，包括塔里木河荒漠化防治生态功能区、阿尔金草原荒漠化防治生态功能区、呼伦贝尔草原草甸生态功能区、科尔沁草原生态功能区、浑善达克沙漠化防治生态功能区、阴山北麓草原生态功能区 6 个区域。转变畜牧业生产方式，实行禁牧休牧，推行舍饲圈养，以草定畜，严格控制载畜量。加大退耕还林、退牧还草力度，恢复草原植被。加强对内陆河流的规划和管理，保护沙区湿地，禁止发展高耗水工业。对主要沙尘源区、沙尘暴频发区实行封禁管理。

生物多样性维护型生态功能区主要指濒危珍稀动植物分布较集中、具有典型代表性生态系统的区域，包括川滇森林及生物多样性生态功能区、秦巴生物多样性生态功能区、藏东南高原边缘森林生态功能区、藏西北羌塘高原荒漠生态功能区、三江平原湿地生态功能区、武陵山区生物多样性及水土保持生态功能区、海南岛中部山区热带雨林生态功能区 7 个区域。禁止对野生动植物进行滥捕滥采，保持并恢复野生动植物物种和种群的平衡，实现野生动植物资源的良性循环和永续利用。加强防御外来物种入侵的能力，防止外来有害物种对生态系统的侵害。保护自然生态系统与重要物种栖息地，防止生态建设导致栖息环境的改变。

表 4-2   国家级限制开发区域（重点生态功能区）

编号	区域	类型	综合评价	发展方向
1	大小兴安岭森林生态功能区	水源涵养	森林覆盖率高，具有完整的寒温带森林生态系统，是松嫩平原和呼伦贝尔草原的生态屏障。目前原始森林受到较严重的破坏，出现不同程度的生态退化现象	加强天然林保护和植被恢复，大幅调减木材产量，对生态公益林禁止进行商业性采伐，植树造林，涵养水源，保护野生动物
2	长白山森林生态功能区	水源涵养	拥有温带最完整的山地垂直生态系统，是大量珍稀物种资源的生物基因库。目前森林破坏导致环境改变，威胁多种动植物物种的生存	禁止非保护性采伐，植树造林，涵养水源，防止水土流失，保护生物多样性

编号	区域	类型	综合评价	发展方向
3	阿尔泰山地森林草原生态功能区	水源涵养	森林茂密，水资源丰沛，是额尔齐斯河和乌伦古河的发源地，对北疆地区绿洲开发、生态环境保护和经济发展具有较高的生态价值。目前草原超载过牧，草场植被受到严重破坏	禁止非保护性采伐，合理更新林地。保护天然草原，以草定畜，增加饲草料供给，实施牧民定居
4	三江源草原草甸湿地生态功能区	水源涵养	长江、黄河、澜沧江的发源地，有"中华水塔"之称，是全球大江大河、冰川、雪山及高原生物多样性最集中的地区之一，其径流、冰川、冻土、湖泊等构成的整个生态系统对全球气候变化有巨大的调节作用。目前草原退化、湖泊萎缩、鼠害严重，生态系统功能受到严重破坏	封育草原，治理退化草原，减少载畜量，涵养水源，恢复湿地，实施生态移民
5	若尔盖草原湿地生态功能区	水源涵养	位于黄河与长江水系的分水地带，湿地泥炭层深厚，对黄河流域的水源涵养、水文调节和生物多样性维护具有重要作用。目前湿地疏、干、垦、殖和过度放牧导致草原退化、沼泽萎缩、水位下降	停止开垦，禁止过度放牧，恢复草原植被，保持湿地面积，保护珍稀动物
6	甘南黄河重要水源补给生态功能区	水源涵养	青藏高原东端面积最大的高原沼泽泥炭湿地，在维系黄河流域水资源和生态安全方面具有重要作用。目前草原退化沙化严重，森林和湿地面积锐减，水土流失加剧，生态环境恶化	加强天然林、湿地和高原野生动植物保护，实施退牧还草、退耕还林还草、牧民定居和生态移民
7	祁连山冰川与水源涵养生态功能区	水源涵养	冰川储量大，对维系甘肃河西走廊和内蒙古西部绿洲的水源具有重要作用。目前草原退化严重，生态环境恶化，冰川萎缩	围栏封育天然植被，降低载畜量，涵养水源，防止水土流失，重点加强石羊河流域下游民勤地区的生态保护和综合治理
8	南岭山地森林及生物多样性生态功能区	水源涵养	长江流域与珠江流域的分水岭，是湘江、赣江、北江、西江等的重要源头区，有丰富的亚热带植被。目前原始森林植被破坏严重，滑坡、山洪等灾害时有发生	禁止非保护性采伐，保护和恢复植被，涵养水源，保护珍稀动物

编号	区域	类型	综合评价	发展方向
9	黄土高原丘陵沟壑水土保持生态功能区	水土保持	黄土堆积深厚、范围广大，土地沙漠化敏感程度高，对黄河中下游生态安全具有重要作用。目前坡面土壤侵蚀和沟道侵蚀严重，侵蚀产沙易淤积河道、水库	控制开发强度，以小流域为单元综合治理水土流失，建设淤地坝
10	大别山水土保持生态功能区	水土保持	淮河中游、长江下游的重要水源补给区，土壤侵蚀敏感程度高。目前山地生态系统退化，水土流失加剧，加大了中下游洪涝灾害发生率	实施生态移民，降低人口密度，恢复植被
11	桂黔滇喀斯特石漠化防治生态功能区	水土保持	属于以岩溶环境为主的特殊生态系统，生态脆弱性极高，土壤一旦流失，生态恢复难度极大。目前生态系统退化问题突出，植被覆盖率低，石漠化面积加大	封山育林育草，种草养畜，实施生态移民，改变耕作方式
12	三峡库区水土保持生态功能区	水土保持	我国最大的水利枢纽工程库区，具有重要的洪水调蓄功能，水环境质量对长江中下游生产生活有重大影响。目前森林植被破坏严重，水土保持功能减弱，土壤侵蚀量和入库泥沙量增大	巩固移民成果，植树造林，恢复植被，涵养水源，保护生物多样性
13	塔里木河荒漠化防治生态功能区	防风固沙	南疆主要用水源，对流域绿洲开发和人民生活至关重要，沙漠化和盐渍化敏感程度高。目前水资源过度利用，生态系统退化明显，胡杨木等天然植被退化严重，绿色走廊受到威胁	合理利用地表水和地下水，调整农牧业结构，加强药材开发管理，禁止过度开垦，恢复天然植被，防止沙化面积扩大
14	阿尔金草原荒漠化防治生态功能区	防风固沙	气候极为干旱，地表植被稀少，保存着完整的高原自然生态系统，拥有许多极为珍贵的特有物种，土地沙漠化敏感程度极高。目前鼠害肆虐，土地荒漠化加速，珍稀动植物的生存受到威胁	控制放牧和旅游区域范围，防范盗猎，减少人类活动干扰
15	呼伦贝尔草原草甸生态功能区	防风固沙	以草原草甸为主，产草量高，但土壤质地粗疏，多大风天气，草原生态系统脆弱。目前草原过度开发造成草场沙化严重，鼠虫害频发	禁止过度开垦、不适当樵采和超载过牧，退牧还草，防治草场退化沙化

编号	区域	类型	综合评价	发展方向
16	科尔沁草原生态功能区	防风固沙	地处温带半湿润与半干旱过渡带，气候干燥，多大风天气，土地沙漠化敏感程度极高。目前草场退化、盐渍化和土壤贫瘠化严重，为我国北方沙尘暴的主要沙源地，对东北和华北地区生态安全构成威胁	根据沙化程度采取针对性强的治理措施
17	浑善达克沙漠化防治生态功能区	防风固沙	以固定、半固定沙丘为主，干旱频发，多大风天气，是北京乃至华北地区沙尘的主要来源地。目前土地沙化严重，干旱缺水，对华北地区生态安全构成威胁	采取植物和工程措施，加强综合治理
18	阴山北麓草原生态功能区	防风固沙	气候干旱，多大风天气，水资源贫乏，生态环境极为脆弱，风蚀沙化土地比重高。目前草原退化严重，为沙尘暴的主要沙源地，对华北地区生态安全构成威胁	封育草原，恢复植被，退牧还草，降低人口密度
19	川滇森林及生物多样性生态功能区	生物多样性维护	原始森林和野生珍稀动植物资源丰富，是大熊猫、羚牛、金丝猴等重要物种的栖息地，在生物多样性维护方面具有十分重要的意义。目前山地生态环境问题突出，草原超载过牧，生物多样性受到威胁	保护森林、草原植被，在已明确的保护区域保护生物多样性和多种珍稀动植物基因库
20	秦巴生物多样性生态功能区	生物多样性维护	包括秦岭、大巴山、神农架等亚热带北部和亚热带—暖温带过渡的地带，生物多样性丰富，是许多珍稀动植物的分布区。目前水土流失和地质灾害问题突出，生物多样性受到威胁	减少林木采伐，恢复山地植被，保护野生物种
21	藏东南高原边缘森林生态功能区	生物多样性维护	主要以分布在海拔 900～2 500 m 的亚热带常绿阔叶林为主，山高谷深，天然植被仍处于原始状态，对生态系统保育和森林资源保护具有重要意义	保护自然生态系统
22	藏西北羌塘高原荒漠生态功能区	生物多样性维护	高原荒漠生态系统保存较为完整，拥有藏羚羊、黑颈鹤等珍稀特有物种。目前土地沙化面积扩大，病虫害和溶洞滑塌等灾害增多，生物多样性受到威胁	加强草原草甸保护，严格草畜平衡，防范盗猎，保护野生动物

编号	区域	类型	综合评价	发展方向
23	三江平原湿地生态功能区	生物多样性维护	原始湿地面积大，湿地生态系统类型多样，在蓄洪防洪、抗旱、调节局部地区气候、维护生物多样性、控制土壤侵蚀等方面具有重要作用。目前湿地面积减小和破碎化，面源污染严重，生物多样性受到威胁	扩大保护范围，控制农业开发和城市建设强度，改善湿地环境
24	武陵山区生物多样性及水土保持生态功能区	生物多样性维护	属于典型亚热带植物分布区，拥有多种珍稀濒危物种，是清江和澧水的发源地，对减少长江泥沙具有重要作用。目前土壤侵蚀较严重，地质灾害较多，生物多样性受到威胁	扩大天然林保护范围，巩固退耕还林成果，恢复森林植被和生物多样性
25	海南岛中部山区热带雨林生态功能区	生物多样性维护	热带雨林、热带季雨林的原生地，我国小区域范围内生物物种十分丰富的地区之一，也是我国最大的热带植物园和最丰富的物种基因库之一。目前由于过度开发，雨林面积大幅减少，生物多样性受到威胁	加强热带雨林保护，遏制山地生态环境恶化

资料来源：《全国主体功能区规划》。

（5）禁止开发区域

禁止开发区域是禁止进行工业化、城镇化开发的重点生态功能区。国家级禁止开发区域是指有代表性的自然生态系统、珍稀濒危野生动植物物种的天然集中分布地、有特殊价值的自然遗迹所在地和文化遗址等，需要在国土空间开发中禁止进行工业化、城镇化开发的重点生态功能区。

禁止开发区域的主体功能定位是我国保护自然文化资源，该区域是珍稀动植物基因资源保护地。

国家级禁止开发区域包括国家级自然保护区、世界文化自然遗产、国家级风景名胜区、国家森林公园和国家地质公园。截至 2010 年 10 月 31 日，国家级禁止开发区域共 1 443 处，扣除部分相互重叠后的总面积为 120 万 km²，占全国陆地国土面积的 12.5%。今后新设立的国家级自然保护区、世界文化自然遗产、国家级风景名胜区、国家森林公园、国家地质公园，自动进入国家禁止开发区域名录。

国家级禁止开发区域的管制原则：依据法律法规和相关规划实施强制性保护，严格控制人为因素对自然生态和文化自然遗产原真性、完整性的干扰，严禁不符合主体功能定位的各类开发活动，引导人口逐步有序转移，实现污染物"零排放"，提高环境质量。

二、《全国国土规划纲要（2016—2030 年）》

2017 年 1 月国务院发布了《全国国土规划纲要（2016—2030 年）》。《全国国土规划纲要（2016—2030 年）》是贯彻区域发展的总体战略和主体功能区战略，推动"一带一路"建设、京津冀协同发展、长江经济带发展战略落实，对国土空间开发、资源环境保护、国土综合整治和保障体系建设等做出总体部署与统筹安排，对涉及国土空间开发、保护、整治的各类活动具有指导和管控作用，对相关国土空间专项规划具有引领和协调作用，是我国首个国土空间开发与保护的战略性、综合性、基础性规划。

《全国国土规划纲要（2016—2030 年）》包括基本形势、总体要求、战略格局、集聚开发、分类保护、综合整治、联动发展、支撑保障、配套政策及实施共十章。主要内容有四个方面，一是在深入分析国土开发利用与保护面临重大机遇和严峻挑战的基础上，科学确定了国土开发、保护、整治的指导思想、基本原则和主要目标。二是以资源环境承载力为基础，落实区域发展总体战略、主体功能区战略、"一带一路"建设、京津冀协同发展、长江经济带发展战略，确立了高效、规范的国土开发开放格局、安全和谐的生态环境保护格局、协调联动的区域发展格局的战略格局和国土集聚开发、分类保护与综合整治"三位一体"的总体格局。三是围绕美丽国土建设的主要目标，部署集聚开发、分类保护、综合整治、联动发展和支撑保障体系建设等系列重大任务。四是以强化用途管制为重点，健全国土空间开发保护制度，完善自然资源管理体制机制，提升国土空间治理能力。

该规划纲要明确了国土生态安全格局、全域保护格局、生态保护红线、重点生态功能区，严格"三线"管控要求。

1. 主要目标

全面推进国土开发、保护和整治，加快构建安全、和谐、开放、协调、富有竞争力和可持续发展的美丽国土。国土空间开发格局不断优化，整体竞争力和综合国力显著增强。城乡区域协调发展取得实质进展，国土开发的协调性大幅提升。资源节约型、环境友好型社会基本建成，可持续发展能力显著增强。基础设施体系趋于完善，资源保障能力和国土安全水平不断提升。海洋开发保护水平显著提高，建设海洋强国目标基本实现。国土空间开发保护制度全面建立，生态文明建设基础更加坚实。

2．生态安全格局

构建陆海国土生态安全格局。以青藏高原生态屏障、黄土高原—川滇生态屏障、东北森林带、北方防沙带和南方丘陵山地带（即"两屏三带"）以及大江大河重要水系为骨架，以其他国家重点生态功能区为支撑，以点状分布的国家禁止开发区域为重要组成部分的陆域生态安全格局。统筹海洋生态保护与开发利用，构建以海岸带、海岛链和各类保护区为支撑的"一带一链多点"海洋生态安全格局。

3．全域保护格局

构建"五类三级"国土全域保护格局。以资源环境承载力评价为基础，依据主体功能定位，按照环境质量、人居生态、自然生态、水资源和耕地资源 5 大类资源环境主题，区分保护、维护、修复 3 个级别，将陆域国土划分为 16 类保护地区，实施全域分类保护，详见表4-3。

按照资源环境主题实施全域分类保护。对开发强度较高、环境问题较为突出的开发集聚区，实行以大气、水和土壤环境质量为主题的保护；对人口和产业集聚趋势明显、人居生态环境问题逐步显现的其他开发集聚区，实行以人居生态为主题的保护；对重点生态功能区，实行以自然生态为主题的保护；对水资源供需矛盾较为突出的地区，实行以水资源为主题的保护；对优质耕地集中地区，实行以耕地资源为主题的保护。

依据开发强度实施国土分级保护。对京津冀、长江三角洲、珠江三角洲等优化开发区域，实施人居生态环境修复，优化开发，强化治理，从根本上遏制人居生态环境恶化趋势；对重点开发区域实施修复和维护，有序开发，改善人居生态环境；对重点生态功能区和农产品主产区实施生态环境保护，限制开发，巩固提高生态服务功能和农产品供给能力。

表 4-3　国土分类、分级保护

保护主题	保护类别	范　　围	保护措施
环境质量	环境质量与人居生态修复区	环渤海、长江三角洲、珠江三角洲等地区	加强水环境、大气环境、土壤重金属污染治理,科学推进河湖水系联通,构建多功能复合城市绿色空间
	环境质量与水资源维护区	呼包鄂榆、兰州—西宁、天山北坡等地区	加强大气环境和水环境治理,调整产业结构,严格用水总量控制
	环境质量与优质耕地维护区	哈长、冀中南、晋中、关中—天水、皖江、长株潭、成渝、东陇海等地区	强化水环境、大气环境和土壤环境治理;加强优质耕地保护与高标准农田建设
	环境质量维护区	黄河龙门至三门峡流域陕西段、山西段、贵州西部、云南北部等地区	改善区域水环境质量,提高防范地震和突发地质灾害的能力
人居生态	人居生态与优质耕地维护区	武汉都市圈、环鄱阳湖、海峡西岸、北部湾等地区	保护城市绿地和湿地系统,治理河湖水生态环境,科学推进河湖水系联通,保护优质耕地
	人居生态与环境质量维护区	滇中、黔中地区	加强滇池流域湖体、水体污染综合防治,开展重金属污染防治和石漠化治理
	人居生态维护区	藏中南地区	加强草原和流域保护,构建以自然保护区为主体的生态保护格局
自然生态	水源涵养保护区	阿尔泰山地、长白山、祁连山、大小兴安岭、若尔盖草原、甘南地区、三江源地区、南岭山地、淮河源、珠江源、京津水源地、丹江口库区、赣江—闽江源、天山等地区	维护或重建湿地、森林、草原等生态系统;开展生态清洁小流域建设,加强大江大河源头及上游地区的小流域治理和植树造林种草
	防风固沙保护区	呼伦贝尔草原、塔里木河流域、科尔沁草原、浑善达克沙地、阴山北麓、阿尔金草原、毛乌素沙地、黑河中下游等地区	加大退耕还林还草、退牧还草力度,保护沙区湿地,对主要沙尘源区、沙尘暴频发区,加大防沙治沙力度,实行禁牧休牧和封禁保护管理
	水土保持保护区	桂黔滇石漠化地区、黄土高原、大别山山区、三峡库区、太行山地、川滇干热河谷等地区	加强水土流失的预防,限制陡坡垦殖和超载过牧,加强小流域综合治理,加大石漠化治理和矿山环境整治修复力度

保护主题	保护类别	范　围	保护措施
自然生态	生物多样性保护区	藏西北羌塘高原、三江平原、武陵山区、川滇山区、海南岛中部山区、藏东南高原边缘地区、秦巴山区、辽河三角洲湿地、黄河三角洲、苏北滩涂湿地、桂西南山地等地区	保护自然生态系统与重要物种栖息地，防止开发建设破坏栖息环境
	自然生态保护区	新疆塔克拉玛干沙漠、古尔班通古特沙漠、青海柴达木盆地、内蒙古巴丹吉林沙漠、腾格里沙漠、乌兰布和沙漠、藏北高原、青藏高原南部山地等地区	减少人类活动对区域生态环境的扰动，促进生态系统的自我恢复，推进防沙、治沙
	自然生态维护区	青藏高原南部、淮河中下游湿地、安徽沿江湿地、鄱阳湖湿地、长江荆江段湿地、洞庭湖区等地区	限制高强度开发建设，减少人类活动干扰；植树种草，退耕还林还草；保护湿地生态系统，退田还湖，增强调蓄能力
水资源	水资源与优质耕地维护区	海河平原、淮北平原、山东半岛等地区	合理配置水资源，加强地下水超采治理，提高水资源利用效率，改善区域水环境质量；加强基本农田建设与保护
	水资源短缺修复区	内蒙古西部、嫩江江桥以下流域、沿渤海西部诸河流域、新疆哈密等地区	严格控制水资源开发强度，加强地下水超采治理，加强水资源节约、集约利用，降低水资源损耗
耕地资源	优质耕地保护区	松嫩平原、辽河平原、黄泛平原、长江中下游平原、四川盆地、关中平原、河西走廊、吐鲁番盆地、西双版纳山间河谷盆地等地区	大力发展节水农业，控制非农建设占用耕地，加强耕地和基本农田质量建设

资料来源：《全国国土规划纲要（2016—2030年）》。

4．强化自然生态保护

（1）划定并严守生态保护红线

依托"两屏三带"为主体的陆域生态安全格局和"一带一链多点"的海洋生态安全格局，将水源涵养、生物多样性维护、水土保持、防风固沙等生态功能重要区域，以及生态环境敏感脆弱区域进行空间叠加，划入生态保护红线，涵盖所有国家级、省级禁止开发区域，以及有必要严格保护的其他各类保护地等。生态保护红线原则上按禁止开发区域的要求进行管理，严禁不符合主体功能定位的各类开发活动，严禁任意改变用途，确保生态保护红线功能不降低、面积不减少、性质不改变，保障国家生态安全。

（2）加强重点生态功能区保护

具备水源涵养、防风固沙、水土保持、生物多样性维护等功能的国家级重点生态功能区，以保护修复生态环境、提供生态产品为首要任务，编制实施产业准入负面清单，因地制宜地发展不影响主体功能定位的产业，限制大规模工业化和城镇化开发，引导超载人口逐步有序转移。实施更加严格的区域产业环境准入标准，提高各类重点生态功能区中城镇化、工业化和资源开发的生态环境准入门槛。着力建设国家重点生态功能区，进一步加大中东部人口密集地区的生态保护力度，拓展重点生态功能区覆盖范围。

（3）提高重点生态功能区生态产品供给能力

大小兴安岭、长白山、阿尔泰山地、三江源地区、若尔盖草原、甘南地区、祁连山、南岭山地、西藏东部、四川西部等水源涵养生态功能区，加强植树种草，维护或重建湿地、森林、草原等生态系统。塔里木河流域、阿尔金草原、呼伦贝尔草原、科尔沁草原、浑善达克沙地、阴山北麓等防风固沙生态功能区，加大退牧还草力度，开展禁牧休牧和划区轮牧，恢复草原植被。将 25°以上陡坡耕地中的基本农田有条件地改划为非基本农田。黄土高原、东北漫川漫岗区、大别山山区、桂黔滇岩溶地区、三峡库区、丹江口库区等水土保持生态功能区，加大水土流失综合治理力度，禁止陡坡垦殖和超载过牧，注重自然修复恢复植被。川滇山区、秦巴山区、藏东南高原边缘地区、藏西北羌塘高原、三江平原、武陵山区、海南岛中部山区等生物多样性生态功能区，加强自然保护区建设力度，严防开发建设破坏重要物种栖息地及其自然生态系统。

（4）促进其他自然生态地区保护

稳定南岭地区、长江中游、青藏高原南部等天然林地和草地数量，降低人为扰动强度，限制高强度开发建设，恢复植被。加强罗布泊、塔克拉玛干沙漠、古尔班通古特沙漠、腾格里沙漠、阿尔金草原、藏北高原、横断山区等生态极度脆弱地区的保护，推进防沙治沙，促进沙漠、戈壁、高寒缺氧地区生态系统的自我恢复。

（5）建立生物资源保护地体系

以自然保护区为主体，以种质资源保护区、禁猎区、禁伐区、原生境保护小区等为补充，建立重要生物资源就地保护空间体系，加强生物多样性保护。建设迁地保护地体系，科学合理开展物种迁地保护。强化种质资源保存，建立完善生物遗传资源保存体系。建立外来入侵物种监测预警及风险管理机制，加强外来入侵物种和转基因生物安全管理。重点区域生物资源保护详见表4-4。

表4-4　重点区域生物资源保护

重点区域	保护重点
北方山地平原区	重点建设沼泽湿地和珍稀候鸟迁徙地、繁殖地自然保护区；在蒙新高原草原荒漠区，重点加强野生动植物资源遗传多样性和特有物种保护；在华北平原黄土高原区，重点加强水源涵养林保护
青藏高原高寒区	高寒荒漠生物资源
西南高山峡谷区	横断山区森林生态系统和珍稀物种资源
中南西部山地丘陵区	桂西、黔南等岩溶地区动植物资源
华东华中丘陵平原区	长江中下游沿岸湖泊湿地和局部存留的古老珍贵植物资源，主要淡水经济鱼类和珍稀濒危水生生物资源
华南低山丘陵区	滇南地区和海南岛中南部山地特有野生动物和热带珍稀植物资源
渤海湾滨海湿地和黄海滩涂湿地分布区	特有生物资源

资料来源：《全国国土规划纲要（2016—2030年）》。

5. 严格"三线"管控

划定城镇、农业、生态空间，严格落实用途管制。科学确定国土开发强度，严格执行并不断完善最严格的耕地保护制度、水资源管理制度、环保制度，对涉及国家粮食、能源、生态和经济安全的战略性资源，实行总量控制、配额管理制度，并将其分解下达到各省（自治区、直辖市）。设置"生存线"，明确耕地保护面积和水资源开发规模，保障国家粮食和水资源安全；设置"生态线"，划定森林、草原、河湖、湿地、海洋等生态要素保有面积和范围，明确各类保护区范围，提高生态安全水平；设置"保障线"，保障经济社会发展所必需的建设用地，促进新型工业化和城镇化健康发展，确定能源和重要矿产资源生产基地及运输通道，确保国家能源资源持续有效供给。

三、《全国土地利用总体规划纲要（2006—2020 年）》

2008 年国务院发布了《全国土地利用总体规划纲要（2006—2020 年）》（以下简称《纲要》），主要阐明了规划期内国家土地利用战略，明确政府土地利用管理的主要目标、任务和政策，引导全社会保护和合理利用土地资源，是实行最严格土地管理制度的纲领性文件，是落实土地宏观调控和土地用途管制、规划城乡建设和各项建设的重要依据。《纲要》以 2005 年为基期，以 2020 年为规划期末年。

1. 规划目标

守住 18 亿亩耕地红线。到 2020 年，全国耕地保有量保持在 120.33 万 km^2（18.05 亿亩），确保 104 万 km^2（15.6 亿亩）基本农田数量不减少、质量有提高。保障科学发展的建设用地，新增建设用地规模得到有效控制，闲置和低效建设用地得到充分利用，建设用地空间不断扩展，节约集约用地水平不断提高，有效保障科学发展的用地需求，全国新增建设用地为 5.85 万 km^2（8 775 万亩）。土地利用结构得到优化，农用地保持基本稳定，建设用地得到有效控制，未利用地得到合理开发；城乡用地结构不断优化，城镇建设用地的增加与农村建设用地的减少相挂钩，农用地稳定在 668.84 万 km^2（1 003 253 万亩），建设用地总面积控制在 337.24 万 km^2（55 860 万亩）以内；城镇工矿用地在城乡建设用地总量中的比例调整到 2020 年的 40%，但要从严控制城镇工矿用地中工业用地的比例。土地整理复垦开发全面推进，田水路林村综合整治和建设用地整理取得明显成效，新增工矿废弃地实现全面复垦，后备耕地资源得到适度开发，全国通过土地整理复垦开发补充的耕地面积不低于 3.67 万 km^2（5 500 万亩）。土地生态保护和建设取得积极成效，退耕还林还草成果得到进一步巩固，水土流失、土地荒漠化和"三化"（退化、沙化、碱化）草地治理取得明显进展，农用地特别是耕地污染的防治工作得到加强。土地管理在宏观调控中的作用明显增强，土地法制建设不断加强，市场机制逐步健全，土地管理的法律、经济、行政和技术等手段不断完善，土地管理效率和服务水平不断提高。

2. 主要任务

以严格保护耕地为前提，统筹安排农用地，实行耕地数量、质量、生态全面管护，严格控制非农建设占用耕地特别是基本农田，加强基本农田建设；加大土地整理复垦开发补充耕地力度，确保补充耕地质量；统筹安排各类农用地，合理调整农用地结构和布局。以推进节约、集约用地为重点，提高建设用地保障能力，坚持需求引导与供给调节，合理确定新增建设用地规模、结构和时序，从严控制建设用地总规模；加强建设用地空间管制，严格划定城乡建设用地扩展边界，控制建设用地无序扩张；积极盘活存量建设用地，鼓励深度开发地上、地下空间，充分利用未利用地和工矿废弃地拓展建设用地空间。以加强国土综合整治为手段，协调土地利用与生态建设，充分发挥各类农用地和未利用地的生态功能，保护基础性生态用地；积极推进以土地整理复垦为重点的国土综合整治，统筹土地利用与生态环境建设；制定不同区域环境保护的用地政策，因地制宜改善土地生态环境。以优化结构布局为途径，统筹区域土地利用，加强区域土地利用调控和引导，明确区域土地利用方向；制定和实施差别化的土地利用政策，促进主体功能区的形成；强化省级土地利用调控，落实土地利用规划目标和空间管制措施。以落实共同责任为基础，完善规划实施保障措施，严格执行保护耕地和节约集约用地目标责任制，强化土地利用总体规划的整体控制作用，落实差别化的土地利用计划政策，健全保护耕地和节约集约用地的市场调节机制，建立土地利用规划动态调整机制，确保《纲要》目标的实现。

3. 土地利用方向

根据各地资源条件、土地利用现状、经济社会发展阶段和区域发展战略定位的差异，把全国划分为西北区、西南区、青藏区、东北区、晋豫区、湘鄂皖赣区、京津冀鲁区、苏浙沪区、闽粤琼区 9 个土地利用区，明确各区域土地利用管理的重点，指导各区域土地利用调控。其中，青藏区土地利用方向和管理的重点是保障基础设施和生态移民搬迁的建设用地需求，适当增加农牧区城乡建设用地面积，支持少数民族地区和边疆地区的发展。加大西藏"一江两河"（雅鲁藏布江、拉萨河、年楚河）和青海海东等地区土地整理的支持力度，加强对青海柴达木循环经济试验区的用地政策指导。加强天然植被和高原湿地保护，支持退化草场治理、三江源自然保护区保护等生态环境建设。

4．土地利用政策

根据资源环境承载能力、土地利用现状和开发潜力，统筹考虑未来我国人口分布、经济产业布局和国土开发格局，按照不同主体功能区的功能定位和发展方向，提出优化开发区域、重点开发区域、限制开发区域、禁止开发区域，实施差别化的土地利用政策。

大力推进优化开发区域土地利用转型。严控建设用地增量，积极盘活建设用地存量，鼓励土地利用模式和方式创新，促进优化开发区域经济发展方式转变和产业结构升级，促进国家竞争力的提升。严格控制建设用地特别是城镇工矿用地规模扩大，逐步降低人均城镇工矿用地面积，适度增加城镇居住用地；整合优化交通、能源、水利等基础设施用地，支持环保设施建设；限制占地多、耗能高的工业用地，支持高新技术、循环经济和现代服务业发展；探索实施城镇建设用地增加与农村建设用地减少相挂钩的政策，推进农村建设用地整理。严格保护耕地，加强区内集中连片、高标准基本农田的建设，切实加大耕地污染的防治力度。保留城市间开敞的绿色空间，保护好水系、林网、自然文化遗产等用地，促进区域生态环境改善。

有效保障重点开发区域集聚人口及经济的用地需求。适当扩大建设用地的供给，提高存量建设用地利用强度，拓展建设用地新空间，促进重点开发区域支柱产业的培育和经济总量的提升，促进人口和经济集聚能力的进一步提高。合理安排中心城市的建设用地，提高城市综合承载能力，促进城市人口和经济集聚效益的发挥；加强城镇建设用地扩展边界控制，鼓励城市存量用地深度开发；统筹安排基础设施建设用地，促进公路、铁路、航运等交通网的完善，推动和加快基础设施建设；优先保障承接优化开发区域产业转移的用地需求，支持资金密集型、劳动密集型产业发展用地，促进主导产业的培育和发展，积极引导产业集群发展和用地的集中布局。积极推进农用地和农村建设用地的整理，加大基本农田建设力度，严格保护生态用地，切实发挥耕地特别是基本农田在优化城镇、产业用地结构中的生态支撑作用，促进人口、经济的集聚与资源、环境的统筹协调。

切实发挥限制开发区域土地对国家生态安全的基础屏障作用。严格土地用途管制，加强农用地特别是耕地保护，坚持土地资源保护性开发，统筹土地资源开发与土地生态建设，促进限制开发区域生态功能的恢复和提高，切实维护国家生态安全。禁止可能威胁生态系统稳定的各类土地利用活动，严禁改变生态用地用途；积极支持区域内各类生态建设工程，促进区域生态环境的修复与改良。按照区域资源环境承载能力，严格核定区域建设用地规模，严格限制增加建设用地；新增建设用地主要用于发展特色产业以及基础设施、公共设施等的建设，严格禁止对破坏生态、污染环境的产业供地，引导与主体功能定位相悖的产业向区外有序转移。严格保护农用地特别是耕地、林地、草地，构建耕地、林草、水系、绿带等生态廊道，加强各生态用地之间的有机联系。

严格禁止在自然文化遗产保护区域开发土地建设。按照法律法规和相关规划，对依法设立的国家级自然保护区、世界文化自然遗产、国家级风景名胜区、国家森林公园、国家地质公园等禁止开发区域，必须实行强制性保护，严禁任何不符合主体功能定位的各类土地利用活动，确保生态功能的稳定发挥。

5．土地利用分区

（1）土地用途区划定

在《纲要》中，土地利用区是为指导土地合理利用、控制土地用途转变，依据区域土地资源特点和经济社会发展需要划定的空间区域。土地用途区一般包括基本农田保护区、一般农地区、城镇村建设用地区、独立工矿区、风景旅游用地区、生态环境安全控制区、自然与文化遗产保护区、林业用地区、牧业用地区等类型。

基本农田保护区是对基本农田进行特殊保护和管理划定的区域。一般农地区是在基本农田保护区外，为农业生产发展需要划定的区域。城镇村建设用地区是为城镇（城市和建制镇，包含各类开发区和园区）和农村居民点（村庄和集镇）发展需要划定的区域。独立工矿区是为独立于城镇村的采矿用地以及其他独立建设用地发展需要划定的区域。风景旅游用地区是具有一定浏览条件和旅游设施，为人们进行风景观赏、休憩、娱乐、文化等活动划定的区域。生态环境安全控制区是指基于维护生态安全需要进行土地利用特殊控制的区域，主要包括河湖及蓄滞洪区、滨海防患区、重要水源保护区、地质灾害高危区等。自然与文化遗产保护区是对自然和文化遗产进行特殊保护和管理划定的区域，主要包括依法认定的各种自然保护区的核心区、森林公园、地质公园，以及其他具有重要自然与文化价值的区域。林业用地区是为林业发展需要划定的区域。牧业用地区是对畜牧业发展需要划定的区域。

（2）建设用地管制区

在《纲要》中，建设用地管制区是为引导土地利用方向、管制城乡用地建设活动所划定的空间地域，具体划分为允许建设区、有条件建设区、限制建设区和禁止建设区 4 种类型。

允许建设区是《纲要》中确定的，允许作为建设用地利用，进行城乡建设的空间区域。有条件建设区是《纲要》中确定的，在满足特定条件后方可进行城乡建设的空间区域。限制建设区是指允许建设区、有条件建设区和禁止建设区以外，禁止城镇和大型工矿建设，限制村庄和其他独立建设，控制基础设施建设，以农业发展为主的空间区域。禁止建设区是《纲要》中确定的，以生态环境保护为主导用途，禁止开展与主导功能不相符的各项建设的空间区域。

6．土地利用指标

2016 年 6 月国土资源部印发的《全国土地利用总体规划纲要（2006—2020 年）调整方案》（国土资发〔2016〕67 号），对耕地、基本农田、建设用地指标进行了调整。耕地调整按照坚守 18 亿亩耕地保护红线，确保实有耕地数量稳定、质量不下降的要求，到 2020 年，全国耕地保有量为 18.05 亿亩。基本农田调整按照基本农田数量和布局基本稳定、优质耕地优先保护的原则，规划期内，确保全国 15.6 亿亩基本农田数量不减少，质量有所提高。建设用地调整按照严守底线、调整结构、深化改革的思路，严控增量，盘活存量，优化结构，提升效率，切实提高城镇建设用地集约化程度，到 2020 年，全国建设用地总规模为 4 071.93 km^2（61 079 万亩）。其中，2020 年青海省土地利用主要指标：耕地保有量为 5 540 km^2（831 万亩）、基本农田保护面积为 4 440 km^2（666 万亩）、建设用地总规模为 3 700 km^2（555 万亩）。

7. 土地利用结构和布局优化

《全国土地利用总体规划纲要（2006—2020 年）调整方案》提出了基本农田和建设用地的土地利用结构和布局优化。

（1）基本农田的土地利用结构和布局优化

在落实基本农田保护任务和保持现有基本农田布局总体稳定的前提下，各地可依据二次调查和耕地质量级别评定成果，对基本农田布局进行适当调整。将现状基本农田中的林地、草地等非耕地调出，原则上 25°以上坡耕地不作为基本农田，不得将各类生态用地划入基本农田，同时将城市周边、道路沿线和平原坝区应当划入而尚未划入的优质耕地划入基本农田，做到基本农田保护数量基本稳定、布局更加优化，切实提高基本农田质量。

（2）建设用地的土地利用结构和布局优化

适应生态文明建设、新型城镇化和新农村建设的要求，各地要对建设用地结构和布局进行适当调整，促进形成合理的区域、城乡用地格局。一是以资源环境承载力评价为基础，加强与新型城镇化、城镇体系、生态环境等相关规划和环境功能区划的协调衔接，认真落实国家主体功能区环境政策，引导人口和产业向资源环境承载力较高的区域集聚。二是坚持保护优先，建设用地安排要避让优质耕地、河道滩地、优质林地，严格保护水流、森林、山岭、草原、荒地、滩涂等自然生态空间用地，合理安排生产、生活、生态用地空间。三是严格控制超大城市、特大城市用地规模，合理安排大中小城市用地，报国务院审批土地利用总体规划的超大和特大城市中心城区建设用地规模原则上不增加，以布局优化为主，促进串联式、组团式、卫星城式发展。京津冀、长三角、珠三角等区域逐年减少建设用地增量，推动产业结构向高端高效发展，防治"城市病"。四是适应城乡统筹发展和新农村建设需要，以农村土地综合整治为抓手，在具备条件的地方对农村建设用地按规划进行土地整治、产权置换，促进农民住宅向集镇、中心村集中。五是合理调整产业用地结构，保障水利、交通、能源、通信、国防等重点基础设施用地，优先安排社会民生、脱贫攻坚、战略性新兴产业，以及国家扶持的产业发展用地，严禁为产能严重过剩行业新增产能项目安排用地。

四、《国家新型城镇化规划（2014—2020 年）》

城镇化是伴随工业化发展、非农产业在城镇集聚的自然历史过程，是人类社会发展的客观趋势，是国家现代化的重要标志。按照建设中国特色社会主义"五位一体"的总体布局，顺应发展规律，因势利导，趋利避害，积极稳妥、扎实有序推进城镇化，对全面建成小康社会、加快社会主义现代化建设进程、实现中华民族伟大复兴的"中国梦"具有重大现实意义和深远历史意义。城镇化是现代化的必由之路，是保持经济持续健康发展的强大引擎，是加快产业结构转型升级的重要抓手，是解决农业、农村、农民问题的重要途径，是推动区域协调发展的有力支撑，是促进社会全面进步的必然要求。

《国家新型城镇化规划（2014—2020 年）》是根据中国共产党第十八次全国代表大会报告、《中共中央关于全面深化改革若干重大问题的决定》、中央城镇化工作会议精神、《中华人民共和国国民经济和社会发展第十二个五年规划纲要》和《全国主体功能区规划》编制，按照走中国特色新型城镇化道路、全面提高城镇化质量的新要求，明确未来城镇化的发展路径、主要目标和战略任务，统筹相关领域制度和政策创新，是指导全国城镇化健康发展的宏观性、战略性、基础性规划。

1. 发展目标

我国城镇化是在人口较多、资源相对短缺、生态环境比较脆弱、城乡区域发展不平衡的背景下推进的，这决定了我国必须从社会主义初级阶段出发，遵循城镇化发展规律，走中国特色新型城镇化道路。紧紧围绕全面提高城镇化质量，加快转变城镇化发展方式，以人为核心的城镇化，有序推进农业转移人口市民化；以城市群为主体形态，推动大中小城市和小城镇协调发展；以综合承载能力为支撑，提升城市可持续发展水平；以体制机制创新为保障，通过改革释放城镇化发展潜力，走以人为本、四化同步、优化布局、生态文明、文化传承的中国特色新型城镇化道路，促进经济转型升级和社会和谐进步，为全面建成小康社会、加快推进社会主义现代化、实现中华民族伟大复兴的中国梦奠定坚实基础。要坚持以人为本，公平共享；四化同步，统筹城乡；优化布局，集约高效；生态文明，绿色低碳；文化传承，彰显特色；市场主导，政府引导；统筹规划，分类指导等基本原则。

城镇化水平和质量稳步提升。城镇化健康有序发展，常住人口城镇化率达到60%左右，户籍人口城镇化率达到 45%左右，户籍人口城镇化率与常住人口城镇化率差距明显缩小，努力实现 1 亿左右农业转移人口和其他常住人口在城镇落户。

城镇化格局更加优化。以"两横三纵"为主体的城镇化战略格局基本形成，城市群集聚经济、人口能力明显提升，东部地区城市群一体化水平和国际竞争力明显提高，中西部地区城市群成为推动区域协调发展新的重要增长极。城市规模结构更加完善，中心城市辐射带动作用更加突出，中小城市数量增加，小城镇服务功能增强。

城市发展模式科学合理。密度较高、功能混用和公交导向的集约紧凑型开发模式成为主导，人均城市建设用地严格控制在 100 m² 以内，建成区人口密度逐步提高。绿色生产、绿色消费成为城市经济生活的主流，节能节水产品、再生利用产品和绿色建筑比例大幅提高。城市地下管网覆盖率明显提高。

城市生活和谐宜人。稳步推进义务教育、就业服务、基本养老、基本医疗卫生、保障性住房等城镇基本公共服务覆盖全部常住人口，基础设施和公共服务设施更加完善，消费环境更加便利，生态环境明显改善，空气质量逐步好转，饮用水安全得到保障。自然景观和文化特色得到有效保护，城市发展个性化，城市管理人性化、智能化。

城镇化体制机制不断完善。户籍管理、土地管理、社会保障、财税金融、行政管理、生态环境等制度改革取得重大进展，阻碍城镇化健康发展的体制机制障碍基本消除。

2．优化城镇化布局和形态

根据土地、水资源、大气环流特征和生态环境承载能力，优化城镇化空间布局和城镇规模结构，在《全国主体功能区规划》确定的城镇化地区，按照统筹规划、合理布局、分工协作、以大带小的原则，发展集聚效率高、辐射作用大、城镇体系优、功能互补强的城市群，使之成为支撑全国经济增长、促进区域协调发展、参与国际竞争合作的重要平台。构建以陆桥通道、长江通道为两条横轴，以沿海、京哈京广、包昆通道为三条纵轴，以轴线上城市群和节点城市为依托、其他城镇化地区为重要组成部分，大中小城市和小城镇协调发展的"两横三纵"城镇化战略格局。

（1）优化提升东部地区城市群

东部地区城市群主要分布在优化开发区域，受到水土资源和生态环境压力加大、要素成本快速上升、国际市场竞争加剧等制约，必须加快经济转型升级、空间结构优化、资源永续利用和环境质量提升。

京津冀、长江三角洲和珠江三角洲城市群，是我国经济最具活力、开放程度最高、创新能力最强、吸纳外来人口最多的地区，要以建设世界级城市群为目标，继续在制度创新、科技进步、产业升级、绿色发展等方面走在全国前列，加快形成国际竞争新优势，在更高层次参与国际合作和竞争，发挥其对全国经济社会发展的重要支撑和引领作用。科学定位各城市功能，增强城市群内中小城市和小城镇的人口经济集聚能力，引导人口和产业由特大城市主城区向周边和其他城镇疏散转移。依托河流、湖泊、山峦等自然地理格局建设区域生态网络。

东部地区其他城市群，要根据区域主体功能定位，在优化结构、提高效益、降低消耗、保护环境的基础上，壮大先进装备制造业、战略性新兴产业和现代服务业，推进海洋经济发展。充分发挥区位优势，全面提高开放水平，集聚创新要素，增强创新能力，提升国际竞争力。统筹区域、城乡基础设施网络和信息网络建设，深化城市间分工协作和功能互补，加快一体化发展。

（2）培育发展中西部地区城市群

中西部城镇体系比较健全、城镇经济比较发达、中心城市辐射带动作用明显的重点开发区域，要在严格保护生态环境的基础上，引导有市场、有效益的劳动密集型产业优先向中西部转移，吸纳东部返乡和就近转移的农民工，加快产业集群发展和人口集聚，培育发展若干新的城市群，在优化全国城镇化战略格局中发挥更重要的作用。

加快培育成渝、中原、长江中游、哈长等城市群，使之成为推动国土空间均衡开发、引领区域经济发展的重要增长极。加大对内对外开放力度，有序承接国际及沿海地区产业转移，依托优势资源发展特色产业，加快新型工业化进程，壮大现代产业体系，完善基础设施网络，健全功能完备、布局合理的城镇体系，强化城市分工合作，提升中心城市辐射带动能力，形成经济充满活力、生活品质优良、生态环境优美的新型城市群。依托陆桥通道上的城市群和节点城市，构建丝绸之路经济带，推动形成与中亚乃至整个欧亚大陆的区域大合作。

中部地区是我国重要粮食主产区，西部地区是我国水源保护区和生态涵养区。培育发展中西部地区城市群，必须严格保护耕地特别是基本农田，严格保护水资源，严格控制城市边界无序扩张，严格控制污染物排放，切实加强生态保护和环境治理，彻底改变粗放低效的发展模式，确保流域生态安全和粮食生产安全。

（3）建立城市群发展协调机制

统筹制定实施城市群规划，明确城市群发展目标、空间结构和开发方向，明确各城市的功能定位和分工，统筹交通基础设施和信息网络布局，加快推进城市群一体化进程。加强城市群规划与城镇体系规划、土地利用规划、生态环境规划等的衔接，依法开展规划环境影响评价。中央政府负责跨省级行政区的城市群规划编制和组织实施，省级政府负责本行政区内的城市群规划编制和组织实施。

建立完善跨区域城市发展协调机制。以城市群为主要平台，推动跨区域城市间产业分工、基础设施、环境治理等协调联动。重点探索建立城市群管理协调模式，创新城市群要素市场管理机制，破除行政壁垒和垄断，促进生产要素自由流动和优化配置。建立城市群成本共担和利益共享机制，加快城市公共交通"一卡通"服务平台建设，推进跨区域互联互通，促进基础设施和公共服务设施共建共享，促进创新资源高效配置和开放共享，推动区域环境联防联控联治，实现城市群一体化发展。

（4）促进各类城市协调发展

优化城镇规模结构，增强中心城市辐射带动功能，加快发展中小城市，有重点地发展小城镇，促进大中小城市和小城镇协调发展。

增强中心城市辐射带动功能。直辖市、省会城市、计划单列市和重要节点城市等中心城市，是我国城镇化发展的重要支撑。沿海中心城市要加快产业转型升级，提高参与全球产业分工的层次，延伸面向腹地的产业和服务链，加快提升国际化程度和国际竞争力。内陆中心城市要加大开发开放力度，健全以先进制造业、战略性新兴产业、现代服务业为主的产业体系，提升要素集聚、科技创新、高端服务能力，发挥规模效应和带动效应。区域重要节点城市要完善城市功能，壮大经济实力，加强协作对接，实现集约发展、联动发展、互补发展。特大城市要适当疏散经济功能和其他功能，推进劳动密集型加工业向外转移，加强与周边城镇基础设施连接和公共服务共享，推进中心城区功能向1小时交通圈地区扩散，培育形成通勤高效、一体发展的都市圈。

加快发展中小城市。把加快发展中小城市作为优化城镇规模结构的主攻方向，加强产业和公共服务资源布局引导，提升质量，增加数量。鼓励引导产业项目在资源环境承载力强、发展潜力大的中小城市和县城布局，依托优势资源发展特色产业，夯实产业基础。加强市政基础设施和公共服务设施建设，教育医疗等公共资源配置要向中小城市和县城倾斜，引导高等学校和职业院校在中小城市布局、优质教育和医疗机构在中小城市设立分支机构，增强集聚要素的吸引力。完善设市标准，严格审批程序，对具备行政区划调整条件的县可有序改市，把有条件的县城和重点镇发展成为中小城市。培育壮大陆路边境口岸城镇，完善边境贸易、金融服务、交通枢纽等功能，建设国际贸易物流节点和加工基地。

有重点地发展小城镇。按照控制数量、提高质量，节约用地、体现特色的要求，推动小城镇发展与疏解大城市中心城区功能相结合、与特色产业发展相结合、与服务"三农"相结合。大城市周边的重点镇，要加强与城市发展的统筹规划与功能配套，逐步发展成为卫星城。具有特色资源、区位优势的小城镇，要通过规划引导、市场运作，培育成为文化旅游、商贸物流、资源加工、交通枢纽等专业特色镇。远离中心城市的小城镇和林场、农场等，要完善基础设施和公共服务，发展成为服务农村、带动周边的综合性小城镇。对吸纳人口多、经济实力强的镇，可赋予同人口和经济规模相适应的管理权。

（5）强化综合交通运输网络支撑

完善综合运输通道和区际交通骨干网络，强化城市群之间交通联系，加快城市群交通一体化规划建设，改善中小城市和小城镇对外交通，发挥综合交通运输网络对城镇化格局的支撑和引导作用。到2020年，普通铁路网覆盖20万以上人口城市，快速铁路网基本覆盖50万以上人口城市；普通国道基本覆盖县城，国家高速公路基本覆盖20万以上人口城市；民用航空网络不断扩展，航空服务覆盖全国90%左右的人口。

完善城市群之间综合交通运输网络。依托国家"五纵五横"综合运输大通道，加强东中部城市群对外交通骨干网络薄弱环节建设，加快西部城市群对外交通骨干网络建设，形成以铁路、高速公路为骨干，以普通国道、省道为基础，与民航、水路和管道共同组成的连接东西、纵贯南北的综合交通运输网络，支撑国家"两横三纵"城镇化战略格局。

构建城市群内部综合交通运输网络。按照优化结构的要求，在城市群内部建设以轨道交通和高速公路为骨干，以普通公路为基础，有效衔接大中小城市和小城镇的多层次快速交通运输网络。提升东部地区城市群综合交通运输一体化水平，建成以城际铁路、高速公路为主体的快速客运和大能力货运网络。推进中西部地区城市群内主要城市之间的快速铁路、高速公路建设，逐步形成城市群内快速交通运输网络。

建设城市综合交通枢纽。建设以铁路、公路客运站和机场等为主的综合客运枢纽，以铁路和公路货运场站、港口和机场等为主的综合货运枢纽，优化布局，提升功能。依托综合交通枢纽，加强铁路、公路、民航、水运与城市轨道交通、地面公共交通等多种交通方式的衔接，完善集疏运系统与配送系统，实现客运"零距离"换乘和货运无缝衔接。

改善中小城市和小城镇交通条件。加强中小城市和小城镇与交通干线、交通枢纽城市的连接，加快国省干线公路升级改造，提高中小城市和小城镇公路技术等级、通行能力和铁路覆盖率，改善交通条件，提升服务水平。

3. 保障国家粮食安全和重要农产品有效供给

确保国家粮食安全是推进城镇化的重要保障。严守耕地保护红线，稳定粮食播种面积。加强农田水利设施建设和土地整理复垦，加快中低产田改造和高标准农田建设。继续加大中央财政对粮食主产区投入，完善粮食主产区利益补偿机制，健全农产品价格保护制度，提高粮食主产区和种粮农民的积极性，将粮食生产核心区和非主产区产粮大县建设成为高产稳产商品粮生产基地。支持优势产区棉花、油料、糖料生产，推进畜禽水产品标准化规模养殖。坚持"米袋子"省长负责制和"菜篮子"市长负责制。完善主要农产品市场调控机制和价格形成机制。积极发展都市现代农业。

4．强化生态环境保护制度

完善推动城镇化绿色循环低碳发展的体制机制，实行最严格的生态环境保护制度，形成节约资源和保护环境的空间格局、产业结构、生产方式和生活方式。

建立生态文明考核评价机制。把资源消耗、环境损害、生态效益纳入城镇化发展评价体系，完善体现生态文明要求的目标体系、考核办法、奖惩机制。对限制开发区域和生态脆弱的国家扶贫开发工作重点县取消地区生产总值考核。

建立国土空间开发保护制度。建立空间规划体系，坚定不移实施主体功能区制度，划定生态保护红线，严格按照主体功能区定位推动发展，加快完善城镇化地区、农产品主产区、重点生态功能区空间开发管控制度，建立资源环境承载能力监测预警机制。强化水资源开发利用控制、用水效率控制、水功能区限制纳污管理。对不同主体功能区实行差别化财政、投资、产业、土地、人口、环境、考核等政策。

实行资源有偿使用制度和生态补偿制度。加快自然资源及其产品价格改革，全面反映市场供求、资源稀缺程度、生态环境损害成本和修复效益。建立健全居民生活用电、用水、用气等阶梯价格制度。制定并完善生态补偿方面的政策法规，切实加大生态补偿投入力度，扩大生态补偿范围，提高生态补偿标准。

建立资源环境产权交易机制。发展环保市场，推行节能量、碳排放权、排污权、水权交易制度，建立吸引社会资本投入生态环境保护的市场化机制，推行环境污染第三方治理。

实行最严格的环境监管制度。建立和完善严格监管所有污染物排放的环境保护管理制度，独立进行环境监管和行政执法。完善污染物排放许可制，实行企事业单位污染物排放总量控制制度。加大环境执法力度，严格环境影响评价制度，加强突发环境事件应急能力建设，完善以预防为主的环境风险管理制度。对造成生态环境损害的责任者严格实行赔偿制度，依法追究刑事责任。建立陆海统筹的生态系统保护修复和污染防治区域联动机制。开展环境污染强制责任保险试点。

五、《青海省主体功能区划》

2014 年 3 月，青海省人民政府发布了《青海省主体功能区规划》，是青海省国土空间开发的战略性、基础性和约束性规划。该规划框架严格按照国家要求展开，内容力求体现青海实际，内容共分 8 个部分，分别为前言、规划背景、国家主体功能区分类、指导思想与规划目标、全省主体功能区划分、能源资源与基础设施、区域政策、规划实施，还包括 25 张附图，8 个附表。

1. 主体功能区类别

《全国主体功能区规划》将国土空间划分为优化开发区域、重点开发区域、限制开发区域和禁止开发区域。进入《全国主体功能区规划》中国家级重点开发区域的有兰州—西宁重点开发区域；进入国家级限制开发区域的有三江源草原草甸湿地生态功能区、祁连山冰川与水源涵养生态功能区 2 个国家级重点生态功能区，无国家级农产品主产区；进入国家级禁止开发区域名录的有 17 处，其中自然保护区 5 处，风景名胜区 1 处，森林公园 7 处，地质公园 4 处。国家级历史文物保护单位 18 处。

《青海省主体功能区规划》遵循国家对主体功能区分类要求和承接国家主体功能区覆盖青海省的区域，综合评价全省各区域资源环境承载能力、现有开发强度、发展潜力和人居适宜性，全省主体功能区划分为重点开发区域、限制开发区域和禁止开发区域 3 类，无优化开发区域。

重点开发区域，包括东部重点开发区域和柴达木重点开发区域，属国家级兰州—西宁重点开发区域，该区域扣除基本农田和禁止开发区后面积为 73 033.04 km²，占全省国土面积的 10.18%[①]。限制开发区域，包括国家级三江源草原草甸湿地生态功能区、祁连山冰川与水源涵养生态功能区和省级东部农产品主产区、中部生态功能区。该区域扣除基本农田和禁止开发区域后面积为 414 050.55 km²，占全省国土面积的 57.71%。禁止开发区域，包括国家级禁止开发区域和省级禁止开发区域，扣除重叠面积后为 230 396.94 km²，占全省国土面积的 32.11%。

---

① 本节全省国土面积为 71.75 万 km²，引自《青海省主体功能区规划》。

2．空间战略格局

《青海省主体功能区规划》确定了到 2020 年全省主体功能区布局基本形成、空间结构逐步优化、空间利用效率提高、区域发展协调性增强、可持续发展能力增强的目标，从建成全面小康社会和可持续发展的要求出发，根据不同国土空间的自然状况和资源禀赋，构建"三大战略格局"。

（1）构建"一屏两带"为主体的生态安全战略格局

构建以三江源草原草甸湿地生态功能区为屏障，以祁连山冰川与水源涵养生态带、青海湖草原湿地生态带为骨架以及禁止开发区域组成的生态安全战略格局，提高生态系统的稳定性和安全性。在重点生态功能区及其他环境敏感区、脆弱区划定生态保护红线，对各类主体功能区分别制定相应的环境标准和环境政策。

（2）构建"一轴两群（区）"为主体的城市化工业化战略格局

以兰青、青藏铁路线为主轴，以轴线上的主要城市（镇）为支撑点，推进形成以西宁为中心、以海东为重要组成的东部城市群，以格尔木、德令哈为重心的柴达木城乡一体化地区，以玉树、共和、同仁、海晏、玛沁等城镇为重要节点的城市化战略格局。构建以柴达木国家循环经济试验区、西宁（国家级）经济技术开发区、海东工业园区为主体的现代工业体系，在海北、海南等地区，依托自身优势和条件，建设以优势资源加工为主、各具特色的工业集中区。以工业化支撑城市发展，以城市化推进工业转型升级，以工业化和城市化支持生态保护。

（3）构建"三区十带"农业和"三大区域"畜牧业战略格局

围绕提高农牧业综合生产能力和发展生态农牧业的目标，建设东部农业区麦类、豆类、油菜、马铃薯、果蔬产业带；柴达木绿洲农业区小麦、蔬菜、沙生植物（沙棘、枸杞等）产业带；青海湖周边农业区油菜、青稞产业带，构建"三区十带"农业发展战略格局。

稳步发展青南地区生态畜牧业，加快发展环青海湖地区生态畜牧业，大力发展东部现代畜牧业，构建"三大区域"畜牧业战略格局。

3. 青海省主体功能区划分

（1）重点开发区域

重点开发区域范围包括以西宁为中心的东部重点开发区域和以格尔木市、德令哈市为中心的柴达木重点开发区域，是国家级兰州—西宁重点开发区域的重要组成部分。功能定位是全国重要的新能源、水电、盐化工、油气化工、有色金属产业基地，区域性新材料、装备制造、特钢、煤化工、轻纺和生物产业基地；全省工业化和城市化的主要区域，人口和经济的重要空间载体；丝绸之路经济带战略通道、重要支点、人文交流中心和全省对外开放的主要窗口。要在优化结构、提高效益、降低消耗、保护环境的基础上推动经济又好又快发展，成为支撑全省经济持续发展的重要增长极。要提高创新能力，推进新型工业化进程，形成具有青海特色的现代工业和服务业体系。要加快城市化进程，扩大城市规模，改善人居环境，提高集聚人口的能力。

东部重点开发区域，范围包括西宁市城东、城中、城西、城北四区，海东市循化县，海南州贵德县、贵南县、共和县，黄南州同仁和尖扎县，海北州海晏县全部区域；西宁市湟中县、湟源县、大通县，海东市乐都区、平安区、民和县、互助县、化隆县除基本农田以外的区域，扣除基本农田和禁止开发区后面积为45 104.55 km^2，占全省国土总面积的6.29%。

柴达木重点开发区域，范围包括格尔木市、德令哈市、乌兰县、都兰县、大柴旦行委、茫崖行委、冷湖行委城关镇规划区及周边工矿区、东西台盐湖独立工矿区，面积为27 928.48 km^2，占全省总面积的3.89%。

（2）限制开发区域

限制开发区域包括重点生态功能区和省级农产品主产区。其中，重点生态功能区包括国家级重点生态功能区和省级重点功能区。

重点生态功能区包括国家级三江源草原草甸湿地生态功能区、祁连山冰川与水源涵养生态功能区以及省级中部生态功能区。其功能定位是保障国家生态安全的重要区域，是全省生态保护建设主战场，人与自然和谐相处的示范区。

国家级重点生态功能区。三江源草原草甸湿地生态功能区范围主要包括玉树、果洛两州12县（市），黄南州的泽库县、河南县，海南州的同德县、兴海县和海西州格尔木市的唐古拉山镇，扣除禁止开发区域后面积为 165 752.45 km²，占全省总面积的 23.1%。祁连山冰川与水源涵养生态功能区范围包括海北州祁连县、门源县、刚察县，海西州天峻县，扣除基本农田和禁止开发区后面积为 44 042.99 km²，占全省总面积的 6.14%。

省级重点生态功能区（中部生态功能区）。中部生态功能区范围包括海西州格尔木市、德令哈市、乌兰县、都兰县、大柴旦行委、茫崖行委、冷湖行委除县城关镇规划区和周边工矿区以外的区域，以及西宁市、海东市、海南州、黄南州点状分布的生态功能区，扣除基本农田和禁止开发区后面积为 200 732.05 km²，占全省总面积的 27.98%。

省域内限制进行大规模、高强度工业化、城市化开发的农产品主产区，为省级东部农产品主产区，无国家级农产品主产区，是保障全省农畜产品供给安全的重要区域，城乡居民"菜篮子"主要供应保障基地，社会主义新农村建设的示范区。区域范围包括西宁市大通县、湟中县、湟源县，海东市乐都区、平安区、民和县、互助县、化隆县的基本农田，总面积 3 437.90 km²，占全省国土面积的 0.48%。

（3）禁止开发区域

省域内禁止开发区域是保护自然生态、历史文化资源的重要区域，珍稀动植物基因资源保护地。包括国家级自然保护区、国家级风景名胜区、国家森林公园、国家地质公园等 20 处，面积 221 106.47 km²；省级禁止开发区域有省级自然保护区、省级风景名胜区、省级森林公园、省级地质公园、湿地公园、国际重要湿地、国家重要湿地、省级文物保护单位、重要水源保护地等 437 处，面积为 38 058.56 km²。国家级、省级禁止开发区域面积为 259 165.03 km²，扣除重叠后的面积为 230 396.94 km²，占全省总面积的 32.11%。

六、《青海省土地利用总体规划（2006—2020 年）》

《国务院关于青海省土地利用总体规划的批复》（国函〔2010〕14 号）指出，青海省是我国主要江河的发源地，是国家实施西部大开发战略的重要省份，拥有丰富的水能资源和矿产资源，但生态环境脆弱，耕地后备资源不足，区域发展不平衡。要以科学发展观为指导，坚持经济、社会、人口、环境和资源相协调的可持续发展战略，落实最严格的耕地保护制度和最严格的节约用地制度，统筹土地利用，强化规划的整体控制作用。加强对耕地特别是基本农田的保护。严格控制非农建设占用耕地，加大补充耕地力度；加强基本农田保护和建设，稳定数量，提高质量。从严控制建设用地总规模，特别是城乡建设用地规模，科学配置城镇工矿用地，合理调控城镇工矿用地增长规模和时序，整合规范农村建设用地，保障必要的基础设施用地。优化建设用地结构和布局，加大存量建设用地挖潜力度，促进各项建设节约集约用地，积极拓展建设用地新空间。进一步加强对区域土地利用的统筹和管控。东部地区，要稳定现有耕地面积，提高耕地质量，大力开展湟水和大通河等流域的土地整治，引导城镇合理用地和工业项目集中布局，加大对水源涵养林等保护力度；环青海湖地区，要加强高标准农田建设，积极开展水土流失和荒漠化治理，确保青海湖湿地生态安全，加强青海湖渔业资源和鸟岛的保护；柴达木地区，要合理控制城镇建设用地，加强绿洲和城市郊区的耕地保护和基本农田建设，保护好现有天然植被，积极营造以防风固沙、保护农田牧场为主的防护林，加强工矿废弃地复垦和土地污染防治；青南地区，要以三江源自然保护区建设为重点，支持生态后续产业、舍饲畜牧业和民族传统手工业发展，加强黄河两岸耕地保护和基本农田建设，适度保障矿产资源和水电资源开发用地。

《青海省土地利用总体规划（2006—2020 年）》主要阐明青海省土地利用面临的形势，明确规划期内全省土地利用战略和土地利用管理的主要目标、任务和政策，引导和协调各区域土地利用，提出实现规划目标的主要任务、重大工程、政策措施和保障机制。规划是实行最严格土地管理制度的纲领性文件，是落实土地宏观调控和土地用途管制、规范城乡建设和各项建设的重要依据。规划期限为2006—2020 年，规划基期年为 2005 年，目标年为 2020 年。

规划范围为全省行政管辖范围，总面积为 71.75 万 km^2，包括所辖的西宁市、海东市、海北藏族自治州、海南藏族自治州、海西蒙古族藏族自治州、果洛藏族自治州、玉树藏族自治州、黄南藏族自治州。

1. 土地利用战略

（1）战略思路

以全面落实科学发展观，紧紧围绕建设富裕、文明、和谐新青海为目标，按照建设资源节约型和环境友好型社会的要求，实施保护与保障并举，集约挖潜和统筹协调并重，转变土地利用方式和管理方式的战略举措。根据各区域经济特征和资源环境容量，从优化国土开发格局和促进人口、经济、资源、环境协调发展的角度出发，统筹土地资源分配和结构。以培育特色经济增长区域、统筹城乡发展、推进生态建设为重点，逐步形成分工合理、各具特色、优势互补、良性互动的"四区两带一线"区域协调发展的土地利用空间格局。

（2）**战略目标**

规划期内确定全省土地利用的战略目标为：积极保障、集约利用、统筹协调、和谐安全。实现全省土地利用战略目标分为两个阶段：

①有序扩展、统筹协调阶段（2006—2015年）：在经济社会快速发展和区域中心功能强化与疏散的复合作用下，各类建设用地需求增长强劲，土地利用以积极保障用地和统筹协调各类用地为主。

②优化结构、和谐利用阶段（2016—2030年）：全省城镇化、工业化发展模式将由规模快速扩张向结构优化和质量提高方向逐步转变，各类基础建设逐步进入平稳发展阶段，生态环境和人居环境也将进入全面建设阶段，土地利用以优化结构和生态安全为主。

（3）**具体实施战略**

①实施差异化的土地利用区域协调战略。充分考虑全省区域功能定位、资源禀赋、未来人口分布和经济产业布局条件等因素，根据全省发展的总体要求和布局，围绕优化国土开发格局，将全省东部地区、柴达木地区、环青海湖地区和三江源地区的土地利用进行区域化功能定位，并对土地资源进行科学合理的分区配置与调控，促使区域土地利用指标、用地布局与土地资源的承载力和适宜性相适应。对人口产业集聚区、能源和矿产资源开发区、各类生态功能区及历史文化区实行差异化的土地调控政策，促进全省主体功能区的形成。

②实施统筹城乡土地资源优化配置政策。着眼于全省城乡转型发展趋势及其对城乡土地利用优化调整的客观需求，构建城乡一体化土地利用规划与管理的新制度、新体制，转变过去土地利用规划城乡分置的模式，推行城乡一体化的土地利用配置政策。优化城乡用地结构和布局，积极探索实施城镇建设用地增加与农村居民点面积减少相挂钩的政策，结合实际深入研究增减挂钩政策实施的具体措

施，建立城乡土地节约、集约利用的长效机制和统筹决策的协调机制。构建与国有土地权能一致、权益相同的集体土地产权制度，尽快建立起符合社会主义市场经济体制要求、城乡统一的土地市场管理体系，引导人口、产业和生产要素合理流动，促进城乡协调发展。

③实施生态友好型的土地利用政策。保护全省自然生态系统及生物多样性，提升自然环境的支撑能力和生态系统的承受能力，重视和落实生态建设用地的增扩战略。严格三江源地区、环青海湖、祁连山地区、重要城市水源涵养区、水土保持重点预防保护区的土地开发管理。加强柴达木盆地绿洲、河湟谷地及农牧交错带等生态脆弱区的土地开发适宜性评价，优先保护基本农田和重要生态用地区。严格限制城乡建设与产业发展挤占生态用地，注重在城市密集区、工矿产业密集区等土地利用强度较高的地区，加强生态保护与环境建设，增加生态环境用地。在现有土地环境保护基础上，严格控制土地开发利用强度，维护土地生态系统的自我更新能力，确保土地资源不再遭受新的破坏和退化。

④实施粮食安全型耕地保护与开发利用政策。以保障全省粮食安全为出发点，严格限制耕地转为建设用地，重点加强河湟谷地和柴达木盆地绿洲地区的耕地保护，建立严格的农用地用途管制制度。扩展耕地内涵，将原有农业结构调整后改作其他农业用途，但耕作层未被破坏的优质农用地纳入耕地后备资源范围内，实行耕地战略性储备，在国家需要时调整为耕地使用。大力开展土地整理复垦，适度开发未利用地。严格落实耕地保护目标责任制，建立耕地保护部门联动机制、利益调节机制、监管和监测机制。建立耕地保护预警制度，形成制约管地用地行为的社会监督机制。实行以提高土地承载力为核心的耕地质量战略，深化耕作制度改革，积极推广保护性耕作技术，大力实施以提高生产能力为主的中低产田改造工程；优化全省主要粮食作物优势区与粮食生产基地布局，提高全省粮食综合生产能力。

⑤实施管理科技创新型的支持政策。加大改革力度，积极构建保障和促进科学发展的国土资源管理新机制，不断完善土地资源宏观调控和市场配置机制，不断完善土地资源监管共同责任机制，不断健全土地资源开源节流机制；推进土地资源资产化管理，不断加强土地产权管理。不断推进土地资源利用新技术新方法应用和推广，积极应用信息技术，实现"一张图"管理土地的新模式。加强土地

管理设施能力建设，努力转变国土资源管理方式和利用方式，为土地资源科学管理提供支撑；推进建设节地、土地开发整理、中低产田改造、生态修复等工程技术的创新与推广。

（4）战略任务

按照构建和谐青海的要求，依据土地利用战略和省域各区实际，确定规划期间土地利用战略的主要任务为：

①推进建立富有活力和各具特色的国土板块建设。以土地规划为引导，重点组建柴达木地区和河湟谷地特色产业组团和经济发展带，构建与地区资源环境相协调的多样化区域中心和区域板块，合理安排各区域土地利用结构和布局，增强区域经济可持续发展能力。

②建立充实安全而又高质量的国土环境。保护三江源地区、柴达木盆地和青海湖地区自然环境，保护历史人文环境，保护和培育耕地资源、森林资源、湿地资源和良好的大气环境；推进河湟谷地和柴达木地区的国土资源综合整治工作，实现水资源的综合开发利用与保护，优化水土资源配置；消除国土安全隐患，建立安全的国土环境。

③创建和谐宜居的城乡居住区。促进功能完善、环境优美的城镇住宅和生活功能区建设，优化城镇用地布局，形成可持续发展的城镇宜居环境。推进新型农村社区和牧区定居点建设，优化布局和提高公共服务能力，推进生态移民工程的顺利实施，推进社会主义新农村、新牧区建设步伐。

④构建形成支撑区域发展的国土基础设施格局。加快健全各区域和全省对外交流的基础设施保障体系，重点保障能源、交通、水利、电力、通信等公共基础设施用地，促进各地区之间的交流与合作，增强区域协调发展能力。

⑤推进国土资源保护与管理的共同责任机制。不断改革创新土地管理方式，提高政府对土地资源的管理和调控能力，大力推进政府主导，国土资源部门牵头，各相关部门齐抓共管，社会各界积极参与、共同监督的土地管理新机制。

2．规划目标

（1）落实耕地和基本农田保护任务

全省耕地保有量到 2010 年和 2020 年分别保持在 5 400 km^2（810 万亩）和

5 360 km²（804 万亩），规划期内确保 4 340 km²（651 万亩）基本农田数量不减少、质量不下降。严格控制建设占用耕地，2010 年和 2020 年建设占用耕地分别控制在 67 km²（10.05 万亩）以内和 212.42 km²（61.863 万亩）以内。科学推进土地整理复垦开发，2010 年和 2020 年，全省土地整理复垦和未利用土地开发增加耕地面积分别不低于 80.06 km²（12.009 万亩）和 218.14 km²（32.721 万亩）。

（2）严格控制土地供应总量

按照"结构优化、集约利用"的原则实现土地供应的有效调控。2010 年和 2020 年，全省建设用地总量分别为 3 432 km²（514.8 万亩）和 3 914 km²（587.1 万亩），建设用地净增量分别为 236 km²（35.46 万亩）和 718 km²（107.76 万亩）；城乡建设用地总量分别控制在 1 120 km²（168 万亩）以内和 1 274 km²（191.1 万亩）以内；城镇工矿用地总量分别为 450 km²（67.5 万亩）和 590 km²（88.5 万亩），城镇工矿用地净增量分别为 68.76 km²（10.314 万亩）和 208.76 km²（31.314 万亩），基础设施用地总量分别为 0.23 km²（346.8 亩）和 0.26 km²（396 亩），基础设施用地净增量分别为 153.65 km²（23.05 万亩）和 481.665 km²（72.25 万亩）。

（3）提高土地利用效益

坚持在布局优化、结构合理的前提下，农用地利用集约化、产业化不断推进，利用效益显著提高。闲置和低效建设用地得到充分利用，建设用地就业容纳力和经济产出率明显提高，土地资源集约循环利用体系初步形成。2010 年和 2020 年，单位建设用地第二、第三产业产值分别提高 67% 和 354%。2010 年和 2020 年人均城镇工矿用地控制在 178 m² 和 176 m²。科学合理利用未利用地，通过对未利用地的适度开发，使未利用地转为建设用地，减轻建设占用农用地的压力。

（4）土地生态环境恶化趋势得到遏制

切实落实国家退耕还林政策，进一步巩固和发展退耕还林还草成果。加大基础调查力度，科学制定退耕还林、小流域治理等生态建设规划，促进水土流失和"三化"草地严重地区治理取得明显进展。农用地特别是耕地的污染防治得到加强，工矿废弃地复垦率达到 40%，城乡环境整治有效推进，人居生活、生产环境水平不断提高，从源头上扭转土地退化、污染加剧和生态环境恶化的趋势。

（5）不断优化土地利用格局

粮食主产地、优势农产品产业带的农用地保护和基本农田建设不断加强，建立与气候和水土条件相适宜、各具特色的区域农用地利用格局，推进河湟谷地绿色农业和柴达木盆地绿洲生态现代农业的发展。建设用地空间布局与全省社会经济发展总体战略相适应，功能定位清晰，空间管制明确，形成优势互补、梯度有序、协调互助的城乡和区域土地利用秩序。初步形成人口、资源、环境相协调的区域土地利用格局，详见表4-5。

表4-5　青海省土地利用的主要调控指标

	指标	2005 年	2010 年	2020 年	指标属性
总量指标	耕地保有量/hm²	542 246	540 000	536 000	约束性
	基本农田面积/hm²	429 680	434 000	434 000	约束性
	园地面积/hm²	7 435	8 679	9 999	预期性
	林地面积/hm²	2 638 291	2 787 440	3 211 729	预期性
	牧草地面积/hm²	40 359 479	40 515 600	40 718 000	预期性
	建设用地总规模/hm²	319 560	343 200	391 400	预期性
	城乡建设用地规模/hm²	103 725	112 000	127 400	约束性
	城镇工矿用地规模/hm²	38 124	45 000	59 000	预期性
	交通、水利及其他用地规模/hm²	215 835	231 200	264 000	预期性
增量指标	建设占用农用地规模/hm²	—	20 000	60 000	约束性
	建设占用耕地规模/hm²	—	6 700	21 242	约束性
	整理复垦开发补充耕地规模/hm²	—	8 006	21 814	约束性
效率指标	人均城镇工矿用地/m²	179	178	176	约束性
	第二、第三产业地均产值/（万元/hm²）	14.89	24.93	67.59	预期性
整治指标	工矿废弃地复垦率/%	—	35	40	预期性

资料来源：《青海省土地利用总体规划（2006—2020 年）》。

3. 基本政策导向

（1）以坚守耕地红线为前提，统筹安排农用地

坚持最严格的耕地保护制度，严格控制非农建设占用耕地特别是基本农田，严格划定基本农田，努力改善耕地生态环境，实现从单纯的数量保护向数量、质量和生态全面管护的转变；大力推进土地整理，加大土地复垦力度，适度开发后

备耕地资源，确保补充耕地质量；合理调整农用地结构和布局，提高农业综合生产能力。

（2）以节约集约用地为原则，统筹安排各项建设用地

全面推进节约集约用地，合理确定建设用地总规模，从严控制新增建设用地规模，重点保障重点城镇、重点产业和重要基础设施建设用地；加强建设用地空间管制，严格划定城乡规模边界和扩展边界，控制建设用地无序扩张；优化城乡建设用地结构和布局，促进形成城乡协调的用地新格局；加大盘活存量建设用地，积极开展柴达木地区未利用土地的集约利用试点。

（3）以可持续发展战略为导向，坚持土地利用与生态建设

坚持土地利用与生态环境相协调的原则，重点抓好生态环境保护与建设、污染防治、资源保护与利用，推进国土资源综合整治，提高生态脆弱地区的生态保护和修复能力，统筹土地利用与生态建设。探索建立与生态建设、产业发展和人口集聚相适应的环境友好型土地利用模式，充分发挥各类农用地和未利用地的生态功能，构建良好的土地生态基础；做好土地生态分区。

（4）以区域协调发展为目标，统筹区域土地利用调控

加强对省内不同区域土地利用方向、结构和布局的调控和引导，实行差别化的区域土地利用政策；按照全省区域协调发展总体布局，加强对各类功能区土地利用调控，引导规范土地开发秩序，促进土地利用的区域协调；强化州（地、市）级土地利用调控，积极落实土地利用规划目标和空间管制措施。

（5）以规划制度创新为突破，完善规划实施保障措施

落实保护耕地和节约集约用地责任制；加强规划对土地利用的总体控制，强化规划和计划的实施管理，实行土地用途规划许可制度；健全市场机制，完善保护耕地和节约集约用地的激励政策；加强规划管理各项基础建设，不断提高规划的法律地位。

4．土地利用分区

根据全省土地资源条件与利用状况、遵循"因地制宜、分类指导、重点突破、突出特色"的原则、加强区域土地利用调控、促进全省"四区、两带、一线"区域协调格局形成、优化全省土地资源配置、发挥各区域比较优势和竞争优势、发展各具特色的区域经济、促进土地利用与区域产业发展、人口变化和生态环境协调发展。全省划分为东部、环青海湖、柴达木和青南 4 个土地利用区,门源、湟源—民和、贵德—同仁、天峻—海晏、共和—贵南、柴达木东部、柴达木西部、泽库—玛沁、玉树—称多、沱沱河—治多、同德—兴海 11 个土地利用亚区,详见表 4-6。

表 4-6　青海省土地利用分区

土地利用区	土地利用亚区	范　围	土地面积/km²	占全省土地总面积比例/%
东部	门源	祁连山东段,包括门源县全境及境内国有浩门农场、门源种马场和仙米林场	5 511	0.77
	湟源—民和	日月山以东的湟水河流域,包括西宁市区以及大通、湟源、湟中、互助、平安、乐都、民和 7 县	15 962	2.22
	贵德—同仁	青海境内的黄河下段,包括海东市化隆、循化,海南州贵德、同德,黄南州同仁、尖扎 6 县	12 785	1.78
环青海湖	天峻—海晏	环湖区北半部,包括海北州祁连、刚察、海晏以及海西州天峻 4 县	53 387	7.44
	共和—贵南	青海湖以南,包括海南州共和、贵南 2 县	23 011	3.21
柴达木	柴达木东部	柴达木盆地东部,包括德令哈市及乌兰和都兰 2 县	85 965	11.98
	柴达木西部	柴达木盆地西部,包括格尔木市除唐古拉山乡外的辖区以及茫崖、大柴旦、冷湖 3 个行政委员会	163 054	22.37
青南	泽库—玛沁	青南高原东部,包括黄南州泽库、河南 2 县以及果洛全部共 8 县	89 534	12.47
	玉树—称多	长江、澜沧江上游河谷,包括玉树、囊谦、称多 3 县	42 644	5.94
	沱沱河—治多	青南高原西北部,包括治多、杂多、曲麻莱 3 县和格尔木市唐古拉山镇	208 725	29.09
	同德—兴海	青南高原东部,包括海南州同德、兴海 2 县	16 903	2.36

资料来源:《青海省土地利用总体规划(2006—2020 年)》。

5. 调控政策

实行差别化的土地利用调控政策。根据各区域的资源环境承载能力、土地资源利用现状和开发潜力，统筹考虑实现经济、人口、资源和环境均衡发展的国土开发格局。按照不同主体功能区的功能定位和发展方向，加强重点开发区、限制开发区和禁止开发区的土地利用调控，实施差别化的土地利用政策，促进省级主体功能区的形成。

（1）培育城市和城镇密集区等重点开发区域的人口及经济集聚能力

西宁市、格尔木市、德令哈市和大通、湟中、湟源、民和、乐都、化隆、平安、海晏、尖扎、循化、贵德、互助 12 县等重点城镇区，是青海省城镇化和工业化重点发展地区，同时也是耕地保护和土地开发整理的重点区域。对这些区域应适度增加建设用地供给，加大对基础设施建设的支持力度，促进公路、铁路等交通网的完善和枢纽建设，提高用地整体效益；支持主导产业及配套建设，引导产业集中建设、集群发展，有效承接优化开发区域的产业转移；合理安排中心城镇的建设用地，提高城市集聚程度，发挥辐射带动作用，促进工业化和城镇化健康较快发展；同时要加强建设用地整合，积极引导人口、产业适度集聚，促进区域内城市间的分工协作和协调互补，形成等级规模合理、交通联系便捷、基本农田和生态功能区相间隔的城镇用地空间格局。土地供应严格按照国家及行业用地标准进行，用地必须符合国民经济发展规划、土地利用总体规划、城市规划等相关规划，土地利用体现出节约、集约特点和统筹协调性。加强区内集中连片、高标准基本农田的保护和建设，促进农业向生态化、精细化、产业化、现代化发展。扩大林网、水面等用地面积，改善区域生态环境。

（2）加强各类能源和矿产资源开发区调控，明确重点开发区域管制策略

青海省能源矿产资源丰富，严格划定能源矿产资源开发区，在协调好土地生态环境的基础上进行重点开发，有利于带动整个青海省的发展。规划期间重点对黑刺沟—小八宝石棉铜铅锌矿重点开采区、青海红沟—松树南沟煤铜金矿重点开采区、聚乎更—热水煤矿重点开采区、西宁—海东煤铁镍磷水泥用灰岩石英岩石膏矿重点开采区、茫崖—冷湖石油石棉钾盐锶矿重点开采区、滩间山—大煤沟煤金钾盐硼矿重点开采区、青海海西州大柴旦锡铁山铅锌矿重点开采区、一里坪—东台天然气锂矿钾镁盐矿重点开采区、青海格尔木市察尔汗钾镁盐矿重点开采区、青海格尔木市肯德可克—尕林格铁多金属矿重点开采区、柏树山—茶卡制碱用灰岩湖盐重点开采区、五龙沟金矿重点开采区、都兰地区铁多金属金硅灰石重点开采区、青海兴海县什多龙—赛什塘铜金多金属矿重点开采区、瓦勒根—恰冬铜金矿重点开采区、青海曲麻莱县加给龙洼—大场金矿重点开采区、青海果洛藏族自治州玛沁县德尔尼铜钴矿重点开采区，黄河水系、通天河水系、黑河—大通河水系水电开发产业。这些区域应按照青海省能源、矿产资源开发规划，制定资源开发用地政策和标准，通过总量调控、科技进步、规模开采、深度加工、合理布局等手段控制开发节奏，促进资源开发结构和布局的调整优化；依法保障资源勘查临时用地，保障矿产开发利用工程用地。坚持"在保护中开发、在开发中保护"和"事前预防、事中治理、事后恢复"的原则，严格矿产资源开发利用的环境保护准入管理，把矿产资源开发活动对环境的影响和破坏减少到最低程度。新建（扩建）矿山、生产矿山、闭坑矿山要根据不同阶段的要求，做好矿山地质环境保护与恢复治理工作。按照宜农则农、宜建则建、宜林则林、宜草则草的原则，开展土地复垦工作。

（3）加强对各类生态功能区土地利用调控，明确限制区域管制措施

加强对三江源地区大部、可可西里地区、祁连山东部山区、鄂拉山山区、巴颜喀拉山山区、阿尼玛卿山区、哈拉湖盆地、湟水谷地和黄河上游谷地、共和盆地的沙珠玉、塔拉滩、木格滩、茶卡盆地和柴达木盆地中部、西阿尔金山、昆仑山山区、柴达木盆地中部和西部、乌兰盆地、都兰盆地、大柴旦、宗务隆山山区、青海湖湖滨区、大通河门源宽谷、湟水流域、哈拉湖盆地、茶卡盆地、扎曲源头区和西阿尔金山楚玛尔河流域等高度敏感区和各类功能区，实行用途管制，尤其对柴达木盆地、三江源地区、祁连山地区实行严格的用途管制。禁止不符合区域功能定位、可能威胁生态系统稳定的各类土地利用方式和资源开发活动，严格限制生态用地改变用途。支持区域内生态建设工程，促进区域生态环境的修复与改良。按照区域资源环境承载力核定区域内建设用地规模，严格限制建设用地增加。禁止对破坏生态、污染环境的产业供地，引导与区域定位不相宜的产业逐步向区外有序转移。

（4）加强对自然与文化遗产等保护区的土地利用调控

按照法律法规规定和相关规划，对国家级自然保护区、国家级重点风景名胜区、国家级森林公园、国家地质公园等 4 类 17 处青海省域国家级禁止开发区和省级自然保护区、省级重点风景名胜区、省级森林公园、历史文化遗产保护地、重要水源保护地等 360 处，以及基本农田 4 340 km^2 进行严格保护，严禁任何有悖于保护目的的各项土地利用活动。

6．土地利用指标

到 2010 年，新增建设占用耕地控制在 67 km^2 以内，土地整理复垦开发补充耕地义务量不少于 67 km^2。到 2020 年，全省耕地保有量不少于 5 360 km^2，基本农田保护面积不少于 4 340 km^2。到 2020 年，全省城乡建设用地规模控制在 1 274 km^2 以内。根据 2016 年 6 月国土资源部印发的《全国土地利用总体规划纲要（2006—2020 年）调整方案》（国土资发〔2016〕67 号），调整后的 2020 年耕地保有量为 5 540 km^2（831 万亩）、基本农田保护面积 4 440 km^2（666 万亩）、建设用地总规模为 3 700 km^2（555 万亩）。

七、《青海省"四区两带一线"发展规划纲要》

《青海省"四区两带一线"发展规划纲要》（以下简称《纲要》）根据青海省第十一次党代会关于加快构建"四区、两带、一线"，分工合理、各具特色、优势互补、良性互动区域协调发展新格局的总体要求编制，着重阐明推进全省区域协调发展的指导思想、基本原则、目标、任务、政策措施以及分区域的发展定位、工作重点，是统筹全省人口、经济合理布局，指导经济社会又好又快发展的行动纲领，是编制地区、行业规划的重要依据。《纲要》期限为 2009—2020 年。

1．区域划分

青海省地处青藏高原东北部，是长江、黄河、澜沧江的发源地，面积大，人口少，少数民族比重高，资源富集，战略地位十分重要。改革开放以来，尤其是实施西部大开发战略以来，全省国民经济和各项社会事业有了长足发展，但当前经济总量仍然较小，产业层次低，人民生活水平不高，区域发展不平衡。加快青海地区发展，关键在于大力创新发展思路，积极转变发展方式，调整区域发展格局，探索具有青海特点的科学发展模式，创出一条欠发达地区跨越发展的成功之路，努力实现各民族共同繁荣进步。

综合评价区域自然条件、资源禀赋、环境容量和经济社会发展基础及潜力，充分考虑差异性与相似性，按照有利于统筹协调、分类指导、发挥比较优势的原则，把全省划分为东部地区、柴达木地区、环青海湖地区、三江源地区和沿黄河发展带、沿湟水发展带及兰青—青藏铁路发展轴线。

东部地区包括西宁市 4 区 3 县，海东市 6 县，海南州贵德县，黄南州同仁县、尖扎县，共 16 个县（区），面积为 3.04 万 km^2。

柴达木地区包括海西州格尔木市、德令哈市、乌兰县、都兰县和冷湖行委、茫崖行委、大柴旦行委，面积为 24.22 万 km^2。

环青海湖地区包括海北州祁连县、刚察县、海晏县、门源县，海南州共和县、贵南县，海西州天峻县，面积为 8.58 万 km^2。

三江源地区包括玉树州 6 县，果洛州 6 县，海南州兴海县、同德县，黄南州泽库县、河南县，海西州格尔木市唐古拉山镇，面积为 36.3 万 km^2。

沿黄河发展带指黄河干流沿岸区域，涉及玉树州曲麻莱县，果洛州玛多县、玛沁县、达日县、甘德县、久治县，海南州兴海县、同德县、贵南县、共和县、贵德县，黄南州河南县、泽库县、尖扎县、同仁县和海东市循化县、化隆县、民和县共 18 个县。

沿湟水发展带指湟水河及其一级支流区域，涉及西宁市 4 区 3 县，海东市民和县、乐都县、平安县、互助县和海北州海晏县，共 12 个县（区）。

兰青—青藏铁路发展轴线涉及西宁市 4 区 3 县，海东市民和县、乐都县、平安县、互助县，海北州海晏县、刚察县和海西州天峻县、乌兰县、德令哈市、格尔木市、大柴旦行委，共 18 个县（市、区、行委）。

2．目标任务

到 2015 年，基本建立统筹区域协调发展制度框架，比较优势得到有效发挥，初步形成各具特色的发展格局。到 2020 年，形成"四区、两带、一线"分工合理、各具特色、优势互补、良性互动的区域协调发展新格局。

（1）区域特色突出，协调发展能力显著增强

把以西宁为中心的东部地区建成引领全省经济社会发展的综合经济区和促进全省协调发展的先导区；进一步提升产业发展的层次和水平，优先发展高新技术产业和资源精深加工业，大力发展劳动密集型的第三产业；积极承接三江源、环青海湖等生态功能区的人口转移；打造中高级人才培训基地，为全省资源开发和经济发展提供人才智力支持。

把柴达木地区建成全国重要的新型工业化基地、循环经济试验区和支撑全省跨越发展的重要增长极；进一步加大资源开发的深度和广度，为东部地区工业发展提供能源、基础原材料支撑。

把环青海湖地区建成全省生态旅游和现代畜牧业发展的示范区；打造全国重要的旅游目的地和国家级旅游景区，促进全省旅游业的快速发展；打造全省现代高效畜牧业生产基地，为农区畜牧业发展提供优质种源，为东部和柴达木地区提供优质畜产品；打造环青海湖人与自然和谐相处示范区，为东部地区提供生态安全保障。

把三江源地区建成全国重要的生态安全屏障和国家级生态保护综合试验区；为全国和省内其他区域建立生态补偿机制提供经验和模式，为高原野生动植物资源开发利用提供种质支撑；加快草原畜牧业向生态畜牧业转变，推进全省脱贫致富进程；打造三江源—九寨沟—香格里拉高原生态旅游精品线路，为全省开发探险、登山、科考等高端旅游市场提供支持。

实施轴线开发战略，把"两带一线"打造成全省重要的特色农牧业走廊、新型工业走廊、水电开发走廊、生态旅游走廊和城镇化发展带，成为全省经济、人口的主要集聚区。加快"两带一线"交通、物流、电力、通信、信息等基础设施建设，建立健全区域合作互动机制，加强带线之间、上下游之间、园区之间的分工协作和产业延伸，成为全省经济发展的主要增长带。加快兰新第二双线、格尔木—库尔勒、格尔木—敦煌铁路及地方支线铁路建设，充分发挥乘数效应，点轴结合，经纬交织，区域联动，促进全省区域协调发展。

（2）区域经济持续快速发展，综合实力明显增强

构建以西宁经济技术开发区1区6园和柴达木循环经济试验区1区4园为主

体，沿湟水发展带 10 个县域工业集中区为补充的工业化格局，大力发展循环经济和特色优势产业，运用高新技术改造传统产业，提高自主创新能力，逐步形成具有青海特色的现代工业体系。构建"三区十带"农业和"三大区域"畜牧业格局，以基本农田为基础，建设东部农业区麦类、豆类、油菜、马铃薯、果蔬产业带，柴达木绿洲农业区小麦、蔬菜、沙生植物（沙棘、枸杞等）产业带，环青海湖地区油菜、青稞产业带。稳步发展三江源地区生态畜牧业，加快发展环青海湖地区现代畜牧业，大力发展东部农区畜牧业。构建以青藏铁路为主轴，以西宁、格尔木为枢纽，呈放射状、覆盖四区的交通网、物流网、电力网、通信信息网，提升传统服务业，发展新型服务业。2015 年，全省生产总值年均增长 11.5%以上，地方财政一般预算收入增长 14%。2016—2020 年，全省生产总值年均增长接近 12%，地方财政一般预算收入增长 14.5%，到 2020 年工业增加值占生产总值的比重达到56%以上，进入工业化中期阶段。

（3）城镇化快速推进，人口分布渐趋合理

构建"一轴两群（区）"为主体的城镇化格局，以兰青—青藏铁路为主轴，以轴线上的主要城镇为支撑点，推进形成以西宁为中心的东部城镇群，以格尔木为重心的柴达木城镇化地区，以结古、大武等州府所在地城镇组成的城镇化格局，加快大通、乐都、贵德城镇化步伐，逐步发展成为新兴城市，使其成为全省人口和经济的主要空间载体。到 2015 年，全省城镇化率达到 47%，东部地区为 48%，柴达木地区为 72%；全省总人口 588 万人，东部地区 422 万人，占全省总人口的 71.8%，柴达木地区 46 万人，占全省总人口的 7.8%。到 2020 年，全省城镇化率达到 52%，东部地区为 53%，柴达木地区为 77%；全省总人口 610 万人，东部地区为 449 万人，占全省总人口的 73.6%，柴达木地区为 51 万人，占全省总人口的 8.4%。

（4）公共服务产品供给能力显著增强，人民生活水平大幅提高

社会事业与经济发展相适应，公共财政支出规模与公共服务覆盖人口规模相匹配，城乡、区域间公共服务和基本生活条件差距逐步缩小。到 2015 年，全省城镇居民人均可支配收入达到 2 万元，年均增长 8%，农牧民人均纯收入达到 5 600 元，年均增长 9%，接近或达到西部省区平均水平；2016—2020 年，全省城镇居民人均可支配收入、农牧民人均纯收入年均分别增长 8%和 9%，到 2020 年城镇居民人均可支配收入接近 3 万元，农牧民人均纯收入达到 8 600 元，接近或达到全国平均水平，实现

小康目标，地区间人均财政支出差距和城乡居民人均收入差距进一步缩小。

生态环境保护与建设取得显著成效，可持续发展能力不断增强。落实生态立省战略，构建以三江源草原草甸湿地生态功能区为屏障，以青海湖草原湿地生态带、祁连山地水源涵养生态带为骨架的"一屏两带"生态安全格局，生态建设工程取得重大进展，生态补偿、资源补偿等政策机制基本建立。到 2015 年，生态恶化趋势得到遏制，沙漠化、草原退化面积减少，水、空气、土壤等生态环境质量明显改善，生物多样性得到切实保护，森林覆盖率达到 6.28%，草地植被覆盖度提高 5%～10%。主要污染物排放得到有效控制，城市空气质量优良率达到 70%以上，黄河、长江干流水质达到Ⅲ类以上，湟水流域好于Ⅲ类的水体达到 47%；到2020 年，生态系统稳定性明显增强，生态环境步入良性循环。

3．发展定位

（1）东部地区

发展基础：东部地区东接西北重镇兰州，西通柴达木盆地和青藏高原腹地，兰青、青藏铁路和 109 国道横穿全区，西宁空港初具规模，航空运输通往国内主要城市，区位和交通条件较好；集聚了全省大多数经济、人口和社会事业资源，水能资源、非金属矿产资源富集，农牧业基础条件较好，在占全省 4.2%的土地上，聚集了全省 70%的人口，产出了 60%的生产总值、69%的粮油；建成了全省小麦、油料、蔬菜等大宗农作物主产区和冶金、化工、电力、建材、机械、毛纺、皮革、食品加工等门类较齐全的工业体系，经济社会发展、城镇建设和服务业在全省 4 区中优势最为突出，综合发展条件较好。面临的主要问题是，贫困面广、量大、程度深，支柱产业规模小、层次低，城镇体系和功能不完善，综合发展优势未得到充分发挥。

发展定位：在优化结构、提高效益、降低消耗、保护环境的基础上推动经济社会又好又快发展。建成我国西部地区重要的水电基地、黑色有色金属生产加工基地、电子信息基础材料及光伏产业基地、装备制造业基地、中藏药研发生产基地和特色农畜产品加工基地。推进形成环西宁 1 小时经济圈、物流圈、旅游圈，强化西宁市青藏高原区域性现代化中心城市的地位，加速西宁—海东经济社会发展一体化进程，成为引领全省经济社会发展的综合经济区和促进各区域协调发展的先导区。

重点任务：加速工业化进程、发展特色农牧业、提升服务业层次和水平、全面发展社会事业、加快脱贫致富步伐、加强生态环境综合治理。

（2）柴达木地区

发展基础：柴达木地区盐湖、石油天然气、有色金属、非金属矿产和太阳能资源储量丰富，是国家级循环经济试验区和全国重要的盐湖化工基地，钾肥产量占全国的90%以上。人均生产总值、人均工业增加值、人均地方财政一般预算收入分别为全省平均水平的3.5倍、5.6倍和3.2倍。面临的突出问题是，资源综合利用不够，产业链条较短，基础设施建设滞后，水资源供需矛盾凸显，土地沙漠化比较严重。

发展定位：充分发挥资源优势，扩大开发规模，强化综合利用，提高加工水平，积极探索高原地区循环经济发展模式，逐步建成全国重要的新型工业化基地和循环经济示范区、支撑全省跨越发展的重要增长极和聚集人口、促进城镇化发展的重要地区。

重点任务：加快建设资源综合循环利用的新型工业基地、加快发展高效农牧业、积极发展服务业、推动社会事业加快发展、加强沙漠化治理。

（3）环青海湖地区

发展基础：环青海湖地区位于我国西北干旱区、东部季风区和青藏高原区三大区域的交汇地带，是阻挡西部、北部荒漠化向东蔓延的天然生态屏障，是黑河、大通河、湟水河和青海湖的源头地区，生态地位十分重要。环青海湖地区旅游资源特色突出，知名度高，煤炭、有色金属、石棉等矿产资源丰富，区域内草原辽阔，水草丰美，是青海牧区自然条件较好、畜牧业较为发达的地区。存在的主要问题是，经济社会发展基础薄弱，公共产品供给能力不足，草原超载过牧、退化沙化，湖泊萎缩，保护生态与发展经济矛盾比较突出。

发展定位：加快发展特色旅游业和现代畜牧业，因地制宜发展农畜产品加工业，有序开发水电、矿产、太阳能、风能等资源，建设煤炭生产基地，把该区建设成为推动全省生态旅游、现代畜牧业发展的示范区。实施好青海湖流域、祁连山水源涵养区生态保护和综合治理工程，切实保护好青海湖水源地和黑河、大通河、湟水河、疏勒河、石羊河等河流水源地林草植被，保护恢复湿地，增强水源涵养功能，逐步建立起良性循环的草地生态系统和鱼鸟共生湿地生态系统。按照公共服务均等化的原则，加强基础设施建设，加快发展各项社会事业，推进农牧民转移就业，提高农牧民生产生活水平。

重点任务：积极发展现代畜牧业和特色农业、大力发展特色旅游业、有序开发优势资源、加快发展社会事业、加强生态环境保护与治理。

（4）三江源地区

发展基础：三江源地区是长江、黄河、澜沧江的发源地，是全国重要的生态功能区，是全球大江大河、冰川、雪山及高原生物多样性最集中的地区，其径流、冰川、冻土、湖泊等构成的整个生态环境对全球气候变化有巨大的影响。三江源地区经济社会发展条件差，基础薄弱，产业结构单一，城乡居民收入水平低，贫困面大，公共产品供给不足。

发展定位：三江源地区要把生态保护和建设作为主要任务，全力推进国家级生态保护综合实验区建设，建立生态补偿机制，创新草原管护体制，强化生态系统自然修复功能，建成全国重要的生态安全屏障和全省重要生态功能区。加快发展生态畜牧业、高原特色旅游业、农畜产品加工业和民族手工业，有序开发水电、矿产等优势资源。加大扶贫开发力度，促进劳动力转移，提高农牧民生活水平。加大财政转移支付力度，推进公共服务均等化，促进社会事业较快发展。

重点任务：加强生态保护和建设、增强公共服务供给能力、着力提高人民生活水平、加快发展生态经济。

（5）沿黄河发展带

发展基础：沿黄河发展带水电资源、农牧业资源、旅游资源在全省经济社会发展中具有明显的比较优势。水能资源开发潜力巨大，黄河在青海省境内全长1 959 km，总落差2 915 m，可规划建设27座梯级电站，装机容量1 728万kW，年发电量654亿kW·h。已建成发电运行的有龙羊峡、尼那、李家峡、直岗拉卡、康扬、公伯峡、苏只、黄河源8座水电站，发电装机容量524万kW，年发电量202.66亿kW·h；在建的有拉西瓦、黄丰、积石峡、班多等电站，发电装机容量580万kW，年发电量158亿kW·h。农牧业资源得天独厚，龙羊峡以下河段，水热条件好，土地肥沃，现有耕地275万亩，其中有效灌溉面积100万亩，占全省面积的38.6%，后备耕地资源较多，近期可开发30万亩；龙羊峡以上河段，林草茂密，有可利用草原1.9亿亩，占全省面积的39%，发展草地畜牧业潜力较大。旅游资源特色突出，黄河沿岸草原、森林、雪峰、湖泊、河流等自然景观奇特，藏族、回族、蒙古族、撒拉族等少数民族风情浓郁。存在的主要问题是水电、旅游、农牧业等资源开发利用程度不高，配套基础设施建设滞后。

发展定位：强化沿黄河公路、水运等基础设施建设，以优势资源为依托，以水电、特色农牧业和旅游业发展为重点，尽快把资源优势转化为经济优势，把沿黄河发展带建设成为黄河上游重要的水电开发走廊、生态旅游走廊和特色农牧业走廊，成为推动全省经济社会发展的重要特色经济带。

重点任务：加快推进水电资源开发、实施黄河沿岸农业综合开发、积极推进旅游资源开发。

（6）沿湟水发展带

发展基础：湟水沿岸地区交通相对发达，城镇发展已有一定规模，产业发展具有一定基础。地势较低，土地肥沃，气候温和，年积温较高，雨热同季，是全省农业发展条件最好的地区。加工工业和服务业的基础较好，且发展势头良好。存在的主要问题是，产业发展层次低、规模小、布局分散，局部地区环境污染比较突出。

发展定位：依托现有基础，发挥区位和交通优势，以湟水沿岸城镇为载体，以发展特色农牧业、新型工业和现代服务业为重点，大力发展县域特色经济，壮大产业规模，积极承接产业转移，提高产业层次，引导产业集聚，尽快建成特色农牧业产业化走廊、矿产资源精深加工走廊和现代服务业走廊。

重点任务：加快发展高效农牧业、发展壮大县域经济、积极发展特色旅游业、加强生态环境建设和污染综合治理。

（7）兰青—青藏铁路发展轴线

发展基础：兰青—青藏铁路贯穿东部地区、环青海湖地区和柴达木地区，是青海省人流、物流的主要通道。沿线地区蕴藏了全省重要矿产资源、农牧业资源和旅游资源，集中了西宁、格尔木、德令哈3座城市和西宁、柴达木2个循环经济试验区，是全省人口、城镇和产业的主要集聚带。存在的主要问题是产业布局不尽合理，集聚度不高；城市间、园区间产业趋同，分工协作、错位发展的格局还未形成，全省经济发展的主轴线作用尚未充分发挥。

发展定位：充分利用兰青—青藏铁路交通大动脉优势，集聚生产要素和人口，增强西宁、格尔木、德令哈及沿线城镇的集聚辐射功能，重点推进西宁经济技术开发区1区6园和柴达木循环经济试验区1区4园建设，建成全省主要的城镇发展带、经济大动脉和开放融入主轴线。

重点任务：大力推进城镇化、加快产业园区建设、促进与周边省区经济技术合作。

八、《青海省城镇体系规划（2015—2030 年）》

2015 年发布的《青海省城镇体系规划（2015—2030 年）》，是青海省政府综合协调辖区内城镇发展和空间资源配置的依据和手段，是统筹省域城镇布局、保护利用各类资源、综合配置区域基础设施和公共服务设施的法定规划，是实现全省城镇、交通、生态保护、重大基础设施空间"一张图"的基础，是指导全省城镇空间布局的法定依据。

1. 总体目标

将青海建设成为国家重要战略资源接续基地、清洁能源基地、特色农产品生产加工基地和高原旅游目的地，成为国家生态安全屏障和生态文明先行区、循环经济发展先行区和民族团结进步示范区。

2. 城镇空间结构

立足全省经济社会总体战略布局，规划城镇体系空间结构为"四区、两带"。"四区"为东部地区、柴达木地区、环青海湖地区和三江源地区。"两带"为兰青铁路、青藏铁（公）路沿线城镇发展带和黄河干流沿岸城镇带。

3. 城镇规模等级

规划全省城镇规模等级划分为中心城市、区域中心城市、县级城市、小城镇 4 个等级。中心城市 1 个：西宁市；区域中心城市 4 个：海东市、格尔木市、德令哈市、玉树市；县级城市 8 个：民和县、互助县、共和县、贵德县、西海镇（含海晏县城）、门源县、同仁县、玛沁县；全省共有建制镇 137 个，其中 28 个建制镇与城市和县城重合，详见表 4-7。近期建设重点镇 80 个，按主导职能划分为综合服务型、工业服务型、交通物流型、文化旅游型、商贸服务型和农牧业服务型六类。同时，1 个中心城市、4 个区域中心城市、8 个县级城市、80 个重点城镇又称"1488"城镇体系。

表 4-7　青海省城镇等级结构规划

等级	级别名称	城镇（市）名称	城镇人口/万人
一级	中心城市	西宁（含湟中、大通）	＞100
二级	区域中心城市	海东（含平安、乐都）、格尔木、德令哈、玉树（规划人口10 万）	20～100
三级	县级城市	互助县、民和县、共和县、贵德县、西海镇（含海晏县城）、门源县、同仁县、玛沁县	5～20
四级	小城镇（建制镇）	湟源城关镇、循化积石镇、化隆县（巴燕镇—群科镇）、同德尕巴松多镇、兴海子科滩镇、贵南茫曲镇、乌兰希里沟镇、都兰察汗乌苏镇、天峻新源镇、茫崖行委花土沟镇、大柴旦行委柴旦镇、冷湖行委冷湖镇、祁连八宝镇、刚察沙柳河镇、尖扎马克唐镇、泽库泽曲镇、河南优干宁镇、班玛赛来塘镇、甘德柯曲镇、达日吉迈镇、久治智青松多镇、玛多玛查理镇、杂多萨呼腾镇、称多称文镇、治多加吉搏洛格镇、囊谦香达镇、曲麻莱约改镇、大通城关镇、塔尔镇、东峡镇、景阳镇、新庄镇、多林镇、上新庄镇、田家寨镇、甘河滩镇、李家山镇、共和镇、拦隆口镇、上五庄镇、西堡镇、大华镇、寿乐镇、高庙镇、洪水镇、瞿昙镇、三合镇、丹麻镇、高寨镇、南门峡镇、加定镇、五峰镇、五十镇、古鄯镇、官亭镇、满坪镇、巴州镇、峡门镇、李二堡镇、马营镇、街子镇、白庄镇、甘都镇、牙什尕镇、扎巴镇、昂思多镇；倒淌河镇、龙羊峡镇、塘格木镇、唐谷镇、拉西瓦镇、常牧镇、河卡镇、曲什安镇、过马营镇、森多镇；郭勒木德镇、唐古拉山镇、怀头他拉镇、尕海镇、柯鲁柯镇、柯柯镇、茶卡镇、铜普镇、夏日哈镇、香日德镇、宗加镇、木里镇、江河镇、锡铁山镇、茫崖镇；青石嘴镇、东川镇、泉口镇、默勒镇、峨堡镇、哈尔盖镇；保安镇、康杨镇、坎布拉镇、麦秀镇；拉加镇、花石峡镇、隆宝镇、下拉秀镇、歇武镇、扎朵镇、清水河镇、珍秦镇	＜5

注：不列入建制镇的如下：

　　西宁市：乐家湾镇、韵家口镇、彭家寨镇、大堡子镇、二十里铺镇、总寨镇；

　　大通县：黄家寨镇、长宁镇；

　　乐都区：碾伯镇、雨润镇、高店镇；

　　平安区：小峡镇；

　　互助县：塘川镇；

　　贵德县：河西镇都属于城市规划区范围内；

　　化隆县：群科镇改为县城所在地。

4．城镇发展定位

（1）中心城市

西宁市。城市性质，青海省省会，西北地区中心城市之一，国家重要的循环经济示范区、生态保护服务基地。城市职能：青藏高原区域性现代化中心城市，发挥西宁在青藏高原开发和保护方面的重要战略作用，强化在青海省的经济、科教、文化、信息中心职能；全国重要的循环经济示范区，新能源、新材料、有色金属产业基地；柴达木盆地开发和"三江源"生态保护的服务基地，具有高原和民族特色的旅游特色基地；国家西部地区的综合交通枢纽之一，国家丝绸之路经济带的重要节点城市，是沟通内地、连通西部边疆和中亚地区的战略通道；省级历史文化名城，民族团结进步先行区，青藏高原最适宜居住的城市。

（2）区域中心城市

①海东市。城市性质，青海省副中心城市，兰西经济区重要支点，具有河湟文化特色的高原生态宜居城市。城市职能：青海省门户枢纽，青藏高原商贸物流中心；兰西经济区新型产业基地；国家级高原特色现代农业示范基地；河湟文化旅游展示服务基地；功能优化、安居乐业的新型城镇化地区。

②格尔木市。城市性质，青海省次中心城市，全国重要新型工业化基地、循环经济试验区和支持青海省跨越发展增长极。城市职能：国家重要的综合交通枢纽、信息通信枢纽、电力枢纽、资源加工转化中心和物流集散中心；国家循环经济产业发展示范区；青藏高原上重要的现代化宜居城市；区域现代化、高品质的服务业聚集区；区域旅游服务基地和组织中心；区域农贸中心和特色产品集聚区。

③德令哈市。城市性质，海西州州府，柴达木地区中心城市，以盐碱化工为特色的资源加工、转化基地，高原绿洲城市。城市职能：海西州政治中心和集金融、商业、文化、科教于一体的综合服务中心，柴达木地区以盐碱化工为特色的资源加工、转化基地，青藏交通干线上的综合交通节点和物流集散地。

④玉树市。城市性质，玉树藏族自治州行政、经济和文化中心，高原生态型商贸旅游城市、三江源地区的中心城市、青海藏区城乡一体发展的先行地区。城

市职能：国际旅游目的地；青藏川交接部商贸物流中心；玉树州行政、经济、文化、教育、医疗中心和最主要的居住地。

（3）县级城市

①民和县，兰西经济区重要的节点，以新型工业、商贸物流、旅游业为主导的青海省东部门户，具有地域民族特色的绿色生态宜居城市。

②互助县，具有地域民族特色、高原田园风光的国家级旅游休闲度假名城。

③共和县，全省主要畜产品生产基地，环青海湖地区的中心城市之一，以现代生态畜牧业、生态旅游业为主的生态旅游城市。

④贵德县，全省旅游综合开发示范区，以发展高原休闲旅游、生态观光农业、绿色食品加工为主的黄河上游风景园林城市。

⑤西海镇（海晏），省域旅游服务次中心城镇、环青海湖区域中心城市，最美草原新城。

⑥门源县，以旅游、商贸、农牧业为主的青海北部门户，是具有地域民族特色的高原生态旅游城市。

⑦同仁县，国家级热贡文化保护区，以热贡文化产业、高原文化旅游、高原生态旅游为主的国家历史文化名城。

⑧玛沁县，全省主要畜产品生产基地，三江源地区的中心城市之一，以中藏药、畜产品加工和旅游商贸型为主的高原民族特色小城市。

（4）小城镇

全省共有建制镇 137 个，其中 28 个建制镇与城市和县城重合。近期建设重点镇 80 个，按主导职能划分为综合服务型、工业服务型、交通物流型、文化旅游型、商贸服务型和农牧业服务型六类，详见表 4-8、表 4-9。

表 4-8　青海省县城所在地发展定位

县（行委）名称	驻地城镇	发展定位
湟源	城关镇	湟水源头文化古城、唐蕃古道商贸重镇、高原河谷旅游休闲城镇
循化	积石镇	青海黄河上游生态环境优美、地域民族特色浓郁的国家级旅游休闲胜地和生态园林城市

县（行委）名称	驻地城镇	发展定位
化隆	巴燕—群科镇	化隆县政治、经济、文化中心，黄河上游旅游明珠城市，海东市南部以生态工业为基础，以现代服务业为主导的滨河生态宜居新城
同德	尕巴松多镇	是以农畜产品加工、商贸集散、旅游服务为主的小城镇
兴海	子科滩镇	是以商贸和生产生活服务为主的高原绿色生态城镇
贵南	茫曲镇	沿黄发展带的重要城镇之一，以生态农畜产品精深加工和特色文化产业为主的高原生态宜居城市
乌兰	希里沟镇	是以农畜产品加工、矿业加工和生产生活服务为主的高原城镇
都兰	察汗乌苏镇	集工、商、贸和物资集散为一体的高原绿洲城镇
天峻	新源镇	集工、商、贸和物资集散为一体的高原绿洲城镇
茫崖行委	花土沟镇	区域政治、文化中心和生活服务基地，以开采石棉、产业服务为主的新兴工业城镇
大柴旦行委	柴旦镇	柴达木盆地盐化工等矿产资源深加工工业基地，工业区域的政治、文化中心和生活服务基地，开发柴达木盆地北缘地区的后勤保障基地和物资转运站
冷湖行委	冷湖镇	冷湖地区的政治、经济、文化中心，是冷湖地区的交通枢纽，以柴达木资源开发加工工业、第三产业为主的现代化城镇
祁连	八宝镇	具有"东方瑞士"特色的休闲度假旅游、山水生态宜居城镇
刚察	沙柳河镇	是以旅游、农畜产品加工为主的高原海滨藏城
尖扎	马克唐镇	集旅游、水电开发和农副产品加工业于一体的特色城镇
泽库	泽曲镇	泽库县政治、经济、文化中心，是以农畜产品加工、农牧业服务为主的多民族聚居纯牧业高原城镇
河南	优干宁镇	国家有机畜牧产业生产基地，青海省蒙古族民族文化旅游城和草原生态城
班玛	赛来塘镇	是以旅游、商贸和生产生活服务为主的绿色高原城镇
甘德	柯曲镇	是以畜产品加工生产和商贸、物资集散、生产生活服务为主的高原城镇
达日	吉迈镇	三江源地区重要的绿色产业基地之一，是具有浓郁藏文化的商贸集散地和生态文化旅游城镇
久治	智青松多镇	是以发展人文生态旅游、畜产品加工为主的青海省东南门户城镇
玛多	玛查理	是以商贸和生产生活服务为主的高原城镇
杂多	萨呼腾镇	是以发展商贸、旅游、社会服务、畜产品加工为主
称多	称文镇	是以民贸、物资集散和生产生活服务为主的高原城镇

县（行委）名称	驻地城镇	发展定位
治多	加吉博洛镇	是以畜牧业和生态环境建设综合服务为主，设施完善、环境优美，且具有独特藏文化特色的高原牧区城镇
囊谦	香达镇	是进（西）藏的主要通道之一，是一个以边贸、旅游和生产生活服务为主的高原城镇
曲麻莱	约改镇	是三江源自然生态保护地区的综合服务基地之一，以畜产品贸易及畜产品深加工为主的高原城镇

表4-9 青海省80个重点镇（美丽城镇）一览（近期2020年）

编号	类型	数量/个	城镇名称
1	综合服务型	25	桥头镇、城关镇（湟源）、巴燕镇、群科镇、积石镇、八宝镇、沙柳河镇、马克唐镇、泽曲镇、优干宁镇、尕巴松多镇、子科滩镇、茫曲镇、赛来塘镇、吉迈镇、柯曲镇、玛查理镇、约改镇、香达镇、称文镇、加吉博洛镇、萨呼腾镇、察汗乌苏镇、希里沟镇、新源镇
2	工业服务型	10	长宁镇、上新庄镇、大华镇、塘川镇、保安镇、哈尔盖镇、花土沟镇、柴旦镇、冷湖镇、柯柯镇
3	交通物流型	9	古鄯镇、甘都镇、扎巴镇、河卡镇、过马营镇、花石峡镇、歇武镇、清水河镇、茶卡镇
4	文化旅游型	13	上五庄镇、街子镇、丹麻镇、加定镇、南门峡镇、高庙镇、瞿昙镇、峨堡镇、倒淌河镇、龙羊峡镇、坎布拉镇、麦秀镇、克鲁克镇
5	商贸服务型	10	东峡镇、三合镇、五十镇、官亭镇、马营镇、拉加镇、青石嘴镇、东川镇、智青松多镇、康扬镇
6	农牧服务型	13	塔尔镇、城关镇（大通）、李家山镇、拦隆口镇、西堡镇、寿乐镇、白庄镇、隆宝镇、宗加镇、郭勒木德镇、怀头他拉镇、尕海镇、香日德镇

5. 综合交通体系

（1）铁路建设

规划铁路构建"两纵两横"的路网结构。两横：库尔勒—格尔木—成都；一里坪—鱼卡—饮马峡—德令哈—西宁—兰州。两纵：敦煌—格尔木—拉萨；张掖—西宁—成都。

国家铁路重点建设青藏铁路西宁—格尔木二线、青藏铁路格尔木—拉萨段扩能、格尔木—敦煌、格尔木—库尔勒、西宁—成都、格尔木—成都等线路。地方铁路近期建设锡铁山—北霍布逊、德令哈—旺尕秀、塔尔丁—肯德可克铁路；远期建设哈尔盖—木里、茶卡—都兰、甘河支线、海西支线、饮马峡—霍布逊等线路。

（2）公路建设

规划公路形成以国家高速公路和普通公路为骨架、省级干线公路为脉络、农村公路为末梢的全省公路网。加快干线公路建设，实现西宁市至区域中心城市、县级城市通高等级公路。加快城镇出入口公路建设，实现重点城镇间通三级及以上等级公路。加强乡村公路建设，实现全省乡、镇通等级公路，中心村和部分村庄（牧委会）通沥青（水泥）路。加大公路运输场站建设力度，形成以干线公路为依托的多层次客运网络。

（3）水路建设

建设黄河、青海湖水上航道。近期建设青海湖航运（二期）工程、黄河贵德至坎布拉航运工程、李家峡至大河家河段航运工程，实现黄河贵德以下河段通航。远期建成黄河和湖库区的水运体系。

（4）航空建设

规划形成以西宁机场为中心，格尔木机场、玉树机场为次中心的省域航空运输格局，规划建设德令哈机场、花土沟机场、果洛机场、祁连机场等支线机场和一批通用机场。

6．建设用地规模

（1）城乡建设用地

严格执行经法定程序批准的城乡规划和土地利用规划，合理确定城市范围，科学规划城乡建设用地规模，保证城乡合理发展空间。近期（2020 年）全省城乡建设用地规模控制在 1 274 km^2 以内，人均城乡建设用地控制在 205 m^2 以内。

（2）城镇建设用地

严格执行经法定程序批准的城镇规划和土地利用规划，科学规划城镇建设用地标准和发展规模，保证城镇合理发展空间。近期（2020 年）城镇建设用地 407 km²，全省城镇人均建设用地控制在 110 m² 以内。

7．生态环境保护

（1）省级生态敏感区

省级生态敏感区包括自然保护区、风景名胜区、国家级水产种质资源保护区、世界文化和自然遗产地、国家地质公园、国家湿地公园、国家沙漠公园、重点文物保护单位、国家森林公园、主要集中饮用水水源地、国际湿地名录、重要涉水景观、重要人文景观等。

规划省级生态敏感区发挥生态自我修复能力，加强开发管制，禁止矿产资源开发，推动生态移民，强化生态环境保护的基础设施建设，鼓励发展绿色经济、生态经济和新能源产业，建立绿色 GDP 考核体系。

（2）生态功能分区

实施生态环境功能区划。规划全省划分为三江源草原草甸湿地生态功能区、青海湖草原湿地生态功能区、祁连山冰川与水源涵养生态功能区、柴达木荒漠生态功能区和黄土高原水土流失综合治理生态功能区 5 个生态功能分区。

①三江源草原草甸湿地生态功能区。封山育林，减少载畜量；实行生态移民，防止草原退化；扩大湿地，涵养水源，加强水土保持预防监督管理。因地制宜发展生态畜牧业、高原特色旅游业和农畜产品加工业；加快建立生态补偿机制，积极发展后续产业。

②青海湖草原湿地生态功能区。实施治理退化草地和沙漠化治理工程，划区轮牧、舍饲圈养、加快出栏等措施，减轻天然草地超载过牧压力，保持合理的载畜量，实现草畜平衡。保护恢复湿地，增强水源涵养功能，严格限制在入湖河流新建引水工程，控制农牧业灌溉用水，加大水生生物资源养护力度，维护青海湖生态平衡，建立良性循环的草地生态系统和鱼鸟共生湿地生态系统。

③祁连山冰川与水源涵养生态功能区。加强天然林、湿地、草地和高原野生动植物保护，切实保护好黑河、大通河、湟水河、疏勒河、石羊河等水源地林草植被和水生生物资源，统一流域水资源调配管理，加强矿产资源开发生态环境保护与恢复治理，强化水土流失和沙化土地综合治理，实施天然林保护、退耕还

林还草、退牧还草、生态移民等生态保护和建设工程，努力实现生态系统良性循环。

④柴达木荒漠生态功能区。以防风固沙、退耕还林还草、退牧还草为重点，加强沙生植被和天然林、草原、湿地保护，开发沙生产业，提高植被覆盖度。依法建立一批封禁保护区，实施沙漠化防治工程、水资源保护和节水工程建设，控制地下水水位下降，有序有度开发矿产资源，加强水土保持预防监督管理，构建以绿洲防护林、天然林和草原、湖泊、湿地点块状分布的圈带型生态格局。

⑤黄土高原水土流失综合治理生态功能区。严格保护基本农田，调整农业产业结构，提高农业综合生产能力，以小流域为单元综合治理水土流失。继续实施湟水干流南北两山、湟水河流域人工造林工程和河湟沿岸绿化工程，提高植被覆盖度，控制水土流失，逐步形成以祁连山东段和拉脊山为生态屏障、以河湟沿岸绿色走廊为骨架的生态网络。

8．空间管制分区

省域空间划分为禁建区、限建区和适建区，分区进行管制。

（1）禁建区

禁建区包括世界文化与自然遗产地、自然保护区核心区和缓冲区、生态功能保护区、地表水水源一级保护区、地下水水源核心保护区、风景名胜区核心景区、历史文物保护单位和历史文化名城名镇名村核心保护范围、地质公园、森林公园中心景区和重要景点、重点生态公益林、湿地保护区、坡度大于25°的自然山林、水体河流控制区、地质灾害易发区、滞洪泄洪区及其他需要控制的地区。

禁建区内原则上禁止任何与保护无关的建设活动。对于必须穿越禁建区的交通、电力等重大基础设施建设项目，应按法定程序报批。禁建区范围一经依法划定，各级政府要严格依据法律、法规和相关规定实施强制性保护。

（2）限建区

限建区包括重要生态敏感地区、风貌保护区、区域性基础设施通道等区域。

重要生态敏感地区主要包括河流生态控制地带和江河源头地区、国家级水产种质资源保护区实验区、绿洲与荒漠交错带、沙漠、山前戈壁、水土流失中度以上地区、自然保护区实验区和外围保护地带、风景名胜区非核心景区、森林公园非中心景区，除生态公益林外的其他林地，地表水源二级保护区、地下水水源防护区、一般农田保护区、坡度介于 15°~25° 的自然山体，城镇与禁建区之间、城镇之间、组团之间隔离绿带以及其他明确必须保护控制的区域性绿地。

风貌保护区主要包括乡村风貌保护区、主要地下文物埋藏区、历史文化名城名镇名村和各类文物保护单位的建设控制地带等。

区域性基础设施通道包括重大交通、能源、电力、通信通道和区域性引水工程通道，机场建设净空控制区域。

限建区内原则上不允许城镇开发建设和产业园区拓展。依据不同的限建功能要求对区内的农村居民点提出具体建设限制与控制要求，逐步引导受限建影响的居民点就地就近归并或迁移。在限建区内选址布局区域交通设施和区域公用设施必须符合相应的城乡规划和生态环境保护要求；限建区内规划建设旅游接待服务与科学考察设施应符合相应专项规划要求。

（3）适建区

适建区是指除禁建区和限建区以外的地区，是一定时期内城市和农村牧区发展建设的重点地区。集中分布在兰青—青藏铁路、国道 109、国道 214、国道 315 等主要交通干道的沿线及其周围。通过科学规划、合理布局城镇发展空间，有序推进全省城镇化进程。强化中心城市、区域中心城市、县级城市、县城（行委）、建制镇建设，加强产业园区建设，提升城镇综合实力，进一步增强城镇对产业和人口的集聚力。

9．空间管制分级

青海省人民政府按照一级管制、二级管制和三级管制三个等级进行空间管制，重点对空间资源利用矛盾突出、跨州市城镇之间协调问题突出以及影响省域整体发展的重要地区实施直接或间接管理，确保全省空间布局优化和可持续发展。

（1）一级管制

一级管制是省政府直接对管制空间实施监管，审批规划并对该地区建设项目选址进行直接管理，制定针对性法规或政策措施。管制范围包括禁止建设区内的世界文化与自然遗产、国家级水产种质资源保护区、省级以上自然保护区、生态功能区、风景名胜区、地质公园、森林公园、湿地公园、大型湖泊水源保护地、重点生态公益林区等。管制范围内各要素的划定、调整以及在其范围内进行必要的建设，须经省城乡规划委员会审查同意，由省级相关职能部门依法履行审批程序。

（2）二级管制

二级管制是省政府和地方通过长效协调机制对管制空间实施监管。管制范围主要是限建区内水土流失严重、风沙侵蚀较强等生态敏感区。管制范围内建设项目按照选址管理规划，由县级以上建设（规划）行政主管部门核发选址意见书，生产建设项目选址、避让水土流失重点预防区和重点治理区。产业重点发展区、交通枢纽地段和重大项目建设须经省建设行政主管部门组织专家论证，依照法定程度报批。建设项目影响到其他县级行政区的，须经上级政府建设（规划）行政主管部门协调组织论证。

（3）三级管制

三级管制是通过地方政府事权引导，对空间管制实施以地方政府为主的空间管制。管制范围主要为产业重点发展区和交通枢纽地区以外的适建区。适建区的规划与各项建设，由地方人民政府按照批准的城乡规划依法实施管理，省、市政府履行监督检查的职责。

九、《青海省新型城镇化规划（2014—2020 年）》

《青海省新型城镇化规划（2014—2020 年）》（青发〔2014〕9 号）是根据中国共产党第十八次全国人民代表大会报告，中国共产党十八届二中及三中全会、中央城镇化工作会议精神、《国家新型城镇化规划（2014—2020 年）》和青海省委十二届五次全委会、青海省十二届人大三次会议精神，《青海省"四区两带一线"发展规划纲要》《青海省主体功能区规划》等编制，与《青海省创建民族团结进步先进区实施纲要》《青海省建设国家循环经济发展先行区行动方案》《青海省创建全国生态文明先行区行动方案》《青海省土地利用总体规划》《青海省城镇体系规划》和《青海省城乡一体化规划》充分衔接，明确了全省城镇化发展总体布局、主要路径、发展目标、重点任务和保障措施，是指导今后一个时期全省城镇化健康快速发展的宏观性、战略性、基础性规划。

1．总体要求

西部大开发以来，具有青海特色的城镇化格局逐步形成，以人的城镇化为核心，以统筹解决好"四个一部分"①农牧业转移人口的市民化问题为主线，以建制镇为基础，以城市群和重点城镇为主体，以改革创新为动力，着力破除城乡及城市内部二元结构，着力推进基本公共服务均等化，着力优化城镇布局，着力提升承载能力和发展质量，走以人为本、科学布局、城乡统筹、生态文明、文化传承的具有青海特色的新型城镇化道路，为奋力打造"三区"②、全面建成小康社会奠定坚实基础。要坚持注重以人为本、注重分类指导、注重城镇化质量、注重遵循自然规律、注重遵循市场规律、注重发挥政府作用、注重文化传承等基本原则。

2．发展目标

到 2020 年，全省城镇化水平迈上新台阶，"四个一部分"农牧业转移人口的市民化问题基本解决；城镇体系趋于完善，各类城镇协调发展，城镇基础设施和公共服务设施水平显著提升，综合承载能力和可持续发展能力大幅提高；人居环境明显改善，各族人民生活更加殷实、更加和谐；改革开放取得重大突破，新型城镇管理体制和运行机制基本建立。

城镇化水平显著提高，人口更加集聚。新增城镇人口 90 万人，其中农牧业转移人口落户城镇 40 万人，全省常住人口城镇化率为 60%左右，达到全国平均水平，户籍人口城镇化率达到 50%左右，人口集聚度明显提高。

市民化问题基本解决，社会更加和谐。常年在省外务工的农牧业转移人口，省内已进城的常住农牧业转移人口，未来 7 年将要进城的农牧业转移人口和在城中村、城郊村、建制镇居住的实际"农牧民""四个一部分"农牧业转移人口的市民化问题基本解决，城市内部二元结构问题基本消除，农民工融入城镇的素质和能力进一步增强，基本公共服务更加完善和公平。

城镇化格局明显优化，规模结构更加合理。以 1 个大城市、4 个区域性中心

---

① "四个一部分"是指常年在省外务工的农牧业转移人口，省内已进城的常住农牧业转移人口，未来 7 年将要进城的农牧业转移人口和在城中村、城郊村、建制镇居住的实际"农牧民"四部分人群。

② "三区"是指生态文明先行区、循环经济发展先行区和民族团结进步示范区。

城市、8个县级城市和80个重点城镇为主体的新型城镇化格局基本形成，各类城镇协调发展，规模结构更加合理。

城镇承载能力大幅提高，综合服务功能更加完善。分批解决进城落户农牧业转移人口基本公共服务全覆盖问题，城镇保障性住房覆盖率达到30%以上。城镇道路、供水、宽带接入等指标明显提升，基础设施和公共服务达到全国同类城镇平均水平，承载能力和公共服务水平大幅提高。

城镇生态环境明显改善，人居环境更加和谐宜人。城市空气质量二级标准以上的比例达到75%，城市垃圾、污水处理率均达到95%，城镇建成区绿化覆盖率达到28%，城镇生态景观得到有效保护，人文特色得到传承发展，城镇发展实现个性化。

体制改革取得重大进展，城镇管理更加顺畅高效。人口管理、土地管理、社会保障、财税金融、行政管理、生态环境等制度改革取得重大进展，阻碍城镇化健康发展的体制障碍基本消除，城市社区综合服务设施覆盖率达到100%。

3. 城镇化布局

因地制宜，突出特色，优化布局，与丝绸之路经济带、国家三江源生态保护综合试验区、柴达木循环经济试验区、西宁—兰州城市群建设紧密结合，优化城镇化总体布局，加快建设东部城市群，壮大区域性中心城市，培育新兴城市，打造重点城镇，推进城乡发展一体化。

（1）优化总体布局

加快构建与"四区两带一线"区域发展总体布局相适应的新型城镇化发展格局。依据资源环境承载能力和区域特征，以城市群、中小城市和重点城镇为主体形态，走具有高原特色，多元化、差异化的新型城镇化道路。

东部地区。包括西宁市4区3县、海东市1区5县以及贵德县、同仁县、尖扎县，共16个县（区、市）。依托西宁—兰州城市群国家战略的实施，加快发展东部城市群，以城乡融合、共兴共赢为目标，推进资源要素配置制度改革，促进区域发展空间集约利用。强化西宁中心城市集聚辐射带动作用，加快海东副中心城市建设，逐步将同仁县、贵德县、民和县、互助县发展提升为新兴城市，着力打造35个重点城镇，成为全省城镇化发展引领区和新型工业化、农牧业现代化示范区，承接国内外产业转移、参与国内外竞争合作的重要平台。到 2020 年，城镇人口达到 265 万人，占全省城镇人口的 72%，常住人口城镇化率为 61% 左右。

柴达木地区。包括海西州格尔木、德令哈 2 市和乌兰、都兰、冷湖、大柴旦、茫崖 5 县（行委）。主要任务是引导城镇建设与国家循环经济试验区建设相融合，加快发展循环经济和劳动密集型产业，进一步提升区域重要交通枢纽、电力枢纽和资源加工转换中心地位。壮大格尔木、德令哈等城市规模，着力打造 13 个重点城镇，建设成为全省城乡一体化发展示范、产城融合先导区、吸纳就业重要地区。到 2020 年，城镇人口达到 43 万人，占全省城镇人口的 12%，常住人口城镇化率为 75% 左右。

环青海湖地区。包括海北州的祁连、刚察、海晏、门源，海南州的共和、贵南，海西州的天峻，共 7 县。主要任务是引导城镇功能与国家重要生态功能区、全省旅游和体育赛事黄金区、现代生态畜牧业示范区、特色能源资源开发区相衔接，逐步将共和县、海晏县、门源县发展提升为新兴城市，着力打造 11 个环青海湖综合服务型、文化旅游型、商贸服务型重点城镇，推进青海湖风景名胜区与城市、城镇协调互动发展。到 2020 年，城镇人口达到 27 万人，占全省城镇人口的 7%，常住人口城镇化率为 50% 左右。

三江源地区。包括玉树州的玉树、杂多、称多、治多、囊谦、曲麻莱，果洛州的玛沁、班玛、甘德、达日、久治、玛多，海南州的同德、兴海，黄南州的泽库、河南，共 16 个县（市）及格尔木市唐古拉山镇。主要任务是引导城镇与国家生态保护综合试验区建设相结合，统筹城镇化、生态保护、经济发展，加强城镇基础设施、公共服务能力建设，加快发展"飞地经济"，扶持发展后续产业，将玉树建设成为三江源区域中心城市、玛沁发展提升为新兴城市，着力打造 21 个重点城镇，把三江源地区建设成为全省生态旅游型城镇集中发展区。到 2020 年，城镇人口达到 35 万人，占全省城镇人口的 9.5%，常住人口城镇化率为 45% 左右。

兰青、青藏铁路沿线城镇发展带。东部为国家西宁—兰州城市群，西部为海西城乡一体化示范区，涉及 16 个市县（行委）。主要任务是进一步增强西宁中心城市引领作用，加快壮大海东、格尔木、德令哈等区域性中心城市规模，逐步将共和县、海晏县、门源县、民和县发展提升为新兴城市，着力打造 45 个重点城镇，将沿线主要城镇建成丝绸之路经济带北进西出重要节点，将兰青、青藏铁路、兰新铁路沿线建成全省城镇主要发展带。到 2020 年，城镇人口达到 300 万人，占全省城镇人口的 81%。

黄河干流沿岸城镇带。涉及玉树州的曲麻莱，果洛州的玛沁、玛多、达日、甘德、久治，海南州的共和、贵德、兴海、同德、贵南，黄南州的同仁、河南、泽库、尖扎，海东市的循化、化隆、民和，共 18 个县（市）。主要任务是加快沿黄公路、水运等交通基础设施建设，加强沿岸城镇的有机联系，强化水库湖泊水体连片保护开发，建设滨河宜居宜游城市，打造黄河上游重要的生态旅游走廊、水电开发走廊和"菜篮子"走廊，构建以州府县城为重点、以黄河干流沿岸其他城镇为节点的滨河城镇发展带。逐步将共和县、同仁县、贵德县、玛沁县、民和县发展提升为新兴城市，着力打造 31 个重点城镇，成为推动全省经济社会发展的特色城镇带。到 2020 年，城镇人口达到 70 万人，占全省城镇人口的 19%，详见表 4-10。

表 4-10 城镇化发展总体空间布局

级别名称	数量/个	城镇（市）名称
中心城市	1	西宁市
区域性中心城市	4	海东市（副中心城市）、格尔木市、德令哈市、玉树市
新兴城市	8	共和县、同仁县、贵德县、海晏县、玛沁县、门源县、民和县、互助县
重点城镇	80	桥头镇、塔尔镇、城关镇（大通县）、东峡镇、长宁镇、上新庄镇、上五庄镇、李家山镇、拦隆口镇、西堡镇、城关镇（湟源）、大华镇、三合镇、官亭镇、马营镇、古都镇、寿乐镇、高庙镇、瞿昙镇、南门峡镇、塘川镇、丹麻镇、加定镇、五十镇、巴燕镇、群科镇、甘都镇、扎巴镇、积石镇、街子镇、白庄镇、青石嘴镇、东川镇、八宝镇、峨堡镇、沙柳河镇、哈尔盖镇、保安镇、马克唐镇、康杨镇、坎布拉镇、泽曲镇、麦秀镇、优干宁镇、倒淌河镇、龙羊峡镇、尕巴松多镇、子科滩镇、河卡镇、茫曲镇、过马营镇、拉加镇、赛来塘镇、柯曲镇、吉迈镇、智青松多镇、玛查理镇、花石峡镇、隆宝镇、萨呼腾镇、称文镇、清水河镇、歇武镇、加吉博洛镇、香达镇、约改镇、郭勒木德镇、尕海镇、怀头他拉镇、克鲁克镇、希里沟镇、柯柯镇、茶卡镇、察汗乌苏镇、香日德镇、宗加镇、新源镇、花土沟镇、柴旦镇、冷湖镇

资料来源：《青海省新型城镇化规划（2014—2020 年）》。

（2）加快发展东部城市群

加快推进以西宁为中心的东部城市群建设，是深入实施西部大开发战略的必然要求，是兰西经济区的重要组成部分和增长极，是丝绸之路经济带的重要支点和人文交流中心，是青海实现跨越发展的重要战略部署，是促进全省区域城乡协调发展的必然选择，是在更高层面参与区域竞争的重要载体。

提升西宁在国家城镇化格局中的战略定位。加强区域经济合作互动，推进兰西经济区建设，与成渝经济区、关中经济区成为鼎足之势，打造我国西部的新"西三角"，在更大范围、更广领域实现资源、人才、技术等方面的优势互补、良性互动。把西宁市建设成为中国西部现代化中心城市、丝绸之路经济带上重要支撑城市，全省政治、经济、文化中心，引领东部城市群发展的龙头，青藏高原重要的宜居城市和旅游目的地。积极推进城市群撤乡建镇改办，基本形成城市群多层次城镇体系。加快西宁新区前期工作，高起点规划、高质量打造好节点城镇，力争将西宁新区规划建设纳入国家层面。加快湟中、大通"撤县建区"前期工作步伐。到2020年，地区生产总值突破2 000亿元，城镇人口（含3县）180万人以上，城镇化率为75%左右。

全面推进海东市建设。抓紧海东"一核两区"规划建设各项工作，全面提升海东市的发展能力，实现兰西经济区的中部崛起。加快平安"撤县建区"和民和县、互助县"撤县建市"前期工作步伐，有序推进"撤乡建镇改办"，使海东市三年初具城市形态、五年完善城市功能，将海东市建设成为青海功能优化的重要城市、兰西经济区的产业基地、东部城市群的重要支撑、高原现代农业示范区和全省科学发展的新增长极。加强区域合作，推进民和川口与兰州海石湾协作建设"川海新城"，使其成为连接西宁、兰州两大城市的重要节点。以园区为依托，充分利用资源、区位优势和交通能源通道，优化资源组合，明确园区分工，尽快形成以现代工业和现代服务业、高原现代农业为主导的新型产业体系。坚持以城带乡，城乡统筹，积极发展田园美丽、服务功能齐全的都市现代农庄，全面推进南北山绿化工程，提升人居环境质量，打造特色宜居城镇。到2020年，地区生产总值达到780亿元，人均生产总值5.1万元，城镇人口达到76万人，城镇化率为50%左右。

完善城市群协同推进机制。按照规划一体化、综合交通一体化、水资源利用一体化、能源供应一体化、电信通信一体化、生态环保一体化、金融服务一体化、基本公共服务一体化的目标，打破行政区划，强化一体化、同城化协调推进的顶层设计，形成城市间协同发展、密切合作的工作机制，定期对城市群建设中涉及全局性和长远性的重大规划问题、跨行政区域或有区域性重大影响的建设项目进行协调沟通，走目标同向、措施一体、作用互补、利益相连、联动共赢的城市群协同发展道路。

（3）壮大区域性中心城市

充分发挥区域性中心城市在全省城镇化格局中的重要支撑作用，进一步提升格尔木市、德令哈市、玉树市等城市辐射带动及吸纳功能。

强化格尔木市城市地位。优化城市空间格局，合理划定城市边界，有效提高土地利用率，合理配置水资源，加快荒漠化土地治理，提高综合承载能力。加强集中供水、供热、排水等市政、公共服务设施和生态系统建设，加大住房建设力度。通过产业引导、政策优惠吸引农牧民转移，促进城市人口增长。充分发挥丝绸之路经济带重要节点城市的功能，进一步提升综合交通运输能力，加强与新疆、西藏等周边省区的联系，促进全省向西开放。加快推进新区建设，提升城市发展水平。新区按"一轴两带四片区"进行空间布局，建成融公共服务、产业研发、教育文化为一体，具有综合服务和休闲观光功能的绿色城区和全市产业升级的智力核心。到2020年，地区生产总值达到830亿元，人均生产总值28万元，城镇人口达到26万人，城镇化率为87%左右。

充分发挥德令哈市城市功能。合理配置、节约利用水资源，控制地下水开采，增强城镇发展的水资源保障，推进节水型城市建设。加强基础设施和公共服务能力建设，不断提高常住人口公共服务水平和质量。推进荒漠化土地治理，扩大绿洲、湿地等生态屏障面积，提高城市绿化水平，增强人口承载能力。加快推进新区建设，完善城市功能，建成彰显高原特色、产城融合、生态优美、宜居宜业的新城区。到2020年，地区生产总值达到130亿元，人均生产总值13.5万元，城镇人口达到7万人，城镇化率为73%左右。

把玉树市打造成三江源区域中心城市。巩固灾后重建成果，夯实发展基础，推进生态文明建设，不断提高民生水平。加强民族文化资源挖掘和文化生态整体保护，保存历史文化记忆，推动藏民族特色文化发展。加强虫草等珍稀生物资源保护性开发，因地制宜培育发展高原旅游、生态农畜产品加工等特色产业。加强对入城居住牧民和新生劳动力的劳动技能培训，提高其就业和创业能力。将玉树打造成为高原生态型商贸文化旅游城市和三江源地区中心城市，进一步释放社会主义新玉树的发展潜力。到 2020 年，地区生产总值达到 20 亿元，人均生产总值 1.5 万元，城镇人口达到 10 万人，城镇化率 75%左右。

（4）培育新兴城市

根据城镇主体功能定位、区位优势度、经济密度、人口密度、总人口、城镇人口、人均水资源、人均建设用地资源、城镇经济总量、二三产业增加值及其比重、人均财政收入、人均财政支出、城镇化率 13 项指标，对青海省州府县城进行综合评分，共和、同仁、贵德、海晏、玛沁 5 县具有"撤县建市"优势，力争通过积极培育，到 2020 年分批改造提升为新兴城市；稳妥推进门源、民和、互助 3 个民族自治县行政、财税管理向城市体制转变，适时"撤县建市"。加强城市基础设施建设，超前统筹生产区、生活区、商业区等功能区的规划建设，大力发展特色产业园区，推动单一生产功能向城市综合功能转型，拓展发展空间，加速人口、要素和产业集聚，将新兴城市打造成为支撑本区、引领周边的新的经济增长核心。到 2020 年，新兴城市地区生产总值达到 625 亿元以上，占全省经济总量的 12%，人均生产总值 5 万元，城镇人口达到 64 万人，占全省城镇人口的 17%。

共和县。以恰卜恰镇为基础，充分发挥辐射青南的综合区位交通优势和资源优势，大力发展轻工纺织、贸易流通、清洁能源、生态旅游和生态畜牧业，积极开发地热资源，大力发展冷水渔业，加快推进光伏产业园区和农畜产品加工流通贸易园区建设，打造支撑产业发达、民族特色鲜明、生态环境良好的高原生态文明城市。到 2020 年，地区生产总值达到 75 亿元，人均生产总值 5.5 万元，城镇人口达到 8 万人，城镇化率为 59%左右。

同仁县。以隆务镇为基础，依托国家文化产业示范基地、国家级热贡文化生态保护试验区建设，大力发展民族文化产业、旅游业和特色农牧业，加快城市基础设施和公共服务设施建设，打造民族风情浓郁、人文特色突出的唐卡制作精品旅游街区，提升城市品位，建成高原民族文化旅游名城。到 2020 年，地区生产总值达到 35 亿元以上，人均生产总值 3.5 万元，城镇人口达到 5 万人，城镇化率为 49%左右。

贵德县。以三河地区为基础，充分利用地处黄河沿岸和西宁一小时交通圈优势，加快城市基础设施和公共服务设施建设，科学挖掘旅游、文化资源，发挥旅游业连锁效应，带动地方特色手工业、农畜产品加工业等提质升级，增强人口吸纳能力。加强与省会城市及青海湖景区的联系，建设全省旅游综合开发示范区，建成沿黄休闲度假旅游名城。到 2020 年，地区生产总值达到 60 亿元，人均生产总值 5.3 万元，城镇人口达到 5 万人，城镇化率为 45% 左右。

海晏县。以西海镇为基础，与三角城镇及红河湾工业园区统一规划，充分发挥区位和人文优势，重点发展旅游业和生态畜牧业，打造产业优势突出、生态旅游发达、民族特色鲜明的最美草原新城。到 2020 年，地区生产总值达到 40 亿元，人均生产总值 10 万元，城镇人口达到 3 万人，城镇化率为 73% 左右。

玛沁县。以大武镇为基础，拉加镇为重要组成部分，抓住加快果洛发展的良好机遇，科学制定城市规划，加快改善基础设施条件，增强聚集经济和吸纳人口能力。将民族文化产业与旅游业、手工业发展相结合，依托特色资源，着力发展农畜产品等特色加工业，建设高原雪域新城。到 2020 年，地区生产总值达到 35 亿元，人均生产总值 7 万元，城镇人口达到 4 万人，城镇化率为 76% 左右。

门源县。以浩门镇为基础，与青石嘴镇、东川镇同城规划、统筹建设，充分挖掘独特的民族文化和生态旅游资源，开发森林旅游、徒步登山探险旅游、观光农业旅游和水上旅游等新的旅游产品和旅游线路，加强与毗连城市合作，大力发展蜂产品加工等绿色经济，打造冷凉绿色产业基地、高原生态民族风情旅游基地、青海北部重要的门户城市。到 2020 年，地区生产总值达到 50 亿元，人均生产总值 3 万元，城镇人口达到 7 万人，城镇化率为 43% 左右。

民和县。以川口镇为基础，优化提升川垣新区功能。依托西宁—兰州城市群和海东市建设，加速新型工业化进程，积极改善综合交通等基础设施条件，推进环境综合治理，改善人居条件，增强聚集经济和吸纳人口能力，打造青海省东部窗口新城和国家出口型城镇。到 2020 年，地区生产总值达到 130 亿元，人均生产总值 3.4 万元，城镇人口达到 18 万人，城镇化率为 51% 左右。

互助县。以威远镇为基础，充分发挥交通优势、民族特色，依托历史悠久的土族风情文化、独具特色的青稞酒文化，大力发展绿色经济、循环经济，积极建设国家级高原旅游休闲度假区、现代农业示范区及土族民族文化传承基地，打造经济发达、环境优美、生活富裕的全国唯一土族风情城市。到 2020 年，地区生产总值达 170 亿元，人均生产总值 4.2 万元，城镇人口达到 17 万人，城镇化率为 43% 左右。

（5）打造重点城镇

按照生态环保、设施配套、宜居宜业的要求，坚持连片式与串联式、卫星式发展并举，集中打造自然条件较好、区位优势突出、交通便利的 80 个重点城镇。加强交通、水利、能源、信息、市政等基础设施建设，全面推进城镇环境综合整治，不断增强综合承载能力。推进制度创新，合理分配公共资源，强化科技信息服务、就业与社会保障、规划建设、文化教育卫生等服务职能。实施差异化发展战略，将重点城镇分别打造成综合服务型、工业服务型、交通物流型、文化旅游型、商贸服务型和农牧业服务型精品城镇，形成广大农村地区城镇化的重要空间载体，促进人口和产业向重点城镇集聚，加快城镇周边人口就地城镇化。

对一般建制镇，要因地制宜，分类分级指导。对于具有一定区位优势和发展前景的 33 个城镇可作为市州县扶持重点予以积极引导，不断增强其内生动力；对于海拔较高、发展基础和条件较差的 12 个城镇可作为工作点，努力改善工作生活条件。

重点城镇。综合服务型 25 个：桥头镇、城关镇（湟源）、巴燕镇、群科镇、积石镇、八宝镇、沙柳河镇、马克唐镇、泽曲镇、优干宁镇、尕巴松多镇、子科滩镇、茫曲镇、赛来塘镇、吉迈镇、柯曲镇、玛查理镇、约改镇、香达镇、称文镇、加吉博洛镇、萨呼腾镇、察汗乌苏镇、希里沟镇、新源镇；工业服务型 10 个：长宁镇、上新庄镇、大华镇、塘川镇、保安镇、哈尔盖镇、花土沟镇、柴旦镇、冷湖镇、柯柯镇；交通物流型 9 个：古鄯镇、甘都镇、扎巴镇、河卡镇、过马营镇、花石峡镇、歇武镇、清水河镇、茶卡镇；文化旅游型 13 个：上五庄镇、街子镇、丹麻镇、加定镇、南门峡镇、高庙镇、瞿昙镇、峨堡镇、倒淌河镇、龙羊峡镇、坎布拉镇、麦秀镇、克鲁克镇；商贸服务型 10 个：东峡镇、三合镇、五十镇、官亭镇、马营镇、拉加镇、青石嘴镇、东川镇、智青松多镇、康扬镇；农牧业服务型 13 个：塔尔镇、城关镇（大通）、李家山镇、拦隆口镇、西堡镇、寿乐镇、白庄镇、隆宝镇、宗加镇、郭勒木德镇、怀头他拉镇、尕海镇、香日德镇。

（6）建设美丽乡村

推行"耕在田、居在镇，基础设施城镇化、生活服务社区化、生活方式市民化"的新型农村牧区城镇化模式，以住房建设、基础设施和公共服务设施配套建设、环境综合整治为主要内容，每年建设 300 个村庄，打造一批田园美、村庄美、生活美的美丽乡村。加强清洁能源在新型农牧区社区的使用推广，在条件具备的社区适度发展旅游服务、农畜产品加工、特色手工业、餐饮等产业，引导农（牧）民向城镇、中心村集中。

十、《兰州—西宁城市群发展规划》

2018 年 2 月，《国务院关于兰州—西宁城市群发展规划的批复》（国函〔2018〕38 号）发布。《兰州—西宁城市群发展规划》是青海省地方发展战略融入国家战略的重大实践成果，对全面提升青海省城镇化发展层次和水平，促进青海省区域协调发展和推进"一带一路"建设具有重大的现实意义和深远的历史意义。兰州—西宁城市群（以下简称"兰西城市群"）是我国西部重要的跨省区城市群，人口和城镇相对比较密集，水土资源条件相对较好，自古以来就是国家安全的战略要地，在维护我国国土安全和生态安全大局中具有不可替代的独特作用。《兰州—西宁城市群发展规划》是培育发展兰西城市群的指导性文件，规划期限至 2035 年。

1．规划范围

兰西城市群规划范围包括甘肃省兰州市，白银市白银区、平川区、靖远县、景泰县，定西市安定区、陇西县、渭源县、临洮县，临夏回族自治州临夏市、东乡族自治县、永靖县、积石山保安族东乡族撒拉族自治县及青海省西宁市，海东市，海北藏族自治州海晏县，海南藏族自治州共和县、贵德县、贵南县，黄南藏族自治州同仁县、尖扎县。总面积 9.75 万 km²，2016 年地区生产总值 4 874 亿元，常住人口 1 193 万人。

2．发展基础

兰州—西宁地区位于我国西部腹地，战略地位突出，但发展底子薄、任务重，经济、民生和生态环保矛盾比较突出。促进该地区发展，关系到国家安全和发展战略全局，关系到西部地区全面建成小康社会和实现社会主义现代化，必须要紧抓机遇、发挥优势、补齐短板，以更大的决心和气力培育发展城市群。

区位优势明显。地处新亚欧大陆桥国际经济合作走廊，是中国—中亚—西亚经济走廊的重要支撑，以兰州、西宁为核心的放射状综合通道初步形成，坐中四联的枢纽地位日益突出，稳藏固疆战略要地功能进一步凸显。

资源禀赋较好。属于西北水土资源组合条件较好地区，黄河、湟水谷地建设用地条件较好，有色金属、非金属等矿产资源和水能、太阳能、风能等能源资源富集，是我国西气东输、西油东送的骨干通道，也是重要的新能源外送基地。

经济基础较好。石油化工、盐湖资源综合利用、装备制造等优势产业体系基本形成，新能源新材料和循环经济基地加快建设。人口密度达 125 人/km²，分布较为密集，高于周边地区平均水平，兰州、西宁城区常住人口已超百万。科技力量较强，物理、生物、资源环境研究具有优势。

生态地位突出。处于第一阶梯地形向第二阶梯地形的过渡带，北仗祁连余脉，中拥河湟谷地，南享草原之益，周边有国家生态屏障，最大的价值在生态，最大的责任在生态，最大的潜力在生态，既有承担生态保护的重大责任，也有潜在生态优势转化为现实经济优势的良好条件。

经济社会人文联系紧密。各城市山水相依、人缘相亲、民俗相近，交通联系紧密、人员往来密切、经贸合作不断深化，文化多源并出、多元兼容、遗存丰富，各民族共同团结奋斗、共同繁荣发展，具备推进一体化的良好基础。

3．战略定位

着眼国家安全，立足西北内陆，面向中亚、西亚，培育发展具有重大战略价值和鲜明地域特色的新型城市群。围绕上述总体定位，加快在以下发展定位上实现突破。

（1）维护国家生态安全的战略支撑

围绕支撑青藏高原生态屏障建设和北方防沙带建设，引导人口向城市群适度集聚，建立稳固的生态建设服务基地，形成城市群集约高效开发、大区域整体有效保护的大格局。统筹推进山水林田湖草综合治理，努力改善生态环境质量，切实维护黄河上游生态安全。

（2）优化国土开发格局的重要平台

支持和推动兰西城市群经济社会持续健康发展，合理布局建设一批特色鲜明、集聚能力较强的城镇，增强综合承载力和公共服务保障水平，积极推动人口经济格局优化，着力推动国土均衡开发，进一步发挥维护国土安全和生态安全的重要作用。

（3）促进我国向西开放的重要支点

依托沟通沿海内地、联通西部边疆和欧亚大陆的地缘优势，提升参与"一带一路"建设的能力和水平，重点面向中西亚和东南亚广阔市场，强化国际产能合作和经贸文化交流，打造高层次开放平台，加快发展外向型经济，提高对外开放水平。

（4）支撑西北地区发展的重要增长极

发挥老工业基地产业基础较强和资源禀赋优势，加快技术进步和体制机制创新，完善市场环境，发展特色产业。强化与关中平原、天山北坡、宁夏沿黄等城市群协调互动，辐射带动周边地区脱贫攻坚，为西北地区现代化建设提供更强的支撑作用。

（5）沟通西北西南、连接欧亚大陆的重要枢纽

发挥区位优势，推进陆桥通道的功能性调整和结构性补缺，加快建设沟通川、渝、滇、黔、桂的综合性通道，积极推进铁路国际班列物流平台建设，强化兰州、西宁的综合枢纽功能，完善综合交通运输体系，加快提升内通外联能力。

4．发展目标

到 2035 年，兰西城市群协同发展格局基本形成，各领域发展取得长足进步，发展质量明显提升，在全国区域协调发展战略格局中的地位更加巩固。

（1）生态环境根本好转

以主体功能区为基础的国土空间开发保护格局形成，生态空间不断扩大，黄河、湟水河、渭河等流域综合治理取得重大突破。绿色宜居城镇和森林城镇建设取得显著成效，空气质量优良天数比例达到 85% 以上，土壤环境风险得到全面管控。城市群内外生态建设联动格局基本形成，对青藏高原生态屏障和北方防沙带建设的支撑作用明显增强。

（2）人口集聚能力和经济发展活力明显提升

供给侧结构性改革取得重要进展，经济发展和人口集聚的短板和"瓶颈"制约得到有效缓解，创新活力、创新实力进一步提升，市场主体活力增强，特色产业体系有效构建，人口吸纳能力进一步增强，人口总量和经济密度稳步提升。

（3）强中心、多节点的城镇格局基本形成

兰州作为西北地区商贸物流、科技创新、综合服务中心和交通枢纽功能得到加强。西宁辐射服务西藏新疆、连接川滇的战略支点功能更加突出，具有一定影响力的现代化区域中心城市基本建成。中小城市数量明显增加，城镇密度逐步提升，对周边地区的支撑和服务功能不断加强。

（4）对内对外开放水平显著提升

城市群开放平台作用进一步发挥，与周边区域的协同合作能力持续增强，深度融入"一带一路"建设，开放型经济向更广领域、更深层次、更高水平迈进，文化影响力显著提升，基本建成面向中西亚、东南亚商贸物流枢纽、重要产业和人文交流基地。

（5）区域协调发展机制建立健全

阻碍生产要素自由流动的行政壁垒和体制机制障碍基本消除，区域市场一体化步伐加快，交通基础设施互联互通、公共服务设施共建共享、生态环境联防联控联治、创新资源高效配置的机制不断完善，城市群成本共担和利益共享机制不断创新，一体化发展格局基本形成。

5．空间格局

以点带线、由线到面拓展区域发展新空间，加快兰州—白银、西宁—海东都市圈建设，重点打造兰西城镇发展带，带动周边节点城镇，构建"一带双圈多节点"空间格局。

"一带"指兰西城镇发展带。依托综合性交通通道，以兰州、西宁、海东、定西等为重点，统筹城镇建设、资源开发和交通线网布局，加强沿线城市产业分工协作，向东加强与关中平原和东中部地区的联系，向西连接丝绸之路经济带沿线国家和地区，打造城市群发展和开放合作的主骨架。

"双圈"指兰州—白银都市圈和西宁—海东都市圈。

兰州—白银都市圈。以兰州、白银为主体，辐射周边城镇。提升兰州区域中心城市功能，提高兰州新区建设发展水平，加快建设兰白科技创新改革试验区，推进白银资源枯竭型城市转型发展，稳步提高城际互联水平，推动石油化工、有色冶金等传统优势产业转型升级，做大做强高端装备制造、新材料、生物医药等主导产业，加快都市圈同城化、一体化进程。

西宁—海东都市圈。以西宁、海东为主体，辐射周边城镇。加快壮大西宁综合实力，完善海东、多巴城市功能，强化县域经济发展，共同建设承接产业转移示范区，重点发展新能源、新材料、生物医药、装备制造、信息技术等产业，积极提高城际互联水平，稳步增加城市数量，加快形成联系紧密、分工有序的都市圈。

"多节点"指定西、临夏、海北、海南、黄南等市区（州府）和实力较强的县城。推进沿黄快速通道建设，打通节点城市与中心城市、节点城市之间高效便捷的交通网络。依托地方特色资源，大力发展农畜产品精深加工、新能源、商贸物流、特色文化旅游等产业，因地制宜在黄河沿岸发展库区经济。强化海南对青藏高原腹地的综合服务功能，提升定西、临夏、海北、黄南对周边地区脱贫攻坚带动，进一步发挥节点城镇对国土开发的基础性支撑作用。支持有条件的县有序改市，尽快按城市标准规划建设管理，积极培育新兴城市。

6．空间管控

构建与资源环境承载能力相适应的空间格局，严格落实主体功能区战略和制度，依据资源环境承载能力和国土空间开发适宜性评价，按照"大均衡、小集中"的原则，调整和优化空间结构，提高空间利用效率。

（1）强化空间功能分区管控

按主体功能定位实施分类指导。重点开发区要积极推进产城融合和循环经济、低碳经济发展，适度扩大城镇空间，严格保护绿色生态空间，强化产业和人口集聚能力。农产品主产区要加强耕地保护，优化农业结构，推动现代农业发展。重点生态功能区要把增强提供生态产品能力作为首要任务，严控各类开发活动，因地制宜发展符合主体功能定位的适宜产业。细化落实国土空间管控单元。创新差异化协同发展机制，实现主体功能定位在各县（市、区）精准落地。坚持生态优先，划定并严守生态保护红线，确定生态空间。依次确定农业、城镇空间范围，并划定永久基本农田和城市开发边界。生态空间、农业空间原则上按限制开发区进行用途管制，其中生态保护红线范围内空间原则上按禁止开发区进行用途管制，永久基本农田一经划定，任何单位和个人不得擅自占用或改变用途。城镇空间按照集约、紧凑、高效原则实施从严管控。

（2）依据资源环境承载能力实施土地资源分类管控

对土地资源超载地区，原则上不新增建设用地指标，实行城镇建设用地零增长，严格控制各类新城新区和开发区设立，对耕地、草原资源超载地区，土壤污染严格管控区，研究实施轮作休耕、禁牧休牧制度，禁止耕地、草原非农非牧使用，大幅降低耕地施药施肥强度和畜禽粪污排放强度；对临界超载地区，严格管控建设用地总量，逐步提高存量土地供应比例，用地指标向基础设施和公益项目倾斜，严格限制耕地、草原非农非牧使用；对不超载地区，鼓励存量建设用地挖潜，巩固和提升耕地质量，实施草畜平衡制度。加强水资源承载能力监测预警并强化管控，严格限制新增取用水，在临界超载地区，控制发展高耗水产业。

第五章　生态功能区位

国家在重点生态功能区、生态环境敏感区和脆弱区等区域划定生态保护红线，实行严格保护。

青海省位于青藏高原东北部，地处我国"两屏三带"生态安全战略格局中青藏高原生态屏障的核心区域，是长江、黄河、澜沧江、黑河等大江大河的发源地，是我国淡水资源的重要补给地，每年向下游供水超过 600 亿 m^3，关系到下游西藏、甘肃、四川等 16 个省（区、市）的用水安全，被誉为"三江之源""中华水塔"，是国家重要生态安全屏障和高寒生物自然种质资源库，是我国及东半球气候的"启动区"和"调节区"，也是中华民族的"生态源"，具有不可估量的生态价值，生态战略地位显著。青海生态环境的变化不仅关系到青海自身生态安全，而且直接影响我国乃至东南亚的生态安全，决定了青海在我国乃至世界生态安全中具有不可替代的作用。其中，三江源地区、祁连山地区以其特殊的地理位置、独特典型的自然生态系统和丰富的生物多样性、重要的生态系统服务功能，在全国生态文明建设上具有特殊重要地位，关系到全国的生态安全和中华民族的长远发展，先后被划为国家重点生态功能区、重要生态功能区、生物多样性优先保护区，而且是对国家和区域生态安全具有重要作用的水源涵养生态功能区域。

一、国家重点生态功能区

重点生态功能区包括限制开发的重点生态功能区和禁止开发的重点生态功能区，限制开发的重点生态功能区亦称重点生态功能区，禁止开发的重点生态功能区亦称禁止开发区域。限制开发的重点生态功能区包括《全国主体功能区规划》确定的 25 个国家级重点生态功能区，以及省级主体功能区规划划定的其他省级限制开发的重点生态功能区。禁止开发的重点生态功能区是指依法设立的各级各类自然文化资源保护区，以及其他需要特殊保护，禁止进行工业化、城市化开发，并点状分布于优化开发、重点开发和限制开发区域之中的重点生态功能区。

根据 2010 年 12 月国务院发布的《全国主体功能区规划》，重点生态功能区有国家级限制开发的重点生态功能区和禁止开发区域（禁止进行工业化、城镇化开发的重点生态功能区）。

1. 重点生态功能区

国家层面限制开发的重点生态功能区是指生态系统十分重要，关系全国或较大范围区域的生态安全，目前生态系统有所退化，需要在国土空间开发中限制进行大规模、高强度工业化、城镇化开发，以保持并提高生态产品供给能力的区域。功能定位是保障国家生态安全的重要区域，人与自然和谐相处的示范区。国家重点生态功能区分为水源涵养型、水土保持型、防风固沙型和生物多样性维护型 4 种类型 25 个地区，总面积约 385.87 万 km²，占全国陆地国土面积的 40.2%，详见表 5-1。

表 5-1　国家重点生态功能区名录

编号	国家重点生态功能区名称	面积/万 km²	编号	国家重点生态功能区名称	面积/万 km²
一	防风固沙类型（6 个）		三	水源涵养类型（8 个）	
1	塔里木河荒漠化防治	45.36	14	大小兴安岭森林	34.70
2	阿尔金草原荒漠化防治	33.66	15	长白山森林	11.19
3	呼伦贝尔草原草甸	4.55	16	阿尔泰山地森林草原区	11.77
4	科尔沁草原	11.12	17	三江源草原草甸湿地	35.34
5	浑善达克沙漠化防治	16.80	18	若尔盖草原湿地	2.85
6	阴山北麓草原	9.69	19	甘南黄河重要水源补给	3.38
二	生物多样性维护类型（7 个）		20	祁连山冰川与水源涵养	18.52
7	川滇森林及生物多样性	30.26	21	南岭山地森林及生物多样性	6.68
8	秦巴生物多样性	14.00	四	水土保持类型（4 个）	
9	藏东南高原边缘森林	9.78	22	黄土高原丘陵沟壑水土保持	11.21
10	藏西北羌塘高原荒漠	49.44	23	大别山水土保持	3.12
11	三江平原湿地	4.77	24	桂黔滇喀斯特石漠化防治	7.63
12	武陵山区生物多样性及水土保持	6.56	25	三峡库区水土保持	2.78
13	海南岛中部山区热带雨林	0.71		合计（25 个）	385.87

资料来源：《全国主体功能区规划》。

（1）三江源草原草甸湿地生态功能区

该区属水源涵养类型的生态功能区，是长江、黄河、澜沧江的发源地，有"中华水塔"之称，是全球大江大河、冰川、雪山及高原生物多样性最集中的地区之一，其径流、冰川、冻土、湖泊等构成的整个生态系统对全球气候变化有巨大的调节作用。目前草原退化、湖泊萎缩、鼠害严重，生态系统功能受到严重破坏。发展方向为封育草原，治理退化草原，减少载畜量，涵养水源，恢复湿地，实施生态移民。该区域范围包括青海省同德县、兴海县、泽库县、河南蒙古族自治县、玛沁县、班玛县、甘德县、达日县、久治县、玛多县、玉树市、杂多县、称多县、治多县、囊谦县、曲麻莱县、格尔木市唐古拉山镇 5 州 16 县（市）1 镇，总面积为 35.34 万 km²，占青海省国土面积的 50.73%。

（2）祁连山冰川与水源涵养生态功能区

该区属水源涵养类型的生态功能区，冰川储量大，对维系甘肃河西走廊和内蒙古西部绿洲的水源具有重要作用。目前草原退化严重，生态环境恶化，冰川萎缩。发展方向为围栏封育天然植被，降低载畜量，涵养水源，防止水土流失，重点加强石羊河流域下游民勤地区的生态保护和综合治理。该区域范围包括甘肃省永登县、永昌县、天祝藏族自治县、肃南裕固族自治县（不包括北部区块）、民乐县、肃北蒙古族自治县（不包括北部区块）、阿克塞哈萨克族自治县、中牧山丹马场、民勤县、山丹县、古浪县，青海省天峻县、祁连县、刚察县、门源回族自治县，总面积为 18.52 万 km²。其中，青海省境内面积为 5.56 万 km²，占全省国土面积的 7.98%，占该区域面积的 30.02%。

（3）青海纳入国家重点生态功能区县域

2016 年，《国务院关于同意新增部分县（市、区、旗）纳入国家重点生态功能区的批复》（国函〔2016〕161 号）指出，青海新增 14 个县域，全省 46 个县级行政区中，除西宁市 4 区和乌兰县外，其余 41 个县域全部纳入国家重点生态功能区，详见表 5-2。

表 5-2　全省各县（市、区、行委）生态功能区类型

所在市域	县域名称	所在生态功能区	主导生态功能类型	备注
西宁市	大通回族土族自治县	湟水谷地水土保持生态功能区	水土保持	2016 年新增
	湟中县	湟水谷地水土保持生态功能区	水土保持	2016 年新增
	湟源县	湟水谷地水土保持生态功能区	水土保持	2016 年新增
	城中区	—	—	—
	城东区	—	—	—
	城北区	—	—	—
	城西区	—	—	—
海东市	乐都区	湟水谷地水土保持生态功能区	水土保持	2016 年新增
	平安区	湟水谷地水土保持生态功能区	水土保持	2016 年新增
	民和回族土族自治县	湟水谷地水土保持生态功能区	水土保持	2016 年新增
	互助土族自治县	湟水谷地水土保持生态功能区	水土保持	2016 年新增
	化隆回族自治县	海东—甘南高寒草甸草原水源涵养功能区	水源涵养	2016 年新增
	循化撒拉族自治县	海东—甘南高寒草甸草原水源涵养功能区	水源涵养	2016 年新增
海北藏族自治州	门源回族自治县	祁连山冰川与水源涵养生态功能区	水源涵养	—
	祁连县	祁连山冰川与水源涵养生态功能区	水源涵养	—
	海晏县	祁连山冰川与水源涵养生态功能区	水源涵养	—
	刚察县	祁连山冰川与水源涵养生态功能区	水源涵养	—
黄南藏族自治州	同仁县	三江源草原草甸湿地生态功能区	水源涵养	—
	尖扎县	三江源草原草甸湿地生态功能区	水源涵养	—
	泽库县	三江源草原草甸湿地生态功能区	水源涵养	—
	河南蒙古族自治县	三江源草原草甸湿地生态功能区	水源涵养	—
海南藏族自治州	共和县	三江源草原草甸湿地生态功能区	水源涵养	—
	同德县	三江源草原草甸湿地生态功能区	水源涵养	—
	贵德县	三江源草原草甸湿地生态功能区	水源涵养	—
	兴海县	三江源草原草甸湿地生态功能区	水源涵养	—
	贵南县	三江源草原草甸湿地生态功能区	水源涵养	—
果洛藏族自治州	玛沁县	三江源草原草甸湿地生态功能区	水源涵养	—
	班玛县	三江源草原草甸湿地生态功能区	水源涵养	—
	甘德县	三江源草原草甸湿地生态功能区	水源涵养	—
	达日县	三江源草原草甸湿地生态功能区	水源涵养	—
	久治县	三江源草原草甸湿地生态功能区	水源涵养	—
	玛多县	三江源草原草甸湿地生态功能区	水源涵养	—

所在市域	县域名称	所在生态功能区	主导生态功能类型	备注
玉树藏族自治州	玉树市	三江源草原草甸湿地生态功能区	水源涵养	—
	杂多县	三江源草原草甸湿地生态功能区	水源涵养	—
	称多县	三江源草原草甸湿地生态功能区	水源涵养	—
	治多县	三江源草原草甸湿地生态功能区	水源涵养	—
	囊谦县	三江源草原草甸湿地生态功能区	水源涵养	—
	曲麻莱县	三江源草原草甸湿地生态功能区	水源涵养	—
海西蒙古族藏族自治州	格尔木市	三江源草原草甸湿地生态功能区	水源涵养	—
	天峻县	祁连山冰川与水源涵养生态功能区	水源涵养	—
	乌兰县	—	—	—
	德令哈市	柴达木盆地防风固沙生态功能区	防风固沙	2016 年新增
	都兰县	柴达木盆地防风固沙生态功能区	防风固沙	2016 年新增
	冷湖行政委员会*	柴达木盆地防风固沙生态功能区	防风固沙	2016 年新增
	大柴旦行政委员会	柴达木盆地防风固沙生态功能区	防风固沙	2016 年新增
	茫崖行政委员会*	柴达木盆地防风固沙生态功能区	防风固沙	2016 年新增

注：*表示 2018 年 12 月，经民政部批准，撤销原茫崖行政委员会和冷湖行政委员会，设立茫崖市。

2．禁止开发区域

禁止开发区域是禁止进行工业化、城镇化开发的重点生态功能区。国家禁止开发区域是指有代表性的自然生态系统、珍稀濒危野生动植物物种的天然集中分布地、有特殊价值的自然遗迹所在地和文化遗址等，需要在国土空间开发中禁止进行工业化、城镇化开发的重点生态功能区，其功能定位是我国保护自然文化资源的重要区域，珍稀动植物基因资源保护地。

国家级禁止开发区域包括国家级自然保护区、世界文化自然遗产、国家级风景名胜区、国家森林公园和国家地质公园。截至 2010 年 10 月 31 日，国家禁止开发区域共 1 443 处，扣除部分相互重叠后总面积约 120 万 km²，占全国陆地国土面积的 12.5%。包括了青海循化孟达、青海湖、可可西里、三江源、隆宝 5 处国家级自然保护区，青海湖 1 处国家级风景名胜区，坎布拉、北山、大通、群加、仙米、哈里哈图、麦秀 7 处国家森林公园，尖扎坎布拉、格尔木昆仑山、久治年保玉则、互助北山 4 处国家地质公园。

3．开发管制原则

（1）国家重点生态功能区

对各类开发活动进行严格管制，尽可能减少对自然生态系统的干扰，不得损害生态系统的稳定和完整性。开发矿产资源、发展适宜产业和建设基础设施，都要控制在尽可能小的空间范围之内，并做到天然草地、林地、水库水面、河流水面、湖泊水面等绿色生态空间面积不减少。控制新增公路、铁路建设规模，必须新建的，应事先规划好动物迁徙通道。在有条件的地区之间，要通过水系、绿带等构建生态廊道，避免形成"生态孤岛"。严格控制开发强度，逐步减少农村居民点占用的空间，腾出更多的空间用于维系生态系统的良性循环。

城镇建设与工业开发要依托现有资源环境承载能力相对较强的城镇集中布局、据点式开发，禁止成片蔓延式扩张。原则上不再新建各类开发区和扩大现有工业开发区的面积，已有的工业开发区要逐步改造成为低消耗、可循环、少排放、"零污染"的生态型工业区。实行更加严格的产业准入环境标准，严把项目准入关。在不损害生态系统功能的前提下，因地制宜地适度发展旅游、农林牧产品生产和加工、观光休闲农业等产业，积极发展服务业，根据不同地区的情况，保持一定的经济增长速度和财政自给能力。

在现有城镇布局基础上进一步集约开发、集中建设，重点规划和建设资源环境承载能力相对较强的县城和中心镇，提高综合承载能力。引导一部分人口向城市化地区转移，一部分人口向区域内的县城和中心镇转移。生态移民点应尽量集中布局到县城和中心镇，避免新建孤立的村落式移民社区。加强县城和中心镇的道路、供排水、垃圾污水处理等基础设施建设。在条件适宜的地区，积极推广沼气、风能、太阳能、地热能等清洁能源，努力解决农村特别是山区、高原、草原和海岛地区农村的能源需求。在有条件的地区建设一批节能环保的生态型社区。健全公共服务体系，改善教育、医疗、文化等设施条件，提高公共服务供给能力和水平。

（2）国家禁止开发区域

国家禁止开发区域要依据法律法规规定和相关规划实施强制性保护，严格控制人为因素对自然生态和文化自然遗产原真性、完整性的干扰，严禁不符合主体功能定位的各类开发活动，引导人口逐步有序转移，实现污染物"零排放"，提高环境质量。今后新设立的各类禁止开发区域的范围，原则上不得重叠交叉。今后新设立的国家级自然保护区、世界文化自然遗产、国家级风景名胜区、国家森林公园、国家地质公园，自动进入国家禁止开发区域名录。

二、全国重要生态功能区

1. 重要生态功能区

2000 年，国务院发布了《全国生态环境保护纲要》（国发〔2000〕38 号），指出江河源头区、重要水源涵养区、水土保持的重点预防保护区和重点监督区、江河洪水调蓄区、防风固沙区和重要渔业水域等重要生态功能区，在保持流域、区域生态平衡，减轻自然灾害，确保国家和地区生态环境安全方面具有重要作用。对这些区域的现有植被和自然生态系统应严加保护，通过建立生态功能保护区，实施保护措施，防止生态环境的破坏和生态功能的退化。跨省域和重点流域、重点区域的重要生态功能区，建立国家级生态功能保护区；跨地（市）和县（市）的重要生态功能区，建立省级和地（市）级生态功能保护区。

环境保护部和中国科学院 2008 年 7 月发布了《全国生态功能区划》，在分区区域生态特征、生态系统服务以及生态敏感性空间分异规律基础上，确定了我国不同地域单元的主导功能，同时根据生态功能区对保障国家生态安全的重要性，以水源涵养、水土保持、防风固沙、生物多样性保护和洪水调蓄 5 类主导功能为基础，确定了 50 个重要生态服务功能区域。2015 年 11 月发布了《全国生态功能区划（修编版）》。重要生态功能区是指在维护国家或流域、区域生态平衡，减轻自然灾害，确保国家或地区生态安全，为自身及其周边地区经济社会的发展提供生态服务，促进区域、流域经济社会可持续发展等方面具有重要作用的区域。《全国生态功能区划（修编版）》按照生态系统的自然属性和所具有的主导服务功能类型，将生态系统服务功能分为生态调节、产品提供与人居保障 3 大类。在生态功能大类的基础上，依据生态系统服务功能重要性划分为 9 个生态功能类型。生态调节功能包括水源涵养、生物多样性保护、土壤保持、防风固沙、洪水调蓄 5 个类型；产品提供功能包括农产品和林产品提供 2 个类型；人居保障功能包括人口和经济密集的大都市群和重点城镇群 2 个类型。对保障国家与区域生态安全的重要性，以水源涵养、生物多样性保护、土壤保持、防风固沙和洪水调蓄 5 类主导生态调节功能为基础，确定 63 个重要生态系统服务功能区（以下简称重要生态功能区），详见表 5-3。

表 5-3　全国重要生态功能区

编号	重要生态功能区名称	水源涵养	生物多样性保护	土壤保持	防风固沙	洪水调蓄
1	大兴安岭水源涵养与生物多样性保护重要区	++	++	++	—	+
2	长白山区水源涵养与生物多样性保护重要区	++	++	++	—	—
3	辽河源水源涵养重要区	++	—	+	+	—
4	京津冀北部水源涵养重要区	++	—	+	—	—
5	太行山区水源涵养与土壤保持重要区	++	—	++	+	—
6	大别山水源涵养与生物多样性保护重要区	++	++	+	—	—
7	天目山—怀玉山区水源涵养与生物多样性保护重要区	++	++	++	—	—
8	罗霄山脉水源涵养与生物多样性保护重要区	++	++	+	—	—
9	闽南山地水源涵养重要区	++	+	+	—	—
10	南岭山地水源涵养与生物多样性保护重要区	++	++	++	—	—
11	云开大山水源涵养重要区	++	—	+	—	—
12	西江上游水源涵养与土壤保持重要区	++	—	++	—	—
13	大娄山区水源涵养与生物多样性保护重要区	++	++	++	—	—
14	川西北水源涵养与生物多样性保护重要区	++	++	+	+	—
15	甘南山地水源涵养重要区	++	+	—	—	—
16	三江源水源涵养与生物多样性保护重要区	++	—	—	++	—
17	祁连山水源涵养重要区	++	+	+	++	—
18	天山水源涵养与生物多样性保护重要区	++	++	—	+	—
19	阿尔泰山地水源涵养与生物多样性保护重要区	++	+	—	+	—
20	帕米尔—喀喇昆仑山地水源涵养与生物多样性保护重要区	++	++	+	—	—
21	小兴安岭生物多样性保护重要区	+	++	—	—	—
22	三江平原湿地生物多样性保护重要区	—	++	—	—	++

编号	重要生态功能区名称	水源涵养	生物多样性保护	土壤保持	防风固沙	洪水调蓄
23	松嫩平原生物多样性保护与洪水调蓄重要区	+	++	—	—	++
24	辽河三角洲湿地生物多样性保护重要区	—	++	—	—	—
25	黄河三角洲湿地生物多样性保护重要区	—	++	—	—	—
26	苏北滨海湿地生物多样性保护重要区	—	++	—	—	—
27	浙闽山地生物多样性保护与水源涵养重要区	++	++	+	—	—
28	武夷山—戴云山生物多样性保护重要区	++	++	++	—	—
29	秦岭—大巴山生物多样性保护与水源涵养重要区	++	++	++	—	—
30	武陵山区生物多样性保护与水源涵养重要区	++	++	++	—	—
31	大瑶山地生物多样性保护重要区	++	++	+	—	—
32	海南中部生物多样性保护与水源涵养重要区	++	++	+	—	—
33	滇南生物多样性保护重要区	+	++	+	—	—
34	无量山—哀牢山生物多样性保护重要区	++	++	—	—	—
35	滇西山地生物多样性保护重要区	+	++	—	—	—
36	滇西北高原生物多样性保护与水源涵养重要区	++	++	+	—	—
37	岷山—邛崃山—凉山生物多样性保护与水源涵养重要区	++	++	++	—	—
38	藏东南生物多样性保护重要区	++	++	+	—	—
39	珠穆朗玛峰生物多样性保护与水源涵养重要区	++	++	—	—	—
40	藏西北羌塘高原生物多样性保护重要区	—	++	—	++	—
41	阿尔金山南麓生物多样性保护重要区	—	++	—	++	—
42	西鄂尔多斯—贺兰山—阴山生物多样性保护与防风固沙重要区	+	++	—	++	—
43	准噶尔盆地东部生物多样性保护与防风固沙重要区	—	++	—	++	—
44	准噶尔盆地西部生物多样性保护与防风固沙重要区	—	++	—	++	—
45	东南沿海红树林保护重要区		++			
46	黄土高原土壤保持重要区	+	+	++	+	—
47	鲁中山区土壤保持重要区	+		++		
48	三峡库区土壤保持重要区	+	+	++	—	++
49	西南喀斯特土壤保持重要区	+	+	++	—	—
50	川滇干热河谷土壤保持重要区	—	+	++	—	—
51	科尔沁沙地防风固沙重要区	—	+	—	++	—
52	呼伦贝尔草原防风固沙重要区	—	+	—	++	—

编号	重要生态功能区名称	水源涵养	生物多样性保护	土壤保持	防风固沙	洪水调蓄
53	浑善达克沙地防风固沙重要区	—	+	—	++	—
54	阴山北部防风固沙重要区	—	++	—	++	—
55	鄂尔多斯高原防风固沙重要区	—	—	—	++	—
56	黑河中下游防风固沙重要区	—	—	—	++	—
57	塔里木河流域防风固沙重要区	—	—	—	++	—
58	江汉平原湖泊湿地洪水调蓄重要区	—	+	—	—	++
59	洞庭湖洪水调蓄与生物多样性保护重要区	—	++	—	—	++
60	鄱阳湖洪水调蓄与生物多样性保护重要区	—	++	—	—	++
61	皖江湿地洪水调蓄重要区	—	+	—	—	++
62	淮河中游湿地洪水调蓄重要区	—	—	—	—	++
63	洪泽湖洪水调蓄重要区	—	—	—	—	++

资料来源：《全国生态功能区划（修编版）》。

注："＋"表示该项功能较重要；"＋＋"表示该项功能极重要；"—"表示无该项功能。

2．三江源水源涵养与生物多样性保护重要区

该区位于青藏高原腹地，包含 3 个功能区：黄河源水源涵养功能区、长江源水源涵养功能区和澜沧江源水源涵养功能区，行政区涉及青海省南部的玉树、果洛、海西、海南、黄南 5 个藏族自治州以及四川省石渠县，面积为 34.02 万 km^2，其中青海境内区域面积为 33.66 万 km^2，占该区域面积的 98.94%，占全省国土面积的 48.32%。

该区是长江、黄河、澜沧江的源头区，具有重要的水源涵养功能，被誉为"中华水塔"，是对国家和区域生态安全具有重要作用的水源涵养生态功能区。此外，该区还是我国最重要的生物多样性保护地区之一，有"高寒生物自然种质资源库"之称。主要生态问题是人口增加和不合理的生产经营活动极大地加速了生态系统退化，表现为草地严重退化、局部地区出现土地沙化，水源涵养和生物多样性维护功能下降，严重地威胁下游社会经济可持续发展和生态安全。生态保护的主要措施是加大退牧还草、退耕还林和沙化土地防治等生态保护工程的实施力度，对部分生态退化比较严重、靠自然难以恢复原生态的地区，实施严格封禁措施；加大防沙治沙、鼠害防治和黑土滩治理力度，使生态环境得到有效恢复；加大对天

然草地、湿地水源和生物多样性集中区的保护力度；有序推进游牧民定居和生态移民工作；加大牧业生产设施建设力度，逐步改变牧业粗放经营和超载过牧，走生态经济型发展道路。

3. 祁连山水源涵养重要区

该区位于青海省与甘肃省交界处，包含 2 个功能区：青海湖水源涵养功能区、祁连山水源涵养功能区，是黑河、石羊河、疏勒河、大通河、党河、哈勒腾河等诸多河流的源头区，行政区主要涉及甘肃省的张掖、酒泉、武威和青海省的海南、海北、海西和海东等地市，面积为 13.10 万 km^2，其中青海省境内面积为 6.58 万 km^2，占该区面积的 50.23%，占全省国土面积的 9.44%。

该区生态系统类型主要有针叶林、灌丛及高山草甸和高山草原等，具有重要水源涵养功能，是对国家和区域生态安全具有重要作用的水源涵养生态功能区。同时，在生物多样性保护等方面也具有重要作用。主要生态问题是山地森林、草原生态系统破坏较严重，生态系统质量低。水源涵养和土壤保持功能受损较严重，生物多样性受到破坏。生态保护的主要措施是加强生态保护，停止一切导致生态功能继续退化的人为破坏活动；对已超出生态承载力的地方应采取必要的移民措施；对已经受到破坏的生态系统，要结合生态建设措施，开展生态重建与恢复。

除上述 2 个生态重要区外，涉及青海的还有柴达木盆地防风固沙功能区、柴达木盆地东北部山地防风固沙功能区、共和盆地防风固沙功能区。

三、全国生态脆弱区

2008 年 9 月，环境保护部发布了《全国生态脆弱区保护规划纲要》（环发〔2008〕92 号）。我国是世界上生态脆弱区分布面积最大、脆弱生态类型最多、生态脆弱性表现最明显的国家之一。我国生态脆弱区大多位于生态过渡区和植被交错区，处于农牧、林牧、农林等复合交错带，是我国目前生态问题突出、经济相对落后和人民生活贫困区。

1．基本特征

在《全国生态脆弱区保护规划纲要》中，生态脆弱区也称生态交错区，是指两种不同类型生态系统交界过渡区域。这些交界过渡区域生态环境条件与两个不同生态系统核心区域有明显的区别，是生态环境变化明显的区域，已成为生态保护的重要领域。

生态脆弱区的生态系统稳定性较差，容易受到外界活动影响而产生生态退化且难以自我修复的区域。区域基本特征主要包括：

①系统抗干扰能力弱。生态脆弱区生态系统结构稳定性较差，对环境变化反应相对敏感，容易受到外界的干扰发生退化演替，而且系统自我修复能力较弱，自然恢复时间较长。

②对全球气候变化敏感。生态脆弱区生态系统中环境与生物因子均处于相变的临界状态，对全球气候变化反应灵敏。具体表现为气候持续干旱，植被旱生化现象明显，生物生产力下降，自然灾害频发等。

③时空波动性强。波动性是生态系统的自身不稳定性在时空尺度上的位移。在时间上表现为气候要素、生产力等在季节和年际间的变化；在空间上表现为系统生态界面的摆动或状态类型的变化。

④边缘效应显著。生态脆弱区具有生态交错带的基本特征，因处于不同生态系统之间的交接带或重合区，是物种相互渗透的群落过渡区和环境梯度变化明显区，具有显著的边缘效应。

⑤环境异质性高。生态脆弱区的边缘效应使区内气候、植被、景观等相互渗透，并发生梯度突变，导致环境异质性增大。具体表现为植被景观破碎化、群落结构复杂化、生态系统退化明显、水土流失加重等。

2．主要类型

全国生态脆弱区主要分布在北方干旱半干旱区、南方丘陵区、西南山地区、青藏高原区及东部沿海水陆交接地区，行政区域涉及黑龙江、内蒙古、吉林、辽宁、河北、山西、陕西、宁夏、甘肃、青海、新疆、西藏、四川、云南、贵州、广西、重庆、湖北、湖南、江西、安徽21个省（自治区、直辖市），主要类型包括东北林草交错生态脆弱区、北方农牧交错生态脆弱区、西北荒漠绿洲交接生态脆弱区、南方红壤丘陵山地生态脆弱区、西南岩溶山地石漠化生态脆弱区、西南山地农牧交错生态脆弱区、青藏高原复合侵蚀生态脆弱区、沿海水陆交接带生态脆弱区 8 个类型，详见表 5-4。

表 5-4　全国生态脆弱区类型与空间分布

编号	名称	分区区域	生态脆弱性表现	重要生态系统类型
1	东北林草交错生态脆弱区	大兴安岭山地和燕山山地森林外围与草原接壤的过渡区域，行政区域涉及内蒙古呼伦贝尔市、兴安盟、通辽市、赤峰市和河北省承德市、张家口市等部分县（旗、市、区）	生态过渡带特征明显，群落结构复杂，环境异质性大，对外界反应敏感等	北极泰加林、沙地樟子松林；疏林草甸、草甸草原、典型草原、疏林沙地、湿地、水体等
2	北方农牧交错生态脆弱区	年降水量 300～450 mm、干燥度指数为 1.0～2.0，北方干旱半干旱草原区，行政区域涉及蒙、吉、辽、冀、晋、陕、宁、甘 8 省（区）	气候干旱，水资源短缺，土壤结构疏松，植被覆盖度低，容易受风蚀、水蚀和人为活动的强烈影响	典型草原、荒漠草原、疏林沙地、农田等
3	西北荒漠绿洲交接生态脆弱区	河套平原及贺兰山以西，新疆天山南北广大绿洲边缘区，行政区域涉及新、甘、青、蒙等地区	典型荒漠绿洲过渡区，呈非地带性岛状或片状分布，环境异质性大，自然条件恶劣，年降水量少，蒸发量大，水资源极度短缺，土壤瘠薄，植被稀疏，风沙活动强烈，土地荒漠化严重	高山亚高山冻原、高寒草甸、荒漠胡杨林、荒漠灌丛以及珍稀、濒危物种栖息地等
4	南方红壤丘陵山地生态脆弱区	我国长江以南红土层盆地及红壤丘陵山地，行政区域涉及浙、闽、赣、湘、鄂、苏 6 省	土层较薄，肥力瘠薄，人为活动强烈，土地严重过垦，土壤质量下降明显，生产力逐年降低；丘陵坡地林木资源砍伐严重，植被覆盖度低，暴雨频繁、强度大，地表水蚀严重	亚热带红壤丘陵山地森林、热性灌丛及草山草坡植被生态系统，亚热带红壤丘陵山地河流湿地水体生态系统

编号	名称	分区区域	生态脆弱性表现	重要生态系统类型
5	西南岩溶山地石漠化生态脆弱区	我国西南石灰岩岩溶山地区域，行政区域涉及川、黔、滇、渝、桂等省（市）	全年降水量大，融水侵蚀严重，而且岩溶山地土层薄，成土过程缓慢，加之过度砍伐山体林木资源，植被覆盖度低，造成严重水土流失、山体滑坡、泥石流灾害频繁发生	典型喀斯特岩溶地貌景观生态系统，喀斯特森林生态系统，喀斯特河流、湖泊水体生态系统，喀斯特岩溶山地特有和濒危动植物栖息地等
6	西南山地农牧交错生态脆弱区	青藏高原向四川盆地过渡的横断山区，行政区域涉及四川阿坝、甘孜、凉山等州，云南省迪庆、丽江、怒江以及黔西北六盘水等40余个县市	地形起伏大、地质结构复杂，水热条件垂直变化明显，土层发育不全，土壤瘠薄，植被稀疏；受人为活动的强烈影响，区域生态退化明显	亚热带高山针叶林生态系统，亚热带高山峡谷区热性灌丛草地生态系统，亚热带高山高寒草甸及冻原生态系统，河流水体生态系统等
7	青藏高原复合侵蚀生态脆弱区	雅鲁藏布江中游高寒山地沟谷地带、藏北高原和青海三江源地区等	地势高寒，气候恶劣，自然条件严酷，植被稀疏，具有明显的风蚀、水蚀、冻蚀等多种土壤侵蚀现象，是我国生态环境十分脆弱的地区之一	高原冰川、雪线及冻原生态系统，高山灌丛化草地生态系统，高寒草甸生态系统，高山沟谷区河流湿地生态系统等
8	沿海水陆交接带生态脆弱区	我国东部水陆交接地带，行政区域涉及我国东部沿海诸省（市），典型区域为滨海水线500 m以内、向陆地延伸1～10 km的狭长地域	潮汐、台风及暴雨等气候灾害频发，土壤含盐量高，植被单一，防护效果差	滨海堤岸林植被生态系统，滨海三角洲及滩涂湿地生态系统，近海水域水生生态系统等

资料来源：《全国生态脆弱区保护规划纲要》。

3. 重点保护区域

（1）重点生态脆弱区

根据全国生态脆弱区空间分布及其生态环境现状，《全国生态脆弱区保护规划纲要》对全国8大生态脆弱区中的19个重点区域进行分区规划建设，详见表5-5。

表 5-5   全国生态脆弱区重点保护区域及发展方向

生态脆弱区名称	编号	重点保护区域	主要生态问题	发展方向与措施
东北林草交错生态脆弱区	1	大兴安岭西麓山地林草交错生态脆弱重点区域	天然林面积减少,稳定性下降;水土保持、水源涵养能力降低,草地退化、沙化趋势激烈	严格执行天然林保护政策,禁止超采过牧、过度垦殖和无序采矿,防止草地退化与风蚀沙化,全面恢复林草植被,合理发展生态旅游业和特色养殖业
北方农牧交错生态脆弱区	2	辽西以北丘陵灌丛草原垦殖退沙化生态脆弱重点区域	草地过垦过牧,植被退化明显,土地沙漠化强烈,水土流失严重,气候干旱,水资源短缺	禁止过度垦殖、樵采和超载放牧,全面退耕还林(草),防治草地退化、沙化,恢复草原植被,发展节水农业和生态养殖业
	3	冀北坝上典型草原垦殖退沙化生态脆弱重点区域	草地退化、土地沙化趋势剧烈,风沙活动强烈,干旱、沙尘暴等灾害天气频发,水土流失严重	严禁乱砍滥挖,全面退耕还林还草,严格控制耕地规模,禁牧休牧,以草定畜,大力推行舍饲圈养技术,发展新型有机节水农业和生态养殖业
	4	阴山北麓荒漠草原垦殖退沙化生态脆弱重点区域	草地退化、沙漠化趋势剧烈,风沙活动强烈,土壤侵蚀严重,气候灾害频发,水资源短缺	退耕还林还草,严格控制耕地规模,禁牧休牧,以草定畜,恢复植被,全面推行舍饲圈养技术,发展新型农牧业,防止草地沙化
	5	鄂尔多斯荒漠草原垦殖退沙化生态脆弱重点区域	气候干旱,植被稀疏,风沙活动强烈,沙漠化扩展趋势明显,气候灾害频发,水土流失严重	严格退耕还林还草,全面围封禁牧,恢复植被,防止沙丘活化和沙漠化扩展,加强矿区植被重建,发展生态产业
西北荒漠绿洲交接生态脆弱区	6	贺兰山及蒙宁河套平原外围荒漠绿洲生态脆弱重点区域	土地过垦,草地过牧,植被退化,水土保持能力下降,土壤次生盐渍化加剧,水资源短缺	禁止破坏林木资源,严格控制水土流失,发展节水农业,提高水资源利用效率,防止土壤次生盐渍化,合理更新林地资源
	7	新疆塔里木盆地外缘荒漠绿洲生态脆弱重点区域	滥伐森林,草地过牧,植被退化严重,高山雪线上移,水资源短缺,土壤贫瘠,风沙活动强烈,土地荒漠化及水土流失严重	严格保护林木资源和山地草原生态系统,禁止采伐、过牧和过度利用水资源,发展节水型高效种植业和生态养殖业,防止土壤侵蚀与荒漠化扩展

生态脆弱区名称	编号	重点保护区域	主要生态问题	发展方向与措施
西北荒漠绿洲交接生态脆弱区	8	青海柴达木高原盆地荒漠绿洲生态脆弱重点区域	草地过牧，乱采滥挖，植被严重退化，水土保持及水源涵养能力下降，荒漠化扩展趋势明显	严禁乱采、滥挖野生药材，以草定畜、禁牧恢复、限牧育草，加强天然林保护，围栏封育，恢复草地植被，防治水土流失
南方红壤丘陵山地生态脆弱区	9	南方红壤丘陵山地流水侵蚀生态脆弱重点区域	土地过垦，林灌过樵，植被退化明显，水土流失严重，生态十分脆弱	杜绝樵采，封山育林，种植经济型灌草植物，恢复山体植被，发展生态养殖业和农畜产品加工业
	10	南方红壤山间盆地流水侵蚀生态脆弱重点区域	土地过垦，肥力下降，植被盖度低，退化明显，流水侵蚀严重	合理营建农田防护林，种植经济灌木和优良牧草，推广草田轮作，发展生态种养业和农畜产品加工业
西南岩溶山地石漠化生态脆弱区	11	西南岩溶山地丘陵流水侵蚀生态脆弱重点区域	过度樵采，植被退化，土层薄，土壤发育缓慢，溶蚀、水蚀严重	严禁樵采和破坏山地植被，封山育林，广种经济灌木和牧草，快速恢复山体植被，发展生态旅游业
	12	西南岩溶山间盆地流水侵蚀生态脆弱重点区域	土地过垦，林地过樵，植被退化，流水侵蚀严重，生态脆弱	建设经济型乔灌草复合植被，固土肥田，实施林网化保护，控制水土流失，发展生态旅游和生态种殖业
西南山地农牧交错生态脆弱区	13	横断山高中山农林牧复合生态脆弱重点区域	森林采伐，土地过垦，植被退化，土壤发育不全，土层薄而贫瘠，水土流失严重	严格执行天然林保护政策，禁止超采过牧和无序采矿，防止水土流失，恢复林草植被，合理发展生态旅游业
	14	云贵高原山地石漠化农林牧复合生态脆弱重点区域	森林过伐，土地过垦，植被稀疏，土壤发育不全，土层薄而贫瘠，水源涵养能力低下，水土流失十分严重，石漠化强烈	严禁采伐山地森林资源，严格退耕还林，封山育林，加强小流域综合治理，控制水土流失，合理发展生态农业、生态旅游业
青藏高原复合侵蚀生态脆弱区	15	青藏高原山地林牧复合侵蚀生态脆弱重点区域	植被退化明显，受风蚀、水蚀、冻蚀以及重力侵蚀影响，水土流失严重	全面退耕还林、退牧还草，封山育林育草，恢复植被，休养生息，建立高原保护区，适当发展生态旅游业
	16	青藏高原山间河谷风蚀水蚀生态脆弱重点区域	植被退化明显，受风蚀、水蚀、冻蚀以及重力侵蚀影响，水土流失严重	全面退耕还林、退牧还草，封山育林育草，恢复植被，适当发展旅游业和生态养殖业

生态脆弱区名称	编号	重点保护区域	主要生态问题	发展方向与措施
沿海水陆交接带生态脆弱区	17	辽河、黄河、长江、珠江等滨海三角洲湿地及其近海水域	湿地退化，调蓄净化能力减弱，土壤次生盐渍化加重，水体污染，生物多样性下降	调整湿地利用结构，全面退耕还湿，合理规划，严格控制水体污染，重点发展特色养殖业和生态旅游业
	18	渤海、黄海、南海等滨海水陆交接带及其近海水域	台风、暴雨、潮汐等自然灾害频发，过渡区土壤次生盐渍化加剧，缓冲能力减弱	科学规划，合理营建滨海防护林和护岸林，加强滨海区域生态防护工程建设，因地制宜发展特色养殖业
	19	华北滨海平原内涝盐碱化生态脆弱重点区域	植被覆盖度低，受潮汐、台风影响大，地下水矿化度高，土壤盐碱化较重	合理营建滨海农田防护林和堤岸防护林，广种耐盐碱优良牧草，发展滨海养殖业

资料来源：《全国生态脆弱区保护规划纲要》。

（2）西北荒漠绿洲交接生态脆弱区

该区主要分布于河套平原及贺兰山以西，新疆天山南北广大绿洲边缘区，行政区域涉及新、甘、青、蒙等地区。生态环境脆弱性表现为典型荒漠绿洲过渡区，呈非地带性岛状或片状分布，环境异质性大，自然条件恶劣，年降水量小、蒸发量大，水资源极度短缺，土壤瘠薄，植被稀疏，风沙活动强烈，土地荒漠化严重。重要生态系统类型包括高山亚高山冻原、高寒草甸、荒漠胡杨林、荒漠灌丛以及珍稀、濒危物种栖息地等。

重点保护区域范围包括贺兰山及蒙宁河套平原外围荒漠绿洲生态脆弱重点区域，新疆塔里木盆地外缘荒漠绿洲生态脆弱重点区域，青海柴达木高原盆地荒漠绿洲生态脆弱重点区域。具体保护措施是以水资源承载力评估为基础，重视生态用水，合理调整绿洲区产业结构，以水定绿洲发展规模，限制水稻等高耗水作物的种植；严格保护自然本底，禁止毁林开荒、过度放牧，积极采取禁牧休牧措施，保护绿洲外围荒漠植被。同时，突出生态保育，采取生态移民、禁牧休牧、围封补播等措施，保护高寒草甸和冻原生态系统，恢复高山草甸植被，切实保障水资源供给。

（3）青藏高原复合侵蚀生态脆弱区

该区主要分布于雅鲁藏布江中游高寒山地沟谷地带、藏北高原和青海三江源地区等。生态环境脆弱性表现为地势高寒，气候恶劣，自然条件严酷，植被稀疏，具有明显的风蚀、水蚀、冻蚀等多种土壤侵蚀现象，是我国生态环境十分脆弱的地区之一。重要生态系统类型包括高原冰川、雪线及冻原生态系统，高山灌丛化草地生态系统，高寒草甸生态系统，高山沟谷区河流湿地生态系统等。

重点保护区域范围包括青藏高原山地林牧复合侵蚀生态脆弱重点区域，青藏高原山间河谷风蚀水蚀生态脆弱重点区域。具体保护措施是以维护现有自然生态系统完整性为主，全面封山育林，强化退耕还林还草政策，恢复高原山地天然植被，减少水土流失。同时，加强生态监测及预警服务，严格控制雪域高原人类经济活动，保护冰川、雪域、冻原及高寒草甸生态系统，遏制生态退化。

四、中国生物多样性保护优先区

生物多样性是生物（动物、植物、微生物）与环境形成的生态复合体以及与此相关的各种生态过程的总和，包括生态系统、物种和基因三个层次。生物多样性是人类赖以生存的条件，是经济社会可持续发展的基础，是生态安全和粮食安全的保障。生物多样性是国家的重要战略资源和生产力，我国政府十分重视生物多样性保护工作，于1992年6月11日签署了《生物多样性公约》，作为缔约国之一正式履行公约责任；1994年发布了《中国生物多样性保护行动计划》；2010年国务院第126次常务会议审议通过了《中国生物多样性保护战略与行动计划（2011—2030年）》，提出了我国未来20年生物多样性保护的总体目标、优先领域、优先区域和优先行动，成为我国履行《生物多样性公约》的重要行动指南。2015年发布了《中国生物多样性保护优先区域范围》，明确了各生物多样性保护优先区域范围。

1. 生物多样性保护优先区域

2010年9月，环境保护部发布《中国生物多样性保护战略与行动计划（2011—2030年）》，根据我国的自然条件、社会经济状况、自然资源以及主要保护对象分布特点等因素，将全国划分为8个自然区域，即东北山地平原区、蒙新高原荒漠区、华北平原黄土高原区、青藏高原高寒区、西南高山峡谷区、中南西部山地丘陵区、华东华中丘陵平原区和华南低山丘陵区。综合考虑生态系统类型的代表性、特有程度、特殊生态功能，以及物种的丰富程度、珍稀濒危程度、受威胁因素、地区代表性、经济用途、科学研究价值、分布数据的可获得性等因素，划定了 35 个生物多样性保护优先区域，包括 32 个内陆陆地及水域生物多样性保护优先区域和 3 个海洋与海岸生物多样性保护优先区域。32 个内陆陆地及水域生物多样性保护优先区域总面积为 276.27 万 km^2，占陆地国土面积的 28.78%，详见表 5-6。

表 5-6   中国生物多样性保护优先区域名录

编号	优先区域名称	面积/万 km^2	编号	优先区域名称	面积/万 km^2
一	内陆陆地及水域生物多样性保护优先区域	—	（五）	西南高山峡谷区	—
（一）	东北山地平原区	—	18	横断山南段	13.37
1	大兴安岭	14.34	19	岷山—横断山北段	8.32
2	小兴安岭	3.56	（六）	中南西部山地丘陵区	—
3	三江平原	2.74	20	秦岭	6.67
4	长白山	7.47	21	桂西黔南石灰岩	2.69
5	松嫩平原	3.69	22	武陵山	6.85
6	呼伦贝尔	6.23	23	大巴山	3.81
（二）	蒙新高原荒漠区	—	（七）	华东华中丘陵平原区	—
7	锡林郭勒草原	2.71	24	大别山	2.47
8	阿尔泰山	3.68	25	黄山—怀玉山	3.39
9	天山—准噶尔盆地西南部	18.88	26	武夷山	7.93
10	塔里木河流域	4.32	27	南岭	9.01
11	祁连山	10.05	28	洞庭湖	0.73
12	西鄂尔多斯—贺兰山—阴山	9.46	29	鄱阳湖	0.70
13	库姆塔格	6.06	（八）	华南低山丘陵区	—
（三）	华北平原黄土高原区	—	30	海南岛中南部	1.29
14	太行山	6.26	31	西双版纳	4.26
15	六盘山—子午岭	4.33	32	桂西南山地	3.06
（四）	青藏高原高寒区	—	二	海洋与海岸生物多样性保护优先区域	—
16	羌塘—三江源	77.08	33	黄渤海	
17	喜马拉雅东南部	20.86	34	东海及台湾海峡	
—			35	南海	

2. 祁连山生物多样性保护优先区域

该区域位于甘肃省西部与青海省东北部交界处。优先区域总面积为 100 463 km²，涉及 2 个省的 18 个县级行政区，包括 5 个国家级自然保护区。保护重点为水源林、河源湿地、祁连圆柏林、青海云杉林等生态系统以及双峰驼、雪豹、盘羊、普氏原羚等重要物种及其栖息地。其中，青海省境内位于西宁市大通县，海东市互助县、海北州门源县、祁连县，海西州德令哈市、天峻县 4 个州 6 个县级行政区，包括大通北川河源区国家级自然保护区和祁连山省级自然保护区，其面积约 3.54 万 km²，占该优先区域面积的 35.23%，占青海省国土面积的 5.08%。

3. 羌塘—三江源生物多样性保护优先区域

该区域位于青藏高原腹地，包括四川省、西藏自治区、甘肃省、青海省和新疆维吾尔自治区的部分地区。优先区域总面积为 77.08 km²，是最大的国家生物多样性保护优先区域，涉及 5 个省（区）的 39 个县级行政区，包括 9 个国家级自然保护区。保护重点为高原高寒草甸、湿地生态系统以及藏野驴、野牦牛、藏羚羊、藏原羚等重要物种及其栖息地。其中，青海省境内位于黄南州同仁县、泽库县、河南县，海南州同德县、兴海县，果洛州玛沁县、班玛县、甘德县、达日县、久治县、玛多县，玉树州曲麻莱县、治多县、杂多县、玉树市、称多县、囊谦县，海西州格尔木市（唐古拉山镇）5 个州 18 个县级行政区，包括三江源、可可西里、隆宝 3 个国家级自然保护区，面积约 33.76 万 km²，其占该优先区域面积的 43.81%，占青海省国土面积的 48.46%。

五、全国水土流失重点预防控制区

1. 国家级水土流失重点预防区和治理区

水土保持是我国生态文明建设的重要组成部分，是江河治理的根本，是山丘区小康社会建设和新农村建设的基础工程，事关国家生态安全、防洪安全、饮水安全和粮食安全。严重的水土流失是生态恶化的集中反映，会制约山丘区经济社会发展，影响全面小康社会建设进程。

　　根据 2015 年 10 月国务院发布的《全国水土保持规划（2015—2030 年）》（国函〔2015〕160 号），全国划分了 23 个国家级水土流失重点预防区，涉及 460 个县级行政单位，重点预防面积为 43.94 万 km²，约占全国国土面积的 4.6%；划分了 17 个国家级水土流失重点治理区，涉及 631 个县级行政单位，重点治理面积为 49.45 万 km²，约占全国国土面积的 5.2%，详见表 5-7、表 5-8。

表 5-7　国家级水土流失重点预防区名录

编号	名称	重点预防面积/万 km²	编号	名称	重点预防面积/万 km²
1	大小兴安岭	3.15	13	嘉陵江上游	0.74
2	呼伦贝尔	2.52	14	武陵山	0.54
3	长白山	2.58	15	新安江	0.46
4	燕山	1.75	16	湘资沅上游	0.86
5	祁连山—黑河	0.81	17	东江上中游	0.77
6	子午岭—六盘山	0.83	18	海南岛中部山区	0.28
7	阴山北麓	2.58	19	黄泛平原风沙	0.33
8	桐柏山大别山	0.80	20	阿尔金山	0.26
9	三江源	6.41	21	塔里木河	1.21
10	雅鲁藏布江中下游	1.04	22	天山北坡	2.91
11	金沙江岷江上游及三江并流	9.90	23	阿勒泰山	0.27
12	丹江口库区及上游	2.94	—	—	—

资料来源：《全国水土保持规划（2015—2030 年）》。

表 5-8　国家级水土流失重点治理区

编号	名称	重点治理面积/万 km²	编号	名称	重点治理面积/万 km²
1	东北漫川漫岗	4.73	10	西南诸河高山峡谷	2.04
2	大兴安岭东麓	3.32	11	金沙江下游	2.55
3	西辽河大凌河中上游	4.77	12	嘉陵江及沱江中下游	2.07
4	永定河上游	1.59	13	三峡库区	1.77
5	太行山	2.56	14	湘资沅中游	0.76
6	黄河多沙粗沙	9.56	15	乌江赤水河上中游	2.55
7	甘青宁黄土丘陵	3.30	16	滇黔桂岩溶石漠化	4.25
8	伏牛山中条山	1.14	17	粤闽赣红壤	1.49
9	沂蒙山泰山	1.00	—	—	—

资料来源：《全国水土保持规划（2015—2030 年）》。

2．祁连山—黑河国家级水土流失重点预防区

该区行政区域包括甘肃省金塔县、肃南裕固族自治县、高台县、临泽县、张掖市甘州区、民乐县、天祝藏族自治县、永登县，青海省门源回族自治县、祁连县，内蒙古自治区额济纳旗3省（区）11个县，重点预防总面积为 8 055.9 km^2。

3．三江源国家级水土流失重点预防区

该区行政区域包括青海省共和县、贵南县、兴海县、同德县、泽库县、河南蒙古族自治县、玛沁县、甘德县、久治县、班玛县、达日县、玛多县、称多县、玉树市、囊谦县、杂多县、治多县、曲麻莱县以及格尔木市部分，甘肃省玛曲县、碌曲县、夏河县2省22个县，重点预防总面积为 68 087.60 km^2。

4．甘青宁黄土丘陵国家级水土流失重点治理区

该区行政区域包括宁夏回族自治区同心县、海原县、固原市原州区、西吉县、彭阳县，甘肃省靖远县、会宁县、榆中县、兰州市城关区、兰州市西固区、兰州市七里河区、兰州市红古区、兰州市安宁区、定西市安定区、临洮县、渭源县、陇西县、通渭县、漳县、武山县、甘谷县、秦安县、庄浪县、天水市秦州区、天水市麦积区、永靖县、积石山保安族东乡族撒拉族自治县、东乡族自治县、临夏县、临夏市、广河县、和政县、康乐县，青海省大通回族土族自治县、湟源县、湟中县、西宁市城东区、西宁市城中区、西宁市城西区、西宁市城北区、互助土族自治县、平安区、乐都县、民和回族土族自治县、化隆回族自治县、贵德县、尖扎县、循化撒拉族自治县3省（区）48个县，重点治理面积为 33 024 km^2。

六、青海省重点生态功能区

根据2014年3月青海省人民政府发布的《青海省主体功能区规划》，青海省域内重点生态功能区包括国家级三江源草原草甸湿地生态功能区、祁连山冰川与水源涵养生态功能区以及省级中部生态功能区。其功能定位是保障国家生态安全的重要区域，全省生态保护建设主战场，人与自然和谐相处的示范区。

1. 国家级重点生态功能区

（1）三江源草原草甸湿地生态功能区

该区范围主要包括玉树、果洛 2 州 12 县（市），黄南州的泽库、河南县，海南州的同德、兴海县和海西州格尔木市的唐古拉山镇。该区域扣除禁止开发区域后面积为 165 752.45 km²，占青海省总面积的 23.1%。

该区是长江、黄河、澜沧江的发源地，是我国淡水资源的重要补给地，有"中华水塔"之称，是全球大江大河、冰川、雪山及高原生物多样性最集中的地区之一，其径流、冰川、冻土、湖泊、草原等构成的整个生态环境对全球气候变化有巨大的调节作用，是全国重要的生态功能区。

该区域地处青藏高原腹地，是藏民族聚居地区，其经济社会发展对保持藏区社会稳定，增强民族团结具有十分重要的意义。目前，该区域草地退化、冰川湖泊萎缩、生态系统逆向演替，导致黄河、长江流域的旱涝灾害加剧。三江源地区要把生态保护和建设作为主要任务，全力推进国家级生态保护综合试验区建设，建立生态补偿机制，创新草原管护体制，强化生态系统自然修复功能，建成全国重要的生态安全屏障。加快区域内城镇化进程，积极发展生态畜牧业、高原生态旅游业和民族手工业。

（2）祁连山冰川与水源涵养生态功能区

该区在青海境内范围主要包括海北州祁连县、门源县、刚察县，海西州天峻县。该区域扣除基本农田和禁止开发区后面积为 44 042.99 km²，占青海省总面积的 6.14%。

该区是我国保留最完整的寒温带山地垂直森林—草原生态系统，森林茂密、草原广袤、冰川发育，是珍稀物种资源的基因库，是黑河、大通河、疏勒河、托勒河、石羊河、布哈河、沙柳河等河流的发源地，对维系青海东部、甘肃河西走廊和内蒙古自治区西部绿洲具有重要作用。目前，森林草地生态退化，水源涵养功能下降。加强天然林、湿地、草地和高原野生动植物保护，实施天然林保护、退耕还林还草、退牧还草、水土流失和沙化土地综合治理、生态移民等生态保护和建设工程，切实保护好黑河、大通河、疏勒河、石羊河等水源地林草植被，增加水源涵养。加快发展现代农牧业和特色旅游业，加快实施祁连山生态环境保护和综合治理规划，努力实现生态系统良性循环。

2．省级重点生态功能区（中部生态功能区）

该区范围包括海西州格尔木市、德令哈市、乌兰县、都兰县、大柴旦行委、茫崖行委、冷湖行委除县城关镇规划区和周边工矿区以外的区域，以及西宁市、海东市、海南州、黄南州点状分布的生态功能区。该区域扣除基本农田和禁止开发区后面积为 200 732.05 km²，占青海省总面积的 27.98%。

中部生态功能区属我国西北干旱荒漠化草原生态系统，是东部和柴达木重点开发区的生态间隔空间。该区域气候干旱、多风，植被稀疏，土地沙漠化、盐碱化敏感性程度极高。以退耕还林还草、防风固沙、退牧还草工程为重点，加强沙生植被和天然林、草原、湿地保护，开发沙生产业，提高植被覆盖度，防止沙漠化扩大，在重要交通干线两侧和重要城市周边构建防风固沙生态屏障。加强水资源保护和节水工程建设，合理分配、高效利用水资源，点带状开发水电、太阳能、风能、地热能、矿产等优势资源。

3．开发原则

各类开发活动应尽可能减少对自然生态系统的干扰，不得损害生态系统的稳定性和完整性。控制开发强度，逐步减少农村牧区居民点占用的空间，腾出更多的空间用于维系生态系统的良性循环。城镇建设与工业开发要依托现有资源环境承载能力相对较强的城镇集中布局、据点式开发，禁止成片蔓延式扩张。实行规范的产业准入环境标准，在不损害生态系统功能的前提下，因地制宜发展旅游、农林牧产品生产和加工、观光休闲农业等产业、积极发展服务业。开发矿产资源、发展适宜产业和建设基础设施，都要控制在尽可能小的空间范围之内，新建公路、铁路等基础设施，应事先规划好动物迁徙通道。在现有城镇布局基础上进一步集约开发、集中建设，重点规划和建设资源环境承载能力相对较强的中小城市、县城和重点镇，促进中小城市和小城镇人口合理集聚与协调发展，稳妥推进农牧业转移人口市民化。生态移民点应尽量集中布局到县城和重点镇，避免新建孤立的村落式移民社区。加强县城和重点镇的道路、供排水、垃圾污水处理等基础设施建设。在条件适宜的地区，积极推广太阳能、风能、沼气等清洁能源，努力解决农村牧区的能源需求。健全基本公共服务体系，改善就业、教育、医疗、文化等设施条件，提高公共服务供给能力和水平。

七、青海省生态功能区

青海生态功能区划是依据区域生态环境敏感性、生态服务功能重要性以及生态环境特征的相似性和差异性而进行的地理空间分区，将青海省划分为 5 个自然生态区、17 个生态亚区和 53 个生态功能区。

按照中国生态环境综合区划三级区成果，青海省属青藏高原高寒生态大区的祁连山针叶林—高寒草甸生态区、青海东部农牧生态区、江河源高寒草甸生态区、柴达木盆地荒漠—盐壳生态区、北羌塘高原半荒漠—荒漠生态区 5 个自然生态区。

在自然生态区的基础上，根据区内气候特征的相似性与地貌单元的完整性，以及区内生态系统类型与过程的完整性和生态服务功能类型，以主要生态系统类型和生态服务功能类型为依据，在 5 个自然生态区下划分出了 17 个生态亚区。

在生态亚区基础上，以生态服务功能重要性、生态环境敏感性等指标为依据，适当考虑利用山脉、河流等自然特征与行政区划，进行生态功能区的划分和确定。保持生态服务功能重要性和生态环境敏感性的一致，划分出了 53 个生态功能区。

八、青海省生物多样性保护关键区

2016 年 11 月，青海省环境保护厅、青海省林业厅印发了《青海省生物多样性保护战略与行动计划（2016—2030 年）》（青环发〔2016〕346 号），为全省生物多样性主流化提供了指导性文件，提出了青海省 2030 年生物多样性总体目标、战略任务和优先行动。

《青海省生物多样性保护战略与行动计划（2016—2030 年）》以《中国生物多样性保护战略与行动计划（2011—2030 年）》中全国 32 个内陆陆地及水域生

物多样性保护优先区域中的羌塘—三江源、祁连山 2 个生物多样性保护优先区域为主要范围，并兼顾《全国主体功能区规划》《全国生态功能区划（修编版）》《青海省主体功能区规划》划定的生物多样性功能为主导功能的重点（重要）生态功能区，以自然保护地为基本骨架，以生物多样性富集、典型代表性、区域整体性、生态功能重要性、管理有效性为原则，综合考虑生态系统类型的代表性、特有程度、特殊生态功能，以及物种的丰富程度、珍稀濒危程度、受威胁因素、地区代表性、经济用途、科学研究价值、分布数据的可获得性等因素，提出对青海省生物多样性起关键性作用的区域，划定生物多样性保护关键区，并使每个关键区能够维持完整的生态系统结构和生态功能。生物多样性保护关键区是指生物多样性丰富地区和野生动植物重要栖息地，是开展生物多样性保护的重点关注区域。

按照作为青海省乃至全国生物多样性富集区域和热点地区，物种多样性丰富，生态系统多样，植物群落的垂直带谱组成较复杂，结构完整的生物多样性富集原则；能够代表青藏高原高寒自然带、典型生态系统和生物多样性特点的典型代表性原则；区域内生态系统多样性保持完整，有利于开展"山水林田湖草"整体系统保护区域的整体性原则；充分考虑区域生态系统的稳定对于环境影响的重要性，尤其是河源区、重要汇水、水源涵养极重要区和生态系统极敏感脆弱区等重要区域的生态功能重要性原则；在充分考虑生物地理单元的基础上，尽可能按行政区或保护地范围确定区域，便于保护管理的 5 个基本原则，共同划定生物多样性保护关键区 20 个，以自然保护区为主体，适当有所补充和扩大。

全省 20 个生物多样性关键区包括可可西里—索加—当曲关键区、格拉丹东关键区、黄河源—阿尼玛卿关键区、巴颜喀拉山—唐古拉山东段关键区、年宝玉则关键区、麦秀关键区、青海湖关键区、孟达关键区、党河—哈拉湖关键区、黑河源关键区、三河源关键区、油葫芦沟关键区、黄藏寺—芒扎关键区、石羊河关键区、仙米关键区、怀头他拉关键区、格尔木河关键区、诺木洪关键区、野牛沟关键区、北川河源关键区，详见表 5-9。

表 5-9 青海省生物多样性保护关键区名录

编号	关键区名称	区域范围	行政区	主要保护对象
1	可可西里—索加—当曲	可可西里自然保护区、三江源自然保护区索加—曲麻河、果宗木查、当曲3个保护分区及相联区域	治多、曲麻莱、杂多县	可可西里藏羚、野牦牛等有蹄类动物及生态系统；索加—曲麻河藏羚、野牦牛、雪豹、藏野驴、棕熊及黑颈鹤等；果宗木查澜沧江发源地，源区河流、湖泊和沼泽地；当曲源区沼泽湿地
2	格拉丹东	三江源自然保护区格拉丹东保护分区	格尔木市唐古拉山镇	长江正源沱沱河发源地、冰川地貌和冰缘植被等
3	黄河源—阿尼玛卿	三江源自然保护区约古宗列、扎陵湖—鄂陵湖、星星海、阿尼玛卿、中铁—军功5个保护分区	曲麻莱、玛多、玛沁、达日、同德、兴海、河南	约古宗列黄河源头区河流、湖泊和沼泽；扎陵湖—鄂陵湖及湿地；星星海湖泊及沼泽湿地；阿尼玛卿雪山冰川；中铁—军功黄河上游最西部天然林区之一，青海云杉、紫果云杉、祁连圆柏等原始林
4	巴颜喀拉山—唐古拉山东段	三江源自然保护区通天河沿、东仲、昂赛、江西、白扎5个保护分区、隆宝自然保护区及其间相联区域	玉树、称多、曲麻莱、治多、囊谦	通天河沿森林灌木分布上限的天然圆柏疏林和灌木林；东仲同类型纬度海拔最高的大面积原始川西云杉林；昂赛澜沧江源区海拔分布最高的林区；江西澜沧江上游最大原始林区，猕猴等野生动物及栖息地；白扎金钱豹、雪豹、云豹、猕猴等野生动物及栖息地；隆宝黑颈鹤及高原湿地生态系统
5	年宝玉则	三江源自然保护区年保玉则、玛可河、多可河3个保护分区	久治、班玛、甘德	年保玉则雪山冰川及湖泊；玛可河全省最大原始林区，山地落叶阔叶林、针叶林和高山灌丛草甸；多可河原始针叶林
6	麦秀	三江源自然保护区麦秀保护分区	同仁、泽库	黄河一级支流隆务河源头森林
7	青海湖	青海湖自然保护区	共和、刚察、海晏	青海湖湖体及其环湖湿地等脆弱的高原湖泊湿地生态系统；普氏原羚、黑颈鹤、大天鹅等在青海湖栖息、繁衍的野生动物
8	孟达	循化孟达自然保护区	循化、民和	高原森林生态系统
9	党河—哈拉湖	祁连山自然保护区团结峰、党河源保护2个保护分区、德令哈哈拉湖流域	德令哈、天峻	团结峰冰川；党河源湿地；哈拉湖

编号	关键区名称	区域范围	行政区	主要保护对象
10	黑河源	祁连山自然保护区黑河源保护分区	祁连	黑河源湿地
11	三河源	祁连山自然保护区三河源保护分区	天峻、祁连	托勒河源、疏勒河源和大通河源的湿地
12	油葫芦沟	祁连山自然保护区油葫芦沟保护分区	祁连	野牦牛、野驴、盘羊、白唇鹿、马鹿、岩羊、雪豹、麝、熊、雪鸡等
13	黄藏寺—芒扎	祁连山自然保护区黄藏寺保护分区	祁连	黄藏寺营林区和芒扎营林区
14	石羊河	祁连山自然保护区石羊河保护分区	祁连	冷龙岭冰川，我国分布最东段的现代冰川发育区
15	仙米	祁连山自然保护区仙米保护分区	门源	水源涵养林
16	怀头他拉	可鲁克湖—托素湖自然保护区、柴达木梭梭林自然保护区相邻和连接区域，及北部柴达木山地区	德令哈、都兰、乌兰	可鲁克湖、托素湖及其周边湿地，珍稀湿地鸟类和野生动植物及其栖息地；梭梭为主的荒漠植被类型
17	格尔木河	格尔木胡杨林自然保护区	格尔木	胡杨林及其生物多样性
18	诺木洪	诺木洪自然保护区	都兰	荒漠生态系统兼有地质遗迹、野生动植物和湿地生态系统
19	野牛沟	格尔木以南的昆仑山野牛沟地区	格尔木	兔狲、岩羊、盘羊、野牦牛、绿色虹雉（贝母鸡）等珍稀动物
20	北川河源	大通北川河源区自然保护区	大通	高原森林生态系统及其生物多样性、完整的植被垂直带谱、白唇鹿等国家重点保护野生动植物及其栖息地及水源涵养林等

资料来源：《青海省生物多样性保护战略与行动计划（2016—2030年）》。

九、青海省生态环境功能区

《青海省城镇体系规划（2015—2030年）》实施了生态环境功能区划，将全省划分为三江源草原草甸湿地生态功能区、青海湖草原湿地生态功能区、祁连山冰川与水源涵养生态功能区、柴达木荒漠生态功能区和黄土高原水土流失综合治理生态功能区 5 个生态功能分区。

三江源草原草甸湿地生态功能区。封山育林，减少载畜量；实行生态移民，防止草原退化；扩大湿地，涵养水源，加强水土流失预防监督管理。因地制宜发展生态畜牧业、高原特色旅游业和农畜产品加工业；加快建立生态补偿机制，积极发展后续产业。

青海湖草原湿地生态功能区。治理退化草地和沙漠化治理工程以及划区轮牧、舍饲圈养、加快出栏等措施，减轻天然草地超载过牧压力，保持合理的载畜量，实现草畜平衡。保护恢复湿地，增强水源涵养功能，严格限制在入湖河流新建引水工程，控制农牧业灌溉用水，加大水生生物资源养护力度，维护青海湖生态平衡，建立起良性循环的草地生态系统和鱼鸟共生湿地生态系统。

祁连山冰川与水源涵养生态功能区。加强天然林、湿地、草地和高原野生动植物保护，切实保护好黑河、大通河、湟水河、疏勒河、石羊河等水源地林草植被和水生生物资源，统一流域水资源调配管理，加强矿产资源开发生态环境保护与恢复治理，强化水土流失和沙化土地综合治理，实施天然林保护、退耕还林还草、退牧还草、生态移民等生态保护和建设工程，努力实现生态系统良性循环。

柴达木荒漠生态功能区。以防风固沙、退耕还林还草、退牧还草为重点，加强沙生植被和天然林、草原、湿地保护，开发沙生产业，提高植被覆盖度。依法建立一批封禁保护区，实施沙漠化防治工程，建设水资源保护和节水工程建设，控制地下水水位下降，有序有度开发矿产资源，加强水土流失预防监督管理，构建以绿洲防护林、天然林和草原、湖泊、湿地点块状分布的圈带型生态格局。

黄土高原水土流失综合治理生态功能区。严格保护基本农田，调整农业产业结构，提高农业综合生产能力，以小流域为单元综合治理水土流失。继续实施湟水干流南北两山、湟水河流域人工造林工程和河湟沿岸绿化工程，提高植被覆盖度，控制水土流失，逐步形成以祁连山东段和拉脊山为生态屏障，以河湟沿岸绿色走廊为骨架的生态网络。

十、青海省生态敏感区

《青海省城镇体系规划（2015—2030 年）》规划了生态敏感区。省级生态敏感区包括自然保护区、风景名胜区、国家级水产种质资源保护区、世界文化和自然遗产地、国家地质公园、国家湿地公园、国家沙漠公园、重点文物保护单位、国家森林公园、主要集中饮用水水源地、国际湿地名录、重要涉水景观、重要人文景观等。

规划省级生态敏感区应发挥生态自我修复能力，加强开发管制，禁止矿产资源开发，推动生态移民，强化生态环境保护的基础设施建设，鼓励发展绿色经济、生态经济和新能源产业，建立绿色 GDP 考核体系。

十一、青海省生态环境敏感区

《青海省土地利用总体规划（2006—2020 年）》划分了土壤侵蚀敏感区、沙漠化敏感区、盐渍化敏感区、生境敏感区，详见表 5-10。

表 5-10　青海省生态环境敏感地区

名　称	范　围
土壤侵蚀中度敏感区	冷龙岭、大通河中下游、湟水谷地/湟水流域、黄河上游谷地/黄河源头区、拉脊山山区、甘德地区、巴颜喀拉山北麓、青根河流域、当曲、扎曲、通天河流域、班玛地区、久治地区
沙漠化中度敏感区	湟水谷地/湟水流域、黄河上游谷地/黄河源头区、青根河流域、当曲、扎曲、通天河流域、青海湖湖滨、布哈河上游、青海南山、哈拉湖盆地、西祁连山地区、沱沱河、茶卡盆地、鄂拉山、尕尔曲、乌兰盆地、都兰盆地、昆仑山山前细土带、昆仑河—雪水河流域、西昆仑山、柴达木盆地东部、大柴旦、宗务隆山地区
沙漠化高度敏感区	共和盆地、柴达木盆地西部、西阿尔金山、可可西里地区、楚玛尔河流域
盐渍化中度敏感区	湟水谷地/湟水流域、茶卡盆地、乌兰盆地、都兰盆地
盐渍化高度、极度敏感区	柴达木盆地
生境中度敏感区	哈拉湖盆地、黄河上游谷地/黄河源头区、共和盆地、大通河上游
生境高度敏感区	柴达木盆地、三江源地区

资料来源：《青海省土地利用总体规划（2006—2020 年）》。

加强对高度敏感区和各类功能区实行用途管制，尤其对柴达木盆地、三江源地区、祁连山地区实行严格的用途管制；禁止不符合区域功能定位、可能威胁生态系统稳定的各类土地利用方式和资源开发活动，严格限制生态用地改变用途。支持区域内生态建设工程，促进区域生态环境的修复与改良。按照区域资源环境承载力核定区域内建设用地规模，严格限制建设用地增加。禁止对破坏生态、污染环境的产业供地，引导与区域定位不相宜的产业逐步向区外有序转移。

十二、青海省水土流失重点预防控制区

2016 年 10 月，青海省人民政府印发了《青海省水土保持规划（2016—2030 年）》，该规划以全国水土保持区划为基础，以省级水土保持区划为规划单元，以国家级和省级水土流失重点防治区复核划分成果为重点治理区域，全省共划定 2 个国家级水土流失重点预防区：祁连山—黑河国家级水土流失重点预防区和三江源国家级水土流失重点预防区；1 个国家级水土流失重点治理区：甘青宁黄土丘陵国家级水土流失重点治理区；3 个省级水土流失重点治理区：青海湖省级水土流失重点治理区、柴达木盆地省级水土流失重点治理区和隆务河省级水土流失重点治理区；1 个省级水土流失重点预防区：柴达木盆地省级水土流失重点预防区，详见表 5-11。

表 5-11　青海省水土流失重点防治区划分

预防区和治理区名称	县级单位
祁连山—黑河国家级水土流失重点预防区	门源县、祁连县
三江源国家级水土流失重点预防区	共和县、贵南县、兴海县、同德县、泽库县、河南县、玛沁县、甘德县、久治县、班玛县、达日县、玛多县、称多县、玉树市、囊谦县、杂多县、治多县、曲麻莱县以及格尔木市部分地区
甘青宁黄土丘陵国家级水土流失重点治理区	西宁市城东区、城中区、城西区、城北区、大通县、湟源县、湟中县、互助县、平安区、乐都区、民和县、化隆县、贵德县、尖扎县、循化县
青海湖省级水土流失重点治理区	刚察县、海晏县、乌兰县、天峻县
柴达木盆地省级水土流失重点治理区	格尔木市（不含唐古拉山镇）、德令哈市、都兰县
隆务河省级水土流失重点治理区	同仁县
柴达木盆地省级水土流失重点预防区	冷湖行政委员会、大柴旦行政委员会、茫崖行政委员会

资料来源：《青海省水土保持规划（2016—2030 年）》。

十三、三江源国家生态保护综合试验区

三江源地区地处青藏高原腹地，是长江、黄河、澜沧江发源地，是我国淡水资源重要补给地，是地球生态链条中的重要环节、生物多样性的重要载体和珍贵生物基因的重要宝库，是我国极为重要的生态安全屏障，有着"中华水塔"和"亚洲水塔"的美誉，因其生态效应的开放性、共享性和外溢性，其生态地位和作用更加突出、日益重要，特别是在全国生态文明建设中具有特殊地位。三江源地区生态地位和作用的重要性是建立三江源国家生态保护综合试验区的战略抉择。2011 年 11 月 16 日，国务院第 181 次常务会议批准实施《青海三江源国家生态保护综合试验区总体方案》，标志着三江源生态保护和经济社会发展进入了一个新的阶段。

1. 试验区范围

2012 年 1 月，国家发展改革委印发了《青海三江源国家生态保护综合试验区总体方案》（发改地区〔2012〕41 号），三江源国家生态保护综合试验区范围包括黄南州同仁县、尖扎县、泽库县、河南县，海南州共和县、同德县、贵德县、兴海县、贵南县，果洛州玛沁县、班玛县、甘德县、达日县、久治县、玛多县，玉树州玉树市、杂多县、称多县、治多县、囊谦县、曲麻莱县，海西州格尔木市 5 州 21 个县（市）1 个镇，总面积为 39.5 万 km^2。

2. 主要目标

到 2015 年，完成退牧还草 9.50 万 km^2，治理荒漠化土地 1 000 km^2，治理水土流失面积 230 km^2，植被平均覆盖度提高 15～20 个百分点，保护湿地面积 1 200 km^2，有效控制超载过牧，自然保护区管护不断加强，生物多样性逐步恢复，力争城镇垃圾无害化处理率达到 60%，江河径流量基本保持稳定，江河 I 类水质河段增加，总体保持在 II 类以上。生态环境恶化趋势得到初步遏制，局部有明显改善；城乡居民收入和基本公共服务能力大幅提高；特色经济初具规模，建立起生态补偿机制和比较完善的管理体制。

到 2020 年，力争完成退牧还草 12.85 万 km^2，治理荒漠化土地 2 000 km^2，治理水土流失面积 430 km^2，植被平均覆盖度提高 25～30 个百分点，保护湿地面积 2 000 km^2，水土流失得到有效遏制，水源涵养等生态功能进一步增强，自然保护区得到有效管护，生物多样性显著恢复，力争重点城镇垃圾无害化处理率达到 85%，江河径流量稳定性增强，长江、澜沧江水质总体保持在Ⅰ类，黄河Ⅰ类水质河段明显增加，生态环境总体改善，生态系统步入良性循环；社会事业全面发展，城乡居民收入接近或达到本省平均水平，基本公共服务能力接近或达到全国平均水平；特色经济形成规模，体制机制更加健全，全面实现建设小康社会的目标。

3．主要任务

一要划分主体功能区。依据生态特性和资源环境承载能力，将试验区划分为重点保护区、一般保护区和承接转移发展区，按照转变发展方式的要求，实行分类指导。

二要以草原植被保护和恢复为重点，加大生态环境保护和建设力度，实施好草原管护、草畜平衡等各项生态保护工程。

三要转变农牧业发展方式，提升集约化水平，发展生态型非农产业。

四要加强基础设施建设，加快发展社会事业，推进游牧民定居和农村危房改造，切实改善农牧民生产生活条件。加大扶贫开发力度，提高社会保障水平。基础设施建设要服从生态保护。

五要创新生态保护体制机制。建立生态环境监测预警系统，及时掌握气候与生态变化情况。建立规范长效的生态补偿机制，加大中央财政转移支付力度。设立生态管护公益岗位，发挥农牧民生态保护主体作用。鼓励和引导个人、民间组织、社会团体积极支持和参与三江源生态保护公益活动。

六要建立新型绿色绩效考评机制，转变政绩观念，切实扭转片面追求经济增长速度的做法，实现人与自然和谐共生。

4．区域划分

依据生态特性和资源环境承载能力，统筹生态保护和经济社会发展，将试验区划分为重点保护区、一般保护区和承接转移发展区，明确功能定位，确立发展方向，优化空间布局，实行分类指导。

（1）重点保护区

重点保护区是指在构成三江源区域生态安全格局中发挥特殊重要作用，以生态环境保护为核心，原则上禁止从事开发经营活动的区域。

①区域范围。以国家级自然保护区为主，包括三江源、可可西里、隆宝3个国家级自然保护区，以及年保玉则、坎布拉、贵德等国家地质公园、森林公园、湿地公园及风景名胜区，总面积为19.8万km²，占试验区总面积的50.1%。

②区域功能。该区域高寒草原草甸、冰川、沼泽湿地及河流、湖泊广布，寒温带针叶林错落分布，野生动植物多样性丰富，主要承担水源涵养及产水功能，是发挥生态功能的核心区域。该区域资源环境承载能力低，一旦遭到破坏恢复难度极大，必须依据国家有关法律法规，采取严格的生态环境保护措施加强保护和修复，其中核心区除允许一定限度科学考察外，严格限制生产活动，其他地区也要控制对自然生态有明显影响的产业发展、经营活动和城镇建设，减轻人口压力，引导人口有序转移，努力实现自然生态稳定和良性循环。

（2）一般保护区

一般保护区是指在构成三江源区域生态安全格局中发挥维护生态系统完整性基础作用，要优先保护生态环境，并根据资源环境承载力适当发展畜牧业生产经营活动的区域。

①区域范围。包括除重点保护区和承接转移发展区之外的地区，总面积为18.9万km²，占试验区总面积的47.9%。

②区域功能。该区域是高寒草甸草原、干旱半干旱草原的主要分布地区，生物多样性较为丰富，也是从事草地畜牧业等生产经营活动的传统地区，具有一定的资源环境承载能力。由于长期超载过牧，局部生态严重恶化，必须以提供生态产品为首要任务，加大保护建设力度，控制草原利用强度，实现草畜平衡；合理布局牧区聚落，引导牧民有序集聚；依托特色优势资源，发展生态型经济；促进生态系统修复和恢复，努力实现生态平衡和人与自然和谐共生。

（3）承接转移发展区

承接转移发展区是指在生态保护建设和城镇化进程中，具备一定承接转移农牧业人口和产业发展潜力，需要统筹开发开放与生态保护的区域。

①区域范围。包括共和县、贵德县、尖扎县、同仁县等境内黄河谷地地区，以及试验区州府县城所在地和重点小城镇，基本呈点状分布，总面积 0.8 万 km^2，占试验区总面积的 2%。

②区域功能。该区域生态类型复杂多样，农牧交错，耕地相对集中，灌区开发条件较好，资源环境承载能力相对较高，是发展城镇、集聚产业和人口的主要地区。要在切实做好生态保护的前提下，构建以州府县城为中心，重点乡镇为基础的城镇体系，承担重点保护区和一般保护区的转移人口，改善人居环境，提升社会保障和服务功能；转变发展方式，科学规划黄河沿岸综合开发，加强农牧业基础设施建设；因地制宜推动产业向园区集中，有序发展特色优势产业，努力实现低碳绿色发展。

建立三江源国家生态保护综合试验区是党中央、国务院基于全局高度做出的战略决策，是国家生态文明建设的具体实践，是促进流域内人与自然和谐发展的重要途径。推进生态保护建设与转变人类活动方式密切相关，转变生产生活方式必须坚持深化改革、创新体制。科学处理好生态保护、民生改善和经济社会发展三者之间的关系，是试验区建设的宗旨和主线；积极探索建立规范和长效的生态补偿机制、新型绿色绩效考评制度、完善的监测预警及管理体制等，是试验区建设的核心任务。同时，试验区还肩负着为全国建立与主体功能区相适应的体制机制积累经验、提供示范的使命。

第六章　自然保护地

《中共中央办公厅　国务院办公厅关于划定并严守生态保护红线的若干意见》要求，生态保护红线涵盖所有国家级、省级禁止开发区域，以及有必要严格保护的其他各类保护地等。国家公园、国家级自然保护区、世界文化自然遗产、国家级风景名胜区、国家森林公园和国家地质公园属于《全国主体功能区规划》中的国家级禁止开发区域；省级自然保护区、省级风景名胜区、省级森林公园、省级地质公园、湿地公园、国际重要湿地、国家重要湿地、省级文物保护单位、重要水源保护地属于《青海省主体功能区规划》中的省级层面禁止开发区域；新设立的保护地自动进入禁止开发区域名录。《中共中央办公厅　国务院办公厅关于在国土空间规划中统筹划定落实三条控制线的指导意见》指出，对自然保护地进行调整优化，评估调整后的自然保护地应划入生态保护红线；自然保护地发生调整的，生态保护红线相应调整。《青海省贯彻落实〈关于建立以国家公园为主体的自然保护地体系的指导意见〉的实施方案》要求，协调自然保护地布局与生态保护红线，在自然保护地整合归并优化过程中，充分衔接生态保护红线，科学合理优化生态、生产、生活空间的布局，调整后的自然保护地全部纳入生态保护红线。按照自然资源资产管理与国土空间用途管制的"两个统一行使"要求，统筹生态保护、绿色发展、民生改善的现实需求，严守生态保护红线。

青海省于1975年5月建立了青海湖省级自然保护区，这是青海省建立的第一个自然保护地，开创了青海省自然保护地建设的先河。经过40余年的发展，全省自然保护地建设取得了显著成效，在全省各级政府以及环保、林业、国土、农牧、住建、水利等部门共同支持和努力下，又先后设立了森林公园、国际重要湿地、风景名胜区、国家重要湿地、地质公园、水利风景区、水产种质资源保护区、湿地公园、沙漠公园、国家公园、世界自然遗产地等多种类型的自然保护地。这些自然保护地基本覆盖了全省绝大多数重要的自然生态系统和自然遗产资源，最大限度地完整保留了自然本底，完好地保存了典型生态系统、珍稀特有物种资源、珍贵特殊自然遗迹和自然景观，发挥了涵养水源、保持土壤、防风固沙、维护生物多样性等生态服务功能。同时，这些自然保护地也是青海省生态建设的核心载体、大美青海的重要象征，是青海省乃至我国实施生态保护战略的基础，在维护青海生态安全和区域生态安全中居于首要地位，是青海省生态保护红线划定的关键区域。

《中共中央办公厅　国务院办公厅关于建立以国家公园为主体的自然保护地体系的指导意见》指出，自然保护地是由各级政府依法划定或确认，对重要的自然生态系统、自然遗迹、自然景观及其所承载的自然资源、生态功能和文化价值实施长期保护的陆域或海域。按照自然生态系统原真性、整体性、系统性及其内在规律，依据管理目标与效能并借鉴国际经验，将自然保护地按生态价值和保护强度高低依次分为国家公园、自然保护区、自然公园 3 类，其中，自然公园包括森林公园、地质公园、海洋公园、湿地公园等各类自然公园。目前，青海省正在实施国家公园示范省建设，遵从保护面积不减少、保护强度不降低、保护性质不改变的总体要求，整合各类自然保护地，解决自然保护地区域交叉、空间重叠的问题。

一、总体概况

本书研究的自然保护地为《全国主体功能区规划》《青海省主体功能区划规划》确定的禁止开发区域，即依法设立的各级各类自然文化资源保护区域，研究范围包括 2018 年之前划建的国家公园、自然保护区、风景名胜区、世界自然遗产地、地质公园、森林公园、湿地公园、重要湿地、水产种质资源保护区、沙化土地封禁保护区、沙漠公园、水利风景区、饮用水水源保护区 13 个类型的保护地。

1. 发展历程[①]

从 1975 年建立青海湖自然保护区至 1991 年的 17 年间，青海省自然保护地

---

① 因饮用水水源保护区数量多、面积小，本部分内容在面积统计分析中未包括饮用水水源保护区面积。

类型没有变化，一直是自然保护区。从 1992 年开始，原环保、林业、农牧、水利、国土、住建行政主管部门在各自职权范围内设立了保护地。环保部门设立了自然保护区（诺木洪自然保护区，2005 年），林业部门设立了自然保护区（1975 年）、森林公园（1992 年）、重要湿地（1992 年）、湿地公园（2007 年）、沙漠公园（2014 年）、沙化土地封禁保护区（2016 年），农牧部门设立了水产种质资源保护区（2007 年），国土资源部门设立了地质公园（2004 年），水利部门设立了水利风景区（2005 年），住建部门设立了风景名胜区（1994 年）和自然遗产地（2017 年），国家公园试点于 2015 年设立。其中，除国家重要湿地和世界自然遗产地目前仅进行了 1 次设立外，其余类型保护地均为分批多次设立。

2000 年以后，青海省保护地数量增加较快，2000 年、2014 年、2016 年新增自然保护地数量均在 20 处以上，其中 2016 年设立数量最多，共设立了 7 个类型 24 处自然保护地；其次是 2014 年，设立了 5 个类型 21 处自然保护地。

1975 年设立的青海湖省级自然保护区，面积仅 7.6 km²。随着各类型自然保护地的设立与发展，全省自然保护地总面积不断增加。总面积增加较大的一是在 1995 年，设立可可西里省级自然保护区，面积增加 4.5 万 km²；二是在 2000 年设立了三江源、柴达木梭梭林、可鲁克湖托素湖、格尔木胡杨林 4 处省级自然保护区和哈拉湖等 17 处国家重要湿地，仅 4 处省级自然保护区新增加面积 15.56 万 km²，占全省国土面积的 22.34%；三是在 2005 年设立大通北川河源区、诺木洪、祁连山 3 处省级自然保护区，面积增加 1.15 万 km²，占全省国土面积的 1.65%；四是在 2007 年设立青海湖裸鲤和黄河上游特有鱼类 2 个国家级水产种质资源保护区，新增面积为 3.39 万 km²。其余类型的自然保护地数量虽然较多，但面积都较小，总面积增量不明显。至此，基本上奠定了全省自然保护地的国土空间分布格局。

此后设立的三江源国家公园、祁连山国家公园、可可西里世界自然遗产地、青海湖风景名胜区，虽然批建的面积较大，但这些自然保护地绝大部分区域在国土空间上与先设立的三江源自然保护区、可可西里自然保护区、祁连山自然保护区、青海湖自然保护区交叉重叠，青海省自然保护地实际总面积增量较小。

2．发展现状

（1）类型丰富

自然保护地是各级政府依法划定或确认，对重要的自然生态系统、自然遗迹、自然景观及其所承载的自然资源、生态功能和文化价值，实施长期保护的陆域和海域。自然保护地是生态建设的核心载体、美丽中国的重要象征，是我国实施保护战略的基础，在维护国家生态安全中居首要地位。

由原国家环境保护、国土资源、住房和城乡建设、农业、水利、林业、海洋等行政主管部门根据相关职能和法律法规，设立和主管的有自然保护区、风景名胜区、地质公园、森林公园、湿地公园、沙漠公园、水利风景区、水产种质资源保护区、沙化土地封禁保护区、海洋特别保护区、重要湿地等。青海省除不涉及海洋特别保护区外，其余类型自然保护地均有设立，此外还设立了矿山公园、世界地质公园、国际重要湿地、世界自然遗产地等。设立的自然保护地全部为省级和国家级。

（2）数量少，面积大，占国土面积比例高

截至 2018 年 2 月，12 个类型保护地总数量达到 161 处，自然遗产地 1 处、国家公园试点 2 处、地质公园 9 处（含 1 处世界地质公园）、自然保护区 11 处、沙化土地封禁保护区 12 处、沙漠公园 12 处、水产种质资源保护区 14 处、水利风景区 17 处、重要湿地 20 处（含 3 处国际重要湿地和 17 处国家重要湿地）、风景名胜区 19 处、湿地公园 20 处、森林公园 23 处。

全省 161 处保护地批建总面积达到 563 851.90 km²，不考虑重叠因素，按此计算，占全省国土面积的 80.94%。自然保护区批建总面积为 217 773.50 km²、国家公园（试点）面积为 138 931.30 km²、自然遗产地面积为 60 300.00 km²、水产种质资源保护区面积为 52 414.20 km²、水利风景区面积为 31 504.00 km²、国家重要湿地面积为 21 986.60 km²、地质公园面积为 12 752.10 km²、风景名胜区面积为 10 597.30 km²、沙化土地封禁保护区面积为 5 818.30 km²、森林公园面积为 5 447.80 km²、湿地公园面积为 3 255.80 km²、国际重要湿地面积为 1 672.80 km²、沙漠公园面积为 222.90 km²。

将收集到的各保护地图件在地理信息系统软件上进行矢量化，扣除不同保护

地之间交叉重叠区域后,全省 12 个类型 161 个保护地矢量面积约 28.84 万 km^2(受各保护地图件精度、部分保护地边界仍未确定、坐标系和投影转换参数不同等多方面影响,图上矢量面积与最终实地面积存在一定误差),约占全省国土面积的41.4%,仅次于西藏自治区,位居全国第 2。

自然保护地数量最多的是森林公园,为 23 处;自然保护区、水产种质资源保护区、沙化土地封禁保护区、水利风景区、风景名胜区、沙漠公园、湿地公园、国家重要湿地在 11～20 处;其余均在 10 处以内。批建总面积超过 10 000 km^2 以上的有自然保护区、国家公园、世界自然遗产地、水产种质资源保护区、风景名胜区、国家重要湿地,其中自然保护区和国家公园面积分别达到了 217 773.50 km^{2}和 138 931.30 km^2,分别占全省国土面积的 31.26% 和 19.94%,构成了全省保护地的主体,详见表 6-1。

表 6-1　青海省主要保护地统计（时间截至 2019 年 1 月）

编号	类型	设立主要依据	首个批建时间	主管部门	批建数量/处	批建总面积/km^2	占全省国土面积比例/%
1	自然保护区	《环境保护法》《野生动物保护法》《森林法》《自然保护区条例》	1975年	环保、林业	11	217 773.50	31.26
2	国家公园	《建立国家公园体制总体方案》	2015年	—	2	138 931.30	19.94
3	世界自然遗产地	《青海省可可西里自然遗产地保护条例》	2017年	住建	1	60 300.00	8.66
4	水产种质资源保护区	《渔业法》《水产种质资源保护区管理暂行办法》《中国水生生物资源养护行动纲要》《青海省人民政府关于贯彻实施中国水生生物资源养护行动纲要的意见》	2007年	农牧	14	52 414.20	7.52

编号	类型	设立主要依据	首个批建时间	主管部门	批建数量/处	批建总面积/km²	占全省国土面积比例/%
5	水利风景区	《水利风景区管理办法》	2005年	水利	17	31 504.00	4.52
6	国家重要湿地	《中国湿地保护行动计划》《湿地保护管理规定》《湿地保护修复制度方案》	2000年	林业	17	21 986.60	3.16
7	地质公园	《地质遗迹保护管理规定》《青海省地质环境保护办法》	2004年	国土	9	12 752.10	1.83
8	风景名胜区	《城乡规划法》《风景名胜区条例》	1994年	住建	19	10 597.30	1.52
9	森林公园	《森林公园管理办法》	1992年	林业	23	5 447.80	0.78
10	沙化土地封禁保护区	《防沙治沙法》《国家沙化土地封禁保护区管理办法》	2016年	林业	12	5 818.30	0.84
11	湿地公园	《国家湿地公园管理办法》《湿地保护管理规定》	2007年	林业	20	3 255.80	0.47
12	国际重要湿地	《关于特别是作为水禽栖息地的国际重要湿地公约》《湿地保护管理规定》《湿地保护修复制度方案》	1992年	林业	3	1 672.80	0.24
13	沙漠公园	《国家沙漠公园管理办法》《全国防沙治沙规划（2011—2020年）》	2014年	林业	12	222.90	0.03
14	饮用水水源保护区	《水法》《水污染防治法》《青海省饮用水水源保护条例》	—	环保、水利	54	823.70	0.12

（3）空间交叉重叠多

青海湖、昆仑山、坎布拉、可可西里、北山、柏树山等多个区域属于自然生态系统典型、生物多样性分布集中、自然遗迹特殊、自然景观和人文景观环境优美的区域，具有极其重要的保护价值和意义，先后设立了多个类型自然保护地，分属不同行政部门管理，各自独立发展，在宏观建设和布局上产生了空间交叉重叠。

祁连山地区设立的自然保护地类型较多，有自然保护区、水产种质资源保护区、湿地公园、森林公园、风景名胜区，在空间格局中分开设立，重叠区域较少，最后绝大部分区域被纳入了祁连山国家公园试点区域范围，详见表6-2。

表6-2 青海省主要区域自然保护地设立情况

编号	主要区域	自然保护地设立情况
1	青海湖	国家级自然保护区、国家级风景名胜区、国家级水产种质资源保护区、国际重要湿地、国家重要湿地、国家地质公园、国家沙漠公园、国家沙化土地封禁保护区
2	昆仑山	国家地质公园、世界地质公园、省级风景名胜区
3	可可西里	国家级自然保护区、世界自然遗产地、国家公园、国家重要湿地
4	坎布拉	国家地质公园、国家森林公园、国家级水产种质资源保护区、省级风景名胜区
5	互助北山	国家地质公园、国家森林公园、国家水利风景区、省级风景名胜区
6	互助南门峡	省级森林公园、国家湿地公园、国家水利风景区
7	德令哈柏树山	省级地质公园、省级风景名胜区、国家森林公园
8	可鲁克湖—托素湖	省级自然保护区、省级地质公园、国家重要湿地、国家水利风景区
9	哈拉湖	省级风景名胜区、国家重要湿地
10	阿尼玛卿	国家级自然保护区、国家地质公园
11	年保玉则	国家级自然保护区、国家地质公园、国家水利风景区
12	扎陵湖—鄂陵湖	国家公园、国家级自然保护区、国际重要湿地、国家重要湿地、国家级水产种质资源保护区、国家水利风景区
13	祁连山	国家公园、省级自然保护区、国家级水产种质资源保护区、国家湿地公园、省级森林公园、省级风景名胜区

3. 县域分布

在2019年之前批建的国家公园、自然保护区、风景名胜区、世界自然遗产地、地质公园、森林公园、湿地公园、重要湿地、水产种质资源保护区、沙化土地封禁保护区、沙漠公园、水利风景区12个类型161个保护地中，全省45个县级行政区（含西宁市4个市辖区），除同仁县还没有设立保护地，其余各县均设立了保护地。

保护地面积超过 10 000 km^2 的有 7 个县（市），保护地面积最大的是治多县，面积为 71 106.23 km^2，其次是曲麻莱县和杂多县，面积分别为 31 120.60 km^2 和 30 043.50 km^2，以及玛多、天峻、囊谦、格尔木（含唐古拉山镇）4 县（市），10 个县（市）自然保护地面积在 1 000～10 000 km^2，20 个县（市）自然保护区面积在 1 000 km^2 以内。

保护地面积占本县域国土面积比例超过 80% 的有治多、囊谦、杂多、玛多 4 县，6 个县保护地面积比例在 50%～80%，11 个县保护地面积比例为 30%～50%，9 个县保护地面积比例为 10%～30%，其余县面积比例小于 10%，详见表 6-3。

表 6-3　青海省 12 个类型保护地各县面积与比例

县域	保护地面积/km^2	占县域面积比例/%	县域	保护地面积/km^2	占县域面积比例/%	县域	保护地面积/km^2	占县域面积比例/%
治多	71 106.23	88.17	共和	6 883.17	41.41	贵德	345.47	9.84
囊谦	10 316.14	85.53	班玛	2 604.53	40.68	河南	649.47	9.68
杂多	30 043.50	84.60	大通	1 249.46	39.54	循化	153.98	8.48
玛多	20 646.45	84.36	海晏	1 757.20	39.53	都兰	3 221.08	7.12
刚察	7 172.62	74.36	兴海	4 814.15	39.52	化隆	160.24	5.92
天峻	17 589.10	68.67	同德	1 426.66	30.85	茫崖	1 883.14	5.86
曲麻莱	31 120.60	66.74	湟中	701.88	28.689	贵南	381.68	5.72
祁连	8 040.14	57.77	唐古拉山镇	13 177.97	27.54	甘德	396.83	5.57
门源	3 643.17	57.10	民和	471.25	24.79	平安	36.28	4.94
泽库	3 404.04	51.65	德令哈	5 684.96	20.47	冷湖	712.99	4.02
玉树	7 065.58	45.84	乐都	396.21	15.97	达日	492.56	3.39
互助	1 475.03	44.03	大柴旦	3 174.55	15.19	西宁	7.47	1.66
玛沁	5 878.35	43.69	乌兰	1 677.33	13.69	湟源	21.24	1.37
称多	6 336.04	43.34	尖扎	182.77	11.74	同仁	0	0
久治	3 448.14	41.64	格尔木	8 274.51	11.60	—	—	—

注：本表数据是将各保护地范围纸质图件进行矢量化后测算的矢量面积，因各保护地图件精度因素、投影坐标系参数不同，其测算矢量面积结果与批建面积、实际面积会存在不同程度的误差。

二、国家公园

1．国家公园概念

建立国家公园体制是党的十八届三中全会提出的重点改革任务，是我国生态文明制度建设的重要内容，对于推进自然资源科学保护和合理利用，促进人与自然和谐共生，推进美丽中国建设，具有极其重要的意义。

2017 年发布的《建立国家公园体制总体方案》明确了国家公园概念，国家公园是指由国家批准设立并主导管理，边界清晰，以保护具有国家代表性的大面积自然生态系统为主要目的，实现自然资源科学保护和合理利用的特定陆地或海洋区域。建立国家公园的目的是保护自然生态系统的原真性、完整性，始终突出自然生态系统的严格保护、整体保护、系统保护，把最应该保护的地方保护起来。国家公园坚持世代传承，给子孙后代留下珍贵的自然遗产。国家公园是我国自然保护地最重要的类型之一。

2019 年发布的《关于建立以国家公园为主体的自然保护地体系的指导意见》指出，国家公园是指以保护具有国家代表性的自然生态系统为主要目的，实现自然资源科学保护和合理利用的特定陆域或海域，是我国自然生态系统中最重要、自然景观最独特、自然遗产最精华、生物多样性最富集的部分，保护范围大，生态过程完整，具有全球价值、国家象征，国民认同度高。

2．数量与面积

截至 2017 年年底，国家在三江源地区和祁连山地区建立了 2 处国家公园（试点），试点区域总面积为 138 931.30 km^2，与安徽省国土面积相当，占全省国土面积的 19.94%。

3．各国家公园概况

（1）三江源国家公园

三江源地处青藏高原腹地，是长江、黄河、澜沧江的发源地，是我国淡水资源的重要补给地，是高原生物多样性最集中的地区，是亚洲、北半球乃至全球气候变化的敏感区和重要启动区，特殊的地理位置、丰富的自然资源、重要的生态功能使其成为我国重要的生态安全屏障，在全国生态文明建设中具有特殊重要地位，关系到全国的生态安全和中华民族的长远发展。2015 年 12 月，中央全面深化改革领导小组第十九次会议审议通过了《三江源国家公园体制试点方案》。2016 年 3 月，中共中央办公厅、国务院办公厅印发了《三江源国家公园体制试点方案》，拉开了我国国家公园实践探索的序幕，三江源国家公园是全国试点建立的第一个国家公园。

根据国家发展改革委 2018 年 1 月印发的《三江源国家公园总体规划》（发改社会〔2018〕64 号），三江源国家公园包括黄河源、长江源（可可西里）、澜沧江源 3 个园区，试点区域总面积为 123 141.40 km^2，占全省国土面积的 17.67%，行政区划涉及治多、曲麻莱、玛多、杂多 4 县和可可西里自然保护区管辖区域，共 12 个乡镇、53 个行政村。

努力将三江源国家公园打造成中国生态文明建设的名片、生态系统原真保护样板、高寒生物自然种质资源库、野生动物天堂、生态体验和环境教育平台、生态环境科研基地、应对和适应气候变化窗口、留予子孙后代的一方净土，向全世界展示面积最大、海拔最高、自然风貌大美、生态功能稳定、民族文化独特、人与自然和谐的国家公园。

总体目标。山水林田湖草生态系统得到严格保护，满足生态保护第一要求的体制机制创新取得重大进展，国家公园科学管理体系形成，有效行使自然资源资产所有权和监管权，水土资源得到有效保护，生态服务功能不断提升；野生动植物种群增加，生物多样性明显恢复；绿色发展方式逐步形成，民生不断改善，将三江源国家公园建成青藏高原生态保护修复示范区，共建共享、人与自然和谐共生的先行区，青藏高原大自然保护展示和生态文化传承区。

近期目标。到 2020 年正式设立三江源国家公园。国家公园体制全面建立，法规和政策体系逐步完善，标准体系基本形成，管理运行顺畅。绿色发展方式成为主体，生态产业规模不断扩大，转产转业牧民有序增加，国家公园内居住人口有所下降。山水林田湖草生态系统得到全面保护，生物多样性明显恢复，江河径流量持续稳定，长江、黄河、澜沧江水质稳定保持优良，生态系统步入良性循环。

国家公园服务、管理和科研体系初步形成，生态文化传承弘扬。基本建成青藏高原生态保护修复示范区，共建共享、人与自然和谐共生的先行区，青藏高原大自然保护展示和生态文化传承区。

中期目标。到 2025 年，保护和管理体制机制不断健全，法规政策体系、标准体系趋于完善，管理运行有序高效。全面形成绿色发展方式，继续带动牧民转产转业，国家公园内居住人口不增加。山水林田湖草生态系统良性循环，生物多样性丰富，应对和适应气候变化能力增强，江河径流量持续稳定，长江、黄河、澜沧江水质更加优良。形成独具特色的国家公园服务、管理和科研体系，生态文化发扬光大。青藏高原生态保护修复示范区，共建共享、人与自然和谐共生的先行区，青藏高原大自然保护展示和生态文化传承区的示范带动作用进一步彰显。

远期目标。到 2035 年，保护和管理体制机制完善，行政管理范围与生态系统相协调，实现对三大江河源头自然生态系统的完整保护，园区范围和功能优化，山水林田湖草生态系统良性循环，生物多样性更加丰富，建立起生态保护的典范；国家公园规划体系、政策体系、制度体系、标准体系、机构运行体系、人力资源体系、多元投入体系、科技支撑体系、监测评估考核体系、项目建设体系、经济社会发展评价体系全面建立，成为体制机制创新的典范；可持续的绿色发展方式更加成熟，基础设施配套完善，生态体验特色明显，是我国乃至世界重要的环境教育基地，文化先进、社会和谐、人民幸福，社会繁荣稳定，成为我国国家公园的典范，建成现代化国家公园。

总体布局。三江源国家公园位于东经 89°50'57"～99°14'57"，北纬 32°22'36"～36°47'53"，占三江源国土面积的 31.16%。其中，冰川雪山为 833.4 km²、河湖和湿地为 29 842.80 km²、草地为 86 832.20 km²、林地为 495.20 km²。三江源国家公园范围内，包括三江源国家级自然保护区的扎陵湖—鄂陵湖、星星海、索加—曲麻河、果宗木查和昂赛 5 个保护分区和可可西里国家级自然保护区，其中核心区为 4.17 万 km²，缓冲区为 4.53 万 km²，实验区为 2.96 万 km²，为增强联通性和完整性，将 0.66 万 km² 非保护区一并纳入。同时，三江源国家公园范围内有扎陵湖、鄂陵湖 2 处国际重要湿地，均位于自然保护区的核心区；有列入《湿地保护行动计划》的国家重要湿地 7 处；有扎陵湖—鄂陵湖和楚玛尔河 2 处国家级水产种质资源保护区；有黄河源水利风景区 1 处。青海可可西里世界自然遗产地完整划入了三江源国家公园长江源园区，位于可可西里国家级自然保护区和三江源国家级自然保护区的索加—曲麻河保护分区内。

（2）祁连山国家公园

祁连山位于青藏高原东北部，地跨甘肃、青海两省，是我国西部重要生态安全屏障和重要水源产流地，也是我国重点生态功能区和生物多样性保护优先区域。祁连山阻止了腾格里、巴丹吉林、库姆塔格三大沙漠南侵，阻挡干热风暴直扑"中华水塔"三江源，哺育了欧亚大陆重要的贸易和文化交流通道，维系了西部地区脆弱的生态平衡和经济社会可持续发展，在全国生态文明建设和生态安全保护方面发挥着重要作用。

2016 年 8 月，习近平总书记在青海调研，特别关心生态环境保护，询问雪豹等野生动物情况，希望各级党委和政府进一步探索和完善国家公园体制试点，切实保护好生态环境。2017 年 3 月 13 日，中央经济体制和生态文明体制改革专项小组召开会议，决定以雪豹保护为切入点，结合祁连山生态环境问题整改工作，在祁连山开展国家公园体制试点。2017 年 6 月 26 日，习近平总书记主持召开中央全面深化改革领导小组第三十六次会议，审议通过了《祁连山国家公园体制试点方案》。2017 年 9 月 1 日，中共中央办公厅、国务院办公厅印发了《祁连山国家公园体制试点方案》（厅字〔2017〕36 号），要求试点期间开展生态保护长效机制、山水林田湖草系统保护综合治理、探索生态保护与民生改善协调发展新模式等任务。

祁连山国家公园地处青海、甘肃两省交界，位于青藏高原东北部，行政区划涉及甘肃省肃北蒙古族自治县、阿克塞哈萨克族自治县、肃南裕固族自治县、民乐县、永昌县、天祝藏族自治县、武威市凉州区、中农发山丹马场、国营鱼儿红牧场和国营宝瓶河牧场 10 个县（区、场），青海省海西蒙古族藏族自治州德令哈市、天峻县和海北藏族自治州祁连县、门源回族自治县 4 县（市）。试点区域总面积为 5.02 万 km^2，分为甘肃省和青海省 2 个片区，其中甘肃省面积为 3.44 万 km^2，占总面积的 68.5%，占甘肃省国土面积的 7.56%；青海省面积为 1.58 万 km^2，占总面积的 31.5%，占青海省国土面积的 2.27%。

祁连山是我国西部重要的生态安全屏障，是冰川与水源涵养国家重点生态功能区，具有维护青藏高原生态平衡，阻止腾格里、巴丹吉林和库姆塔格三个沙漠南侵，维持河西走廊绿洲稳定，以及保障黄河和内陆河径流补给的重要功能。祁连山国家公园是以祁连山典型的山地森林、温带荒漠草原、高寒草甸和冰川雪山等复合生态系统和生态过程，以及雪豹为旗舰物种的珍稀濒危物种及栖息地的原真性和完整性保护为核心目标，通过探索创新生态保护管理体制机制，构建山水林田湖草整体保护和系统修复体系，结合精准扶贫推动贫困人口转产脱贫，实现生态保护与地方发展共赢。

总体目标。通过建立国家公园，祁连山典型的寒温带山地针叶林、温带荒漠草原、高寒草甸复合生态系统得到完整保护，水源涵养和生物多样性保护等生态功能明显提升，自然资源资产实现全民共享、世代传承，创新生态保护与区域协调发展新模式，构建国家西部重要生态安全屏障，实现人与自然和谐共生。

①生态文明体制改革先行区域。统一的管理体制基本建立，历史遗留生态破坏问题得到有效解决，经济发展对自然资源开发的依赖度逐渐降低，生态文明制度体系逐步健全，可持续发展能力不断增强。

②水源涵养和生物多样性保护示范区域。水源涵养和径流补给能力及自然生态修复能力显著增强，受损、退化、碎片化的雪豹等珍稀动物栖息地得到恢复，野生动物生存、迁徙廊道实施联通，野生种群得到有效保护和恢复。

③生态系统修复样板区域。违法违规项目有序退出，草原过度放牧、有害生物频发重发等问题得到有效解决，山水林田湖草生态保护恢复试点顺利推进，森林覆盖率、草原植被盖度、湿地保护率明显提升，沙漠化土地得到治理，祁连山生态系统质量稳步提升，更好地发挥生态系统服务功能。

近期目标。到2020年，整合建立跨区域统一的自然保护机制，自然资源和生态系统保护能效明显提高，稳步推进山水林田湖草综合保护管理和系统修复，雪豹等野生动物栖息地质量有所改善，栖息地联通性增强，有害生物灾害显著减少，人为活动干扰影响降低。完成祁连山国家公园体制试点任务，总结试点经验，在综合评估的基础上，适时对范围和分区进行调整，正式设立祁连山国家公园。完成祁连山国家公园管理机构及管理体系设立，建立较为健全完善的管理体制，形成精干有效的管理队伍。完成自然资源资产产权统一登记，形成自然资源本底公开共享平台和天地空一体化自然资源与生态监测平台，并以此为基础开展生态评估。建立已有矿业权分类退出机制，祁连山国家公园内商业探矿权退出全部完成，商业采矿权基本退出，逐步解决历史遗留生态环境破坏问题。妥善处理国家公园内自然资源保护和居民生产生活的关系，结合精准扶贫，协调推进国家公园及周边林（牧）场职工和居民转产转业，与当地政府相互配合积极发展生态产业，绿色发展方式成为主体，国家公园内居住点有所减少，一般控制区居住人口有所下降。

中长期目标。进一步完善中央直接行使国有自然资源资产所有权的国家公园管理体制，形成归属清晰、权责明确、监管有效的国家自然资源资产管理模式，为全国自然资源资产管理体制改革提供可复制、可推广的经验。保护和管理体制不断健全，法规政策体系、标准体系趋于完善，管理运行有序高效。保护效能明显提高，形成人与自然和谐共生格局，实现对祁连山生态系统的完整性和原真性保护，生态环境根本好转，水源涵养和生物多样性保护等生态功能稳步提升。天地空一体化自然资源与生态监测评估体系稳步运行，多元化科研合作交流深入开展，成为国际知名的科研监测平台。健全合作监督、志愿服务、特许经营等机制，初步形成祁连山国家公园服务、管理、生态体验和自然教育体系。绿色发展方式更加多样，形成生态友好型社区生产生活模式，继续带动居民转产转业，祁连山国家公园内居住人口明显减少，人为干扰显著降低。祁连山国家公园内矿产等工矿企业退出全部完成。祁连山国家公园功能日趋完善，成为典型生态系统保护与恢复、保护与管理体制健全、生态文明体制改革与创新发展示范、具有中国特色的国家公园。

分区范围。按照国土空间和自然资源用途管制要求，遵循分区原则，结合现状评价成果，以稳步提升涵养水源和生物多样性保护等生态服务功能为核心目标，对试点区进行管控分区。

①核心保护区：将祁连山冰川雪山等主要河流源头及汇水区、集中连片的森林灌丛、典型湿地和草原、脆弱草场、雪豹等珍稀濒危物种主要栖息地及关键廊道等区域划为核心保护区。核心保护区是祁连山国家公园的主体，实行严格保护，维护自然生态系统功能。

②一般控制区：将祁连山国家公园内核心保护区以外的其他区域划为一般控制区。同时，对于穿越核心保护区的道路，以现有和规划路面向两侧共 700 m 范

围内，按照一般控制区的管控要求管理。一般控制区是祁连山国家公园内需要通过工程措施进行生态修复的区域、国家公园基础设施建设集中的区域、居民传统生活和生产的区域，以及为公众提供亲近自然、体验自然的宣教场所等区域，为国家公园与区外的缓冲和承接转移地带。一般控制区包括生态系统脆弱或受损严重需要保护修复、工矿企业退出后需要集中连片修复等生态修复地和居民生产生活区，针对不同管理目标需求，实行差别化管控策略，实现生态、生产、生活空间的科学合理布局和自然资源资产的可持续利用。一般控制区将进行动态调整，定期将生态状况已恢复的地块逐步调整为核心保护区。

4. 管理要求

中共中央、国务院《生态文明体制改革总体方案》指出，国家公园实行更严格保护，除不损害生态系统的原住民生活生产设施改造和自然观光科研教育旅游外，禁止其他开发建设，保护自然生态和自然文化遗产原真性、完整性。

《建立国家公园体制总体方案》明确了国家公园是我国自然保护地最重要的类型之一，属于全国主体功能区规划中的禁止开发区域，纳入全国生态保护红线区域管控范围，实行最严格的保护。国家公园的首要功能是重要自然生态系统的原真性、完整性保护，同时兼具科研、教育、游憩等综合功能。国家公园建立后，在相关区域内一律不再保留或设立其他自然保护地类型。严格规划建设管控，除不损害生态系统的原住民生产生活设施改造和自然观光、科研、教育、旅游外，禁止其他开发建设活动。国家公园区域内不符合保护和规划要求的各类设施、工矿企业等逐步搬离，建立已设矿业权逐步退出机制。实施差别化保护管理方式。严厉打击违法违规开发矿产资源或其他项目、偷排偷放污染物、偷捕盗猎野生动物等各类环境违法犯罪行为。

《关于建立以国家公园为主体的自然保护地体系的指导意见》确立了国家公园的主体地位。确立国家公园在维护国家生态安全关键区域中的首要地位，确保国家公园在保护最珍贵、最重要生物多样性集中分布区中的主导地位，确定国家公园的保护价值和生态功能在全国自然保护地体系中的主体地位。国家公园建立后，在相同区域一律不再保留或设立其他自然保护地类型。国家公园实行分区管控，原则上核心保护区内禁止人为活动，一般控制区内限制人为活动。

　　2017年6月,青海省人大常委会通过并颁布了《三江源国家公园条例(试行)》,规定了三江源国家公园主要保护对象包括:①草地、林地、湿地、荒漠;②冰川、雪山、冻土、湖泊、河流;③国家和省保护的野生动植物及其栖息地;④矿产资源;⑤地质遗迹;⑥文物古迹、特色民居;⑦传统文化;⑧其他需要保护的资源。禁止在三江源国家公园内进行下列活动:①采矿、砍伐、狩猎、捕捞、开垦、采集泥炭、揭取草皮;②擅自采石、挖沙、取土、取水;③擅自采集国家和省级重点保护野生植物;④捡拾野生动物尸骨、鸟卵;⑤擅自引进和投放外来物种;⑥改变自然水系状态;⑦其他破坏生态环境的活动。法律、行政法规另有规定的,从其规定。三江源国家公园内实行封湖(河)禁渔,保护濒危鱼类。禁止任何单位和个人未经批准投放水生物种,或者阻断水生生物通道。在三江源国家公园内开展下列活动,应当经国家公园管理机构批准:①科研、科考、教学实践;②采集或者采伐国家重点保护天然种质资源的;③影响生态环境的影视作品拍摄;④采集野生生物标本;⑤设置、张贴广告;⑥在指定区域外搭建帐篷;⑦使用无人飞行器。该条例还对三江源国家公园之外的三江源国家级自然保护区的管理责任主体进行了规定,青海三江源国家级自然保护区未纳入三江源国家公园范围的区域,由国家公园管理机构依法加强保护管理。

三、自然保护区

1. 自然保护区概念

　　《中华人民共和国自然保护区条例》所称自然保护区是指对有代表性的自然生态系统、珍稀濒危野生动植物物种的天然集中分布区、有特殊意义的自然遗迹等保护对象所在的陆地、陆地水体或者海域,依法划出一定面积予以特殊保护和管理的区域。

　　《关于建立以国家公园为主体的自然保护地体系的指导意见》,自然保护区是指保护典型的自然生态系统、珍稀濒危野生动植物种的天然集中分布区、有特殊意义的自然遗迹的区域。自然保护区具有较大面积,确保主要保护对象安全,维持和恢复珍稀濒危野生动植物种群数量及赖以生存的栖息环境。

《环境保护法》规定各级人民政府对具有代表性的各种类型的自然生态系统区域，珍稀、濒危的野生动植物自然分布区域，重要的水源涵养区域，具有重大科学文化价值的地质构造、著名溶洞和化石分布区、冰川、火山、温泉等自然遗迹，以及人文遗迹、古树名木，应当采取措施予以保护，严禁破坏。《野生动物保护法》规定省级以上人民政府依法划定相关自然保护区域，保护野生动物及其重要栖息地，保护、恢复和改善野生动物生存环境。《森林法》规定国务院林业主管部门和省、自治区、直辖市人民政府，应当在不同自然地带的典型森林生态地区、珍贵动物和植物生长繁殖的林区、天然热带雨林区和具有特殊保护价值的其他天然林区，划定自然保护区，加强保护管理。《草原法》规定国务院草原行政主管部门或者省、自治区、直辖市人民政府可以按照自然保护区管理的有关规定在具有代表性的草原类型、珍稀濒危野生动植物分布区、具有重要生态功能和经济科研价值的草原建立草原自然保护区。《水生野生动物保护条例》规定国务院渔业行政主管部门和省、自治区、直辖市人民政府，应当在国家重点保护的和地方重点保护的水生野生动物的主要生息繁衍的地区和水域，划定水生野生动物自然保护区。

2．数量与面积

为保护青海湖鸟岛区域的繁殖候鸟及其栖息地，经青海省政府批准，1975 年 8 月在青海湖鸟岛区域建立了全省第一个自然保护区，标志着青海省自然保护区建设开始起步，也开创了青海省自然保护地建设的先河。经过 40 余年的发展与建设，截至 2016 年 12 月，全省在三江源、祁连山、青海湖、柴达木盆地、河湟谷地区域共建立了森林生态系统、荒漠生态系统、内陆水域和湿地生态系统、野生动物、野生植物 5 个类型 11 处自然保护区，包括三江源、可可西里、青海湖、循化孟达、隆宝、柴达木梭梭林、大通北川河源区 7 处国家级自然保护区和祁连山、可鲁克湖—托素湖、诺木洪、格尔木胡杨林 4 处省级自然保护区。

全省 11 处自然保护区中，三江源、祁连山、柴达木梭梭林 3 个自然保护区由多个相对完整且独立的保护分区组成。三江源自然保护区由格拉丹东、果宗木查、索加—曲麻河、当曲、通天河沿岸、东仲—巴塘、江西、白扎、昂赛、约古列宗、扎陵湖—鄂陵湖、星星海、阿尼玛卿、中铁—军功、年保玉则、玛柯河、多柯河、麦秀相对完整的 6 个区域 18 处保护分区组成。祁连山自然保护区由团结峰、黑河源、三河源、党河源、油葫芦沟、黄藏寺、石羊河、仙米 8 处保护分区组成。柴达木梭梭林自然保护区由德令哈、乌兰、都兰 3 处保护分区组成。

全省自然保护区批建总面积为 217 773.70 km²，略大于湖南省国土面积，是目前全省面积最大的自然保护地类型，占全省国土面积的 31.26%，仅次于西藏，位居全国第 2，并占全国自然保护区总面积的 14.8%，同时远远高于全国自然保护区占全国陆地面积 14.8% 的平均水平 2 倍以上。其中，7 处国家级自然保护区批建总面积为 207 379.50 km²，4 处省级自然保护区批建总面积为 10 394.20 km²，分别占全省自然保护区批建总面积的 95.2% 和 4.8%，分别占全省国土面积的 29.77% 和 1.49%，国家级自然保护区占绝对优势。三江源自然保护区是继西藏羌塘自然保护区之后的我国第二大自然保护区，面积为 152 342.00 km²，相当于山西省或山东省国土陆地面积，其次是可可西里自然保护区，批建面积为 45 000.00 km²。

诺木洪自然保护区由环保部门设立，其余 10 个自然保护区由林业部门设立，农牧、水利、国土部门没有设立自然保护区，详见表 6-4。

表 6-4   青海省自然保护区名录（截至 2016 年 12 月）

编号	自然保护区名称	设立时间	级别	面积/km²	类型	主要保护对象
1	青海湖国家级自然保护区	1975.08	国家级	4 952.00	内陆湿地和水域生态系统	青海湖湖体及其环湖湿地生态系统；普氏原羚、黑颈鹤、大天鹅等野生动物
2	青海孟达国家级自然保护区	1980.04	国家级	172.90	森林生态系统	高原森林生态系统
3	隆宝国家级自然保护区	1984.08	国家级	100.00	野生动物	黑颈鹤等珍稀野生动植物及栖息地
4	可可西里国家级自然保护区	1995.10	国家级	45 000.00	野生动物	藏羚羊、野牦牛等野生动物和高原荒漠生态系统

编号	自然保护区名称	设立时间	级别	面积/km²	类型	主要保护对象
5	三江源国家级自然保护区	2000.05	国家级	152 342.00	内陆湿地和水域生态系统	长江、黄河、澜沧江三条大江河源头生态系统。高原湿地生态系统，长江源区、黄河源区、澜沧江源区冰川雪山群、沼泽、国家重要湿地群；藏羚羊、牦牛、雪豹、兰科植物等国家与青海省重点保护物种及栖息地；高寒草甸与高山草原植被；高原森林生态系统，高寒灌丛、冰缘植被、流石坡植被等
6	大通北川河源区国家级自然保护区	2005.10	国家级	1 078.70	森林生态系统	高原森林生态系统
7	柴达木梭梭林国家级自然保护区	2000.05	国家级	3 733.90	荒漠生态系统	梭梭为主的荒漠植被类
8	格尔木胡杨林省级自然保护区	2000.05	省级	42.00	野生植物	胡杨林及其生物多样性
9	可鲁克湖托素湖省级自然保护区	2000.05	省级	1 150.00	内陆湿地和水域生态系统	可鲁克湖、托素湖及周边湿地，珍稀湿地鸟类和野生动植物及其栖息地
10	诺木洪省级自然保护区	2005.10	省级	1 180.00	荒漠生态系统	荒漠生态系统兼有保护地质遗迹、野生动植物和湿地生态系统，贝壳梁（河蚬贝壳、平卷螺、尖顶螺化石）地质遗迹
11	祁连山省级自然保护区	2005.12	省级	8 022.20	内陆湿地和水域生态系统	黑河、大通河、疏勒河、托勒河、党河、石羊河等河流源头冰川和高寒湿地生态系统，兼有保护水源涵养林和白唇鹿、雪豹等野生珍稀濒危动植物物种及栖息地

3. 主要保护对象

《自然保护区条例》将自然保护区按照其主要保护对象划分为 3 个类别、9 个类型。其中,自然生态系统类包括森林、草原与草甸、荒漠、内陆湿地和水域、海洋和海岸带生态系统 5 个类型;野生生物类包括野生动物和野生植物 2 个类型;自然遗迹类包括地质遗迹和古生物遗迹 2 个类型。全省在三江源、祁连山、青海湖、柴达木盆地、河湟谷地区域均建立了自然保护区,包括森林生态系统、荒漠生态系统、内陆水域和湿地生态系统、野生动物、野生植物 5 个类型,已形成了类型较齐全、布局基本合理、功能相对完善的自然保护区网络。自然保护区涵盖了长江正源沱沱河、南源当曲、北源楚玛尔河,黄河源约古宗列,澜沧江源,祁连山地区水系黑河、托勒河、疏勒河、党河、石羊河,以及黄河上游主要支流的大通河、北川河等重要江河源区;格拉丹东、阿尼玛卿、年保玉则等长江源区、黄河源区、澜江沧源区、祁连山地区的冰川雪山群;青海湖、扎陵湖、鄂陵湖、可鲁克湖、托素湖、隆宝湖、岗纳格玛错湿地、玛多湖(隆热错、阿涌贡玛错、阿涌哇玛错、阿涌尕玛错)、依然错(尼日阿错)、孟达天池以及包括库赛湖、多尔改错、卓乃湖在内的可可西里湖泊群,藏羚羊、藏野驴、白唇鹿、雪豹、猕猴、小熊猫、雉鹑、金雕、川陕哲罗鲑、青海湖裸鲤、梭梭林、胡杨林等国家、省重点保护物种、青海特有物种的栖息、繁衍区域,也是全省生物多样性保护的核心关键区域;沧海桑田的最好见证古海遗踪都兰贝壳梁,托素湖畔的外星人遗址等青藏高原地质演变的自然遗迹等。自然保护区的建立最大限度地完整保留了自然本底,完好地保存了典型生态系统、珍稀特有物种资源、珍贵特殊自然遗迹和自然景观,发挥了涵养水源、保持土壤、防风固沙、维护生物多样性等生态效益,对维护我国生态安全和生物多样性稳定以及促进经济社会可持续发展发挥了重要作用,详见表6-5。

表6-5 三江源、祁连山自然保护区分区类型与保护对象统计

保护区名称	保护分区名称	类型	主要保护对象
三江源	星星海保护分区	湿地生态系统	湖泊及沼泽
	年保玉则保护分区	湿地生态系统	雪山、冰川及四周湖泊

保护区名称	保护分区名称	类型	主要保护对象
三江源	当曲保护分区	湿地生态系统	长江南源当曲发源地，源头沼泽湿地，长江源面积最大、最集中、发育最好的沼泽
	约古宗列保护分区	湿地生态系统	黄河正源发源地，源区河流、湖泊和沼泽
	果宗木查保护分区	湿地生态系统	澜沧江发源地，源区河流、湖泊和沼泽地
	阿尼玛卿保护分区	湿地生态系统	藏区四大圣山之一，雪山和冰川，黄河流域最大最长的冰川
	格拉丹东保护分区	湿地生态系统	长江正源沱沱河发源地，冰川地貌和冰缘植被
	扎陵湖—鄂陵湖保护分区	湿地生态系统	黄河流域两个最大的淡水湖扎陵湖、鄂陵湖
	索加—曲麻河保护分区	野生动物	藏羚羊、野牦牛、雪豹、藏野驴及黑颈鹤，藏羚羊最主要的集中繁殖地，青藏高原保存较完整的大面积原始高原
	江西保护分区	野生动物	猕猴为主的野生动物及栖息地，澜沧江上游最大的原始林区
	白扎保护分区	野生动物	金钱豹、雪豹、云豹、猕猴等为主的野生动物及栖息地
	东仲—巴塘保护分区	森林生态系统	同类型纬度、海拔最高的大面积原始川西云杉林
	昂赛保护分区	森林生态系统	澜沧江源头海拔分布最高的林区
	中铁—军功保护分区	森林生态系统	青海云杉、紫果云杉和祁连圆柏等原始林，黄河上游最西部天然林区之一
	麦秀保护分区	森林生态系统	黄河一级支流隆务河源头森林
	通天河沿保护分区	森林生态系统	天然圆柏疏林和灌木林，森林、灌木分布上限
	多可河保护分区	森林生态系统	原始针叶林，长江二级支流大渡河的重要源头河流之一
	玛可河保护分区	森林生态系统	山地落叶阔叶林、针叶林和高山灌丛草甸，青海省最大原始林区之一
祁连山	团结峰保护分区	湿地生态系统	冰川
	黑河源保护分区	湿地生态系统	湿地，黑河是全国第二大内陆河
	三河源保护分区	湿地生态系统	托勒河源、疏勒河源和大通河源湿地
	党河源保护分区	湿地生态系统	湿地
	石羊河源保护分区	湿地生态系统	冰川、湿地，冷龙岭冰川是我国分布最东段的现代冰川发育区
	油葫芦沟保护分区	野生动物	珍稀野生动物
	黄藏寺保护分区	森林生态系统	水源涵养林
	仙米保护分区	森林生态系统	水源涵养林

　　全省自然保护区划分为 5 个类型。自然生态系统类有 4 个类型，其中内陆湿地和水域生态系统类型自然保护区 4 处，面积为 166 466.20 km^2，占全省自然保护区总面积的 76.44%；荒漠生态系统类型自然保护区 2 处，面积为 4 913.90 km^2、占全省自然保护区总面积的 2.26%。森林生态系统类型自然保护区 2 处，面积为 1 251.60 km^2，占全省自然保护区总面积的 0.57%。野生生物类的野生动物类型 2 处，面积为 45 100.00 km^2，占全省自然保护区总面积的 20.71%；野生植物类型 1 处，面积为 42.00 km^2，占全省自然保护区总面积的 0.02%，详见表 6-6。

　　三江源、祁连山自然保护区是由多个不同保护类型的保护分区组成的自然保护区，为客观分析全省不同类型（保护对象）保护区的面积，三江源和祁连山自然保护区以各保护分区类型分别进行统计（保护分区类型与保护对象的确定依据各保护区总体规划），其余自然保护区仍以保护区为单元进行统计（柴达木梭梭林 3 个保护分区类型和保护对象相同）。全省自然保护区的类型以野生动物为主，面积为 98 395.23 km^2，占全省自然保护区总面积的 45.18%；其次是内陆湿地和水域生态系统类型，面积为 84 863.35 km^2，占全省自然保护区总面积的 38.97%；森林系统类型面积为 29 559.22 km^2，占全省自然保护区总面积的 13.6%；荒漠生态系统类型面积为 4 913.90 km^2，占全省自然保护区总面积的 2.26%；野生植物类型最少，面积为 42.00 km^2，占全省自然保护区总面积的 0.02%，详见表 6-6。

表 6-6　青海省自然保护区类型面积

类别	类型	以自然保护区为单元统计	面积/km^2	占全省自然保护区总面积比例/%	以保护分区为单元统计	面积/km^2	占全省自然保护区总面积比例/%
自然生态系统	内陆湿地和水域生态系统类型	青海湖，托素湖—可鲁克湖，三江源，祁连山	166 466.20	76.44	青海湖，托素湖—可鲁克湖，三江源（约古列宗、扎陵湖—鄂陵湖、星星海、年保玉则、果宗木查、格拉丹东、当曲、阿尼玛卿 8 个保护分区），祁连山（党河源、黑河源、三河源、石羊河源、团结峰 5 个保护分区）	84 863.35	38.97

类别	类型	以自然保护区为单元统计	面积/km²	占全省自然保护区总面积比例/%	以保护分区为单元统计	面积/km²	占全省自然保护区总面积比例/%
自然生态系统	荒漠生态系统类型	诺木洪，柴达木梭梭林	4 913.90	2.26	诺木洪，柴达木梭梭林	4 913.90	2.26
	森林生态系统类型	青海孟达，大通北川河源区	1 251.60	0.57	青海孟达，大通北川河源区，三江源（昂赛、中铁—军功、通天河、玛可河、多可河、东仲、麦秀 7 个保护分区），祁连山（黄藏寺、仙米 2 个保护分区）	29 559.22	13.57
野生生物类	野生动物	可可西里，隆宝	45 100.00	20.71	可可西里，隆宝，三江源（索加—曲麻河、江西、白扎 3 个保护分区），祁连山（油葫芦保护分区）	98 395.23	45.18
	野生植物	格尔木胡杨林	42.00	0.02	格尔木胡杨林	42.00	0.02

4. 县域分布

全省 11 个自然保护区行政区划共涉及 29 个县（市），数量占全省 45 个县级行政区域（县、市、区、行政委员会）的 64.4%，其余 16 个县域未设立自然保护区。其中，三江源、祁连山、柴达木梭梭林、青海湖、青海孟达 5 个自然保护区跨多个县域，三江源自然保护区跨行政县域数量最多，共涉及 5 州 17 县（市），其次是祁连山自然保护区涉及 2 州 4 县（市），青海湖自然保护区涉及 2 州 3 县，柴达木梭梭林自然保护区涉及 1 州 3 县（市），青海孟达自然保护区涉及 1 州 2 县，其余 6 个自然保护区不跨县域。此外，三江源自然保护区 18 个保护分区中有 8 个保护分区，祁连山自然保护区 8 个保护分区中的 1 个保护分区跨多个县域，详见表 6-7。

表 6-7 青海省自然保护区行政区划

编号	保护区名称	保护分区名称	市(州)级行政区	县级行政区	编号	保护区名称	保护分区名称	市(州)级行政区	县级行政区
1	三江源	格拉丹东	海西州	格尔木(唐古拉山镇)	2	祁连山	团结峰	海西州	天峻
		果宗木查	玉树州	杂多			黑河源	海北州	祁连
		索加—曲麻河	玉树州	曲麻莱、治多			三河源	海西州	天峻
		当曲	玉树州	杂多				海北州	祁连
		通天河	玉树州	玉树、曲麻莱、治多、称多			党河源	海西州	天峻
		东仲—巴塘	玉树州	玉树			油葫芦沟	海北州	祁连
		江西	玉树州	玉树、囊谦			黄藏寺	海北州	祁连
		白扎	玉树州	囊谦			石羊河	海北州	门源
		昂赛	玉树州	杂多			仙米	海北州	门源
		约古列宗	玉树州	曲麻莱	3	柴达木梭梭林	德令哈	海西州	德令哈
		扎陵湖—鄂陵湖	玉树州	曲麻莱			乌兰	海西州	乌兰
			果洛州	玛多			都兰	海西州	都兰
		星星海	果洛州	玛多、达日	4	青海湖	—	海北州	刚察、海晏
		阿尼玛卿	果洛州	玛沁、玛多			—	海南州	共和
		中铁—军功	海南州	兴海、同德	5	青海孟达	—	海东市	循化、民和
			果洛州	玛沁	6	可可西里	—	玉树州	治多
			黄南州	河南	7	玉树隆宝	—	玉树州	玉树(市)
		年保玉则	果洛州	久治、甘德	8	大通北川河源区	—	西宁市	大通
		玛柯河	果洛州	班玛	9	可鲁克湖—托素湖	—	海西州	德令哈
		多柯河	果洛州	班玛	10	诺木洪	—	海西州	都兰
		麦秀	黄南州	泽库	11	格尔木胡杨林	—	海西州	格尔木

自然保护区面积超过 10 000 km² 的有 6 个县（市），最大的是治多县，面积为 69 545.00 km²，其次是曲麻莱县和杂多县，面积分别为 30 230.00 km² 和 28 962.00 km²，以及玛多、格尔木、囊谦 3 县（市），16 个县（市）自然保护区的面积在 1 000～10 000 km²，7 个县（市）自然保护区面积在 1 000 km² 以内。

自然保护区面积占本县域国土面积比例超过 80% 的有 3 个县，治多县最高，比例为 86.2%；其次是囊谦县，比例为 84.9%；杂多县比例为 81.6%；玛多县和曲麻莱比例也较高，分别为 71.5% 和 64.8%；16 个县（市）的比例均在 10%～40%；7 个县的比例在 10% 以内。其中 13 个县域面积比例超过了全省 31.26% 的平均水平，20 个县域超过了全国自然保护区 14.8% 的平均水平，14 个县域超过了 25%（全国生态保护红线划定目标比例），详见表 6-8。

表 6-8　青海省各县自然保护区面积与比例统计表

县域	自然保护区面积/km²	占县域面积比例/%	县域	自然保护区面积/km²	占县域面积比例/%	县域	自然保护区面积/km²	占县域面积比例/%
治多	69 545	86.20	兴海	4 850	39.80	天峻	3 337	13.00
囊谦	10 236	84.90	久治	3 241	39.10	门源	796	12.50
杂多	28 962	81.60	大通	1 085	34.30	循化	153	8.50
玛多	17 497	71.50	同德	1 251	27.10	乌兰	865	7.10
曲麻莱	30 230	64.80	海晏	1 025	23.10	都兰	2 368	5.20
称多	6 353	43.50	格尔木	10 352	21.90	甘德	276	3.90
玛沁	5 816	43.20	刚察	1 842	19.10	河南	252	3.80
玉树	6 554	42.50	祁连	2 446	17.60	达日	413	2.80
泽库	2 712	41.10	共和	2 853	17.20	民和	10	0.50
班玛	2 566	40.10	德令哈	4 381	15.80	—	—	—

注：本表数据是将自然保护区范围和功能区划纸质图件进行矢量化后测算的矢量面积，因各自然保护区图件精度因素、投影坐标系参数不同，其测算矢量面积结果与批建面积、实际面积会存在不同程度的误差。

5. 流域分布

青海省跨外流区和内陆区。外流区包括长江、黄河和澜沧江流域；内陆区包括祁连山地区的黑河、石羊河、疏勒河、青海湖、哈拉湖流域，柴达木地区的柴达木河、格尔木河、那棱格勒河流域，羌塘高原内陆河等。

青海在长江、黄河、澜沧江、青海湖、黑河、疏勒河、石羊河流域以及柴达木地区均设立了自然保护区。全省11处自然保护区中，三江源、祁连山、可可西里3个自然保护区跨流域自然保护区。三江源自然保护区涉及长江、黄河、澜沧江、柴达木内陆河、羌塘高原内陆河等水系，其中18个保护分区中的东仲保护分区跨长江和澜沧江水系，年保玉则保护分区跨长江和黄河水系，格拉丹东保护分区跨长江和羌塘高原内陆河，其余15处保护分区不跨流域；祁连山自然保护区涉及黄河、黑河、石羊河、疏勒河水系，8个保护分区中的三河源保护分区跨疏勒河、黑河、黄河3个水系，其余7处保护分区不跨流域；可可西里涉及长江、羌塘高原内陆河、柴达木内陆河水系。

长江流域涉及的自然保护区有隆宝自然保护区、可可西里自然保护区、三江源自然保护区的玛可河、多可河、当曲、索加—曲麻河、通天河、东仲、年保玉则7处保护分区。黄河流域有大通北川河源区自然保护区、青海孟达自然保护区，三江源自然保护区的约古宗列、扎陵湖—鄂陵湖、星星海、中铁—军功、阿尼玛卿、麦秀、年保玉则7处保护分区；祁连山自然保护区的三河源、仙米2处保护分区；澜沧江流域自然保护区有三江源自然保护区果宗木查、昂赛、白扎、江西4处保护分区。

祁连山地区的黑河流域有祁连山自然保护区黑河源、油葫芦、黄藏寺、三河源4处保护分区。石羊河流域有祁连山自然保护区石羊河保护分区。疏勒河流域有祁连山自然保护区团结峰、党河源、三河源3处保护分区。青海湖流域有青海湖自然保护区。柴达木地区有柴达木梭梭林、诺木洪、格尔木胡场林、可鲁克湖—托素湖自然保护区，柴达木内陆水系那棱格勒河发源于可可西里自然保护区，柴达木河东源东曲发源于三江源自然保护区阿尼玛卿保护分区。涉及羌塘内陆河流域的有三江源自然保护区格拉丹东保护分区和可可西里自然保护区。

长江流域自然保护区面积最大，为9.44万km^2，占青海境内长江流域面积的59.5%；其次是黄河流域，划建面积为4.52万km^2，占30%；羌塘内陆河流域划建面积为3.47万km^2，占75.6%；澜沧江流域划建面积为2.39万km^2，占64.3%；柴达木内陆河流域划建面积为1.19万km^2，占4.7%；青海湖流域划建面积为0.58万km^2，占19.5%；疏勒河流域划建面积为0.44万km^2，占47.9%；黑河流域划建面积为

0.24 万 km^2，占 21.7%；石羊河流域划建面积为 0.04 万 km^2，占 28.8%。羌塘、澜沧江、长江、疏勒河 4 个流域的自然保护区面积比例高于全省自然保护区面积比例 31.3% 的平均水平，羌塘、澜沧江、长江、疏勒河、石羊河、黑河、青海湖 6 个流域自然保护区面积比例高于全国自然保护区面积比例 14.8% 的平均水平，详见表 6-9。

表 6-9　青海省各流域自然保护区面积与比例

编号	流域名称		自然保护区 （保护分区）名称	流域 面积/ 万 km²	保护区 面积/ 万 km²	占流域 面积 比例/%
1	长江流域		隆宝，可可西里，三江源（格拉丹东、玛可河、多可河、当曲、通天河、索加—曲麻河、东仲、江西、年保玉则保护分区）	15.86	9.44	59.5
2	黄河流域		大通北川河源区，青海孟达，三江源（约古宗列、扎陵湖—鄂陵湖、星星海、中铁—军功、阿尼玛卿、麦秀、年保玉则保护分区），祁连山（三河源、仙米保护分区）	15.07	4.52	30.0
3	澜沧江流域		三江源（果宗木查、昂赛、白扎、江西保护分区）	3.72	2.39	64.2
4	青海湖流域		青海湖	2.96	0.58	19.6
5	河西走廊内陆河流域	黑河流域	祁连山（黑河源、油葫芦、黄藏寺、三河源保护分区）	1.10	0.24	21.8
		疏勒河流域	祁连山（团结峰、党河源、三河源保护分区）	0.91	0.44	48.4
		石羊河流域	祁连山（石羊河保护分区）	0.12	0.04	33.3
6	柴达木内陆河流域	托拉海河	格尔木胡杨林	25.11	1.19	4.7
		巴音河	可鲁克湖—托素湖			
		那棱格勒河	可可西里			
		柴达木河	诺木洪			
			柴达木梭梭林			
			三江源（阿尼玛卿保护分区）			
7	羌塘内陆河流域		可可西里，三江源（格拉丹东保护分区）	4.59	3.47	75.6
8	哈拉湖流域		—	0.49	—	—

注：本表数据是将自然保护区范围和功能区划纸质图件进行矢量化后测算的矢量面积，因各自然保护区图件精度因素、投影坐标系参数不同，其测算矢量面积结果与批建面积、实际面积会存在不同程度的误差。

6．各自然保护区概况

（1）青海湖国家级自然保护区

青海湖自然保护区始建于 1975 年 8 月，是为保护青海湖鸟岛区域的繁殖候鸟及其栖息地而设立的，是青海省建立的第一个自然保护区，1997 年 12 月晋升为国家级自然保护区。该保护区位于海北藏族自治州刚察县、海晏县和海南藏族自治州共和县境内祁连山系南麓，地理位置东经 99°34′～100°48′，北纬 36°31′～37°15′。范围东至环湖东路，南至 109 国道，西至环湖西路，北至青藏铁路以内的整个青海湖水体、湖中岛屿及湖岸湿地。保护区批建总面积为 4 952 km²，其中核心区 912.52 km²，缓冲区 472.15 km²，实验区 3 567.33 km²。保护区属内陆湿地和水域生态系统类型自然保护区，6 处区域划为核心区，分别是以鸟岛为中心的鸟岛核心区、以鸬鹚岛为中心的鸬鹚岛核心区、以海心山为核心的海心山核心区、以三块石为重点的三块石核心区、分布于沙岛—尕海地带的沙地核心区、分布于泉湾—布哈河口地带的湿地核心区。主要保护对象：一是青海湖湖体及其环湖湿地等脆弱的高原湖泊湿地生态系统；二是在青海湖栖息、繁衍的野生动物，尤其重要的是珍稀濒危动物——普氏原羚、国家一级保护动物黑颈鹤、国家二级保护动物大天鹅及斑头雁等野生鸟类。

青海湖是我国最大的内陆咸水湖，是鸟类的天堂，也是传说中西海的存在，自古便被誉为"圣湖瑶池"。青海湖是阻止西部荒漠向东蔓延的天然屏障，是维系青藏高原东北部生态安全的重要节点。青海湖自然保护区是我国最早被列入《关于特别是作为水禽栖息地的国际重要湿地公约》(《拉姆萨尔公约》)国际重要湿地名录的保护区，同时又是全国八大鸟类自然保护区和七大国际重要湿地之一，对于丰富青藏高原生物多样性、调节西北地区气候、保持水源涵养、维护生态平衡起到不可替代的作用。

（2）青海孟达国家级自然保护区

青海孟达自然保护区于 1980 年 4 月经青海省人民政府批准建立，2000 年 4 月，经国务院批准晋升为国家级自然保护区。该保护区位于海东市循化撒拉族自治县孟达乡和民和县境内，地理位置东经 102°36′～102°43′，北纬 35°42′～35°50′。保护区总面积为 172.90 km²，其中核心区 69.01 km²、缓冲区 53.28 km²、实验区

50.60 km²。属森林生态系统类型自然保护区，主要保护对象：一是孟达林区高原森林生态系统；二是以国家重点保护野生动植物为代表的珍稀濒危野生动植物资源及近百种国内水平分布最西边缘的植物及其原生地或栖息地；三是以孟达天池为代表的景观资源和旅游资源。

保护区地处黄土高原向青藏高原的过渡地带，保护区近百种植物是国内水平分布的西界边缘，在西北地区植物地理、植物分类、生物学及森林生态学等方面具有很高的研究价值，在保护黄河上游生态环境、涵盖水源、保持水土等方面具有重要的生态效益。

（3）玉树隆宝国家级自然保护区

青海隆宝自然保护区于 1984 年 8 月经青海省人民政府批准建立，1986 年 8 月晋升为国家级自然保护区，是青海第一个国家级自然保护区。该保护区位于玉树藏族自治州玉树市隆宝镇境内，地理位置北纬 33°06′30″～33°16′20″，东经 96°23′30″～96°41′30″，平均海拔 4 300 m。保护区总面积为 100 km²，其中核心区为 75.73 km²，缓冲区为 16 km²，实验区为 8.27 km²。保护区属野生动物类型自然保护区，主要保护对象：一是高原湿地生态系统，重点是隆宝湖湖区及湖区周边沼泽；二是国家与青海省重点保护的黑颈鹤、冬虫夏草等珍稀、濒危和有经济价值的野生动植物物种及栖息繁殖地；三是典型的高寒草甸与高山草原植被，重点是湖区周围的草场草甸。

保护区位于青藏高原东部川西高山峡谷向高原主体过渡地段上的隆宝盆地中部的苔草沼泽地，四周环山，呈"凹"字形，南面有仓宗查依山、亚琴亚琼山等，北面有宁盖仁期崩巴、肖好拉加山等，隆宝湖在山间形成东西狭长的湖泊，是长江源头一级支流结曲河的发源地，有兴雅陇、斜雄陇、波玛拉涌、格岗陇、涅大果尚、帮琼陇 6 条季节性河流注入 4 个相连的小湖中，湖水经益曲、登俄涌曲，汇入可曲，流出隆宝湖。

世界原有鹤类 32 种，现存 15 种，黑颈鹤是唯一生活在高原湿地的鹤类，别名青庄、冲虫（藏语），是大型涉禽。全身灰白色，颈和腿比较长，头顶皮肤血红色，并布有稀疏发状羽，体长 1.14～1.18 m。通常生活在沼泽地、湖泊及河滩地带，以绿色植被的根、芽为食，兼食软体动物、昆虫、蛙类、鱼类等。黑颈鹤为候鸟，每年 4 月在青藏高原繁殖，冬季在南方越冬。早春 3 月，黑颈鹤从越冬地云贵高原集群北上。隆宝滩是我国地域海拔最高的黑颈鹤栖息繁衍地，在沼泽草墩上筑巢产卵，孵化育雏，秋末冬初迁走。

黑颈鹤是我国特有的珍稀禽类，数量稀少，仅 5 000 余只，国际上已把黑颈鹤列为急需挽救的濒危物种，具有重要的文化交流、科学研究和观赏价值。

（4）可可西里国家级自然保护区

青海可可西里自然保护区于 1995 年 10 月经青海省人民政府批准建立，1997年 12 月晋升为国家级自然保护区。保护区地处青藏高原腹地，位于玉树藏族自治州治多县境内，东至青藏公路，西至青海省界，北至昆仑山脉的博卡雷克塔山，南到格尔木市唐古拉山镇与治多县界，地理位置东经 89°25′～94°05′，北纬34°19′～36°16′。

保护区总面积为 45 000 km^2（矢量面积约 4.9 万 km^2），其中核心区为 25 500 km^2，缓冲区为 19 073 km^2，实验区为 427 km^2。属野生动物类型自然保护区，主要保护对象：一是珍稀、濒危陆生野生动物资源及栖息地，特别是藏羚羊繁殖地；二是野生植物及植被资源；三是完整而脆弱的高寒荒漠生态系统；四是高原湿地资源；五是水生生物资源；六是重要的地质、地貌景观；七是其他自然资源。

保护区位于昆仑山古老皱褶和喜马拉雅造山运动形成的高原隆起的接合部，属于青藏高原核心部位——高原平台的东半部，全区呈现高原宽谷平原、湖盆、台地和缓丘地貌，境内最高峰为北缘昆仑山布喀达坂峰，海拔 6 860 m。可可西里国家级自然保护区大部分地区都是人迹罕至的无人区，土壤的形成和发育始终未受人为的干扰破坏，保存着完好的原始状态。可可西里地区由于受高空强劲西风动量下传的影响，成为整个青藏高原和全国风速主值区之一，风速为 3.5～8.0 m/s。保护区是羌塘高原内流湖区和长江北源水系交汇地区，东部为楚玛尔河水系组成的长江北源水系，西部和北部是以湖泊为中心的内流水系。保护区内有大小湖泊7 000 多个，湖水总面积超过 5 000 km^2，1 km^2 以上的湖泊有 107 个，其中乌兰乌拉湖、西金乌兰湖、可可西里湖、勒斜武旦湖、卓乃湖、库赛湖和多尔改措湖 7个湖泊面积在 200 km^2 以上。

可可西里自然保护区地处青藏高原高寒草原（草甸）向高寒荒漠的过渡区，主要植被类型是高寒草原和高寒草甸，高山冰缘植被也有较大面积的分布，高山荒漠草原、高寒垫状植被和高寒荒漠植被有少量分布。高等植物 30 科 102 属 210

种。哺乳动物有 5 目 10 科 18 属 32 种，鸟类 11 目 20 科 53 种，爬行类 1 种，鱼类 6 种，昆虫 37 属 142 种，其他节肢动物 13 科 22 种，浮游植物 54 属，水生无脊椎动物有 32 属种。苟鲁措、移山湖、海丁诺尔、小瓢湖等湖泊中分布有卤虫资源。国家一级重点保护动物有藏羚羊、野牦牛、藏野驴、白唇鹿、金雕、黑颈鹤 6 种，国家二级重点保护动物有盘羊、岩羊、藏原羚、棕熊、猞猁、兔狲、石貂、豺、大天鹅、秃鹫、胡兀鹫、大鵟、猎隼、红隼、游隼、燕隼、藏雪鸡 17 种。

保护区大部分地区海拔在 5 000 m 左右，属无人区，高原荒漠生态系统保存完好，各种植被类型均保持着原生状态，也成为耐寒、抗缺氧的高原动物躲避天敌和人类干扰的天然乐园，既保留了许多古老物种，又是现代物种分化和分布的中心之一，是我国重要的物种基因库。保护区是研究高原隆起、环境变化及其对生物发展、变化、新物种产生和进化等问题的场所，具有重要的生态和科研价值。

（5）三江源国家级自然保护区

青海三江源自然保护区于 2000 年 5 月经青海省人民政府批准建立，2003 年 1 月晋升为国家级自然保护区。保护区地处青藏高原腹地，青海省南部，为长江、黄河、澜沧江的源头汇水区，位于玉树市、称多、杂多、治多、曲麻莱、囊谦县，果洛州玛多、玛沁、甘德、久治、班玛、达日县，海南州兴海、同德县，黄南州泽库、河南县，海西州格尔木市管辖的唐古拉山镇境内，共 5 州 17 县（市）。地理位置东经 89°24′～102°23′，北纬 31°39′～36°16′。

保护区是由格拉丹东，果宗木查、索加—曲麻河、当曲，通天河沿岸、东仲—巴塘、江西、白扎、昂赛，约古列宗、扎陵湖—鄂陵湖、星星海、阿尼玛卿、中铁—军功，年保玉则、玛柯河、多柯河，麦秀相对完整的 6 个区域 18 个保护分区组成的自然保护区网络。保护区总面积为 152 342 km^2，其中核心区为 31 218 km^2、缓冲区为 392 423.92 km^2、实验区为 81 882 km^2，是我国面积第二、青海最大的自然保护区。保护区属内陆湿地和水域生态系统类型自然保护区，主要保护对象：一是高原湿地生态系统，重点是长江源区的格拉丹冬雪山群、孕恰迪如岗雪山群、岗钦雪山群，黄河源区的阿尼玛卿雪山、脱洛岗雪山和玛尼特雪山群，澜沧江源区的色的日冰川群，当曲、果宗木查、约古宗列、星宿海、楚玛尔河沿岸等主要沼泽，以及列入中国重要湿地名录的扎陵湖、鄂陵湖、星星海、黄河源区岗纳格玛错、依然错、多尔改错等湿地群；二是国家与青海省重点保护的藏羚羊、牦牛、雪豹、岩羊、藏原羚、冬虫夏草、兰科植物等珍稀、濒危和有经济价值的野生动植物物种及栖息地；三是典型的高寒草甸与高山草原植被；四是青海（川西）云杉林、祁连（大果）圆柏林，山地圆柏疏林高原森林生态系统及高寒灌丛、冰缘植被、流石坡植被等特有植被。

三江源地区是青藏高原的主体部分，以山地地貌为主，海拔为 3 335～6 564 m，其中海拔在 4 000～5 800 m 的高山是地貌的主体骨架，主要山脉为东昆仑山及其支脉阿尼玛卿山、巴颜喀拉山和唐古拉山山脉。保护区河流密布，湖泊、沼泽众多，雪山冰川广布，是世界上海拔最高、面积最大、分布最集中的地区。长江发源于唐古拉山北麓格拉丹冬雪山，在青海省内长为 1 206 km，年平均径流量为 179.9 亿 m^3；黄河发源于巴颜喀拉山北麓各姿各雅雪山，省内全长 1 694 km，年平均径流量为 206.8 亿 m^3，占整个黄河流域水资源总量的 44%；澜沧江发源于果宗木查雪山，省内长为 448 km，年平均径流量为 108.9 亿 m^3。三江源保护区是一个多湖泊地区，大小湖泊近 16 500 个，总面积为 0.51 万 km^2，其中扎陵湖、鄂陵湖面积分别为 526.1 km^2 和 610.7 km^2，鄂陵湖是三江源最大的淡水湖。三江源区水资源丰富，是该地区湿地形成的重要基础之一，湿地面积达 7.33 万 km^2，占青海省总面积的 20% 以上。沼泽总面积为 6.66 万 km^2，为中国最大的天然沼泽分布区。三江源保护区内冰川总面积有 5 225.38 km^2，储水量约 3 705.92 亿 m^3。现代冰川有近 3 000 条，面积为 1 300 km^2，集中分布在高寒的昆仑山、唐古拉山。

保护区位于国家"两屏三带"生态安全战略格局中"青藏高原生态屏障"的核心区域，也是国家极其重要的生态功能区，是我国江河中下游地区和东南亚国家生态环境安全和区域可持续发展的生态屏障，在我国主要江河的水源涵养、调蓄洪水、净化水质，对区域调解气候以及维护高原特有生物多样性等方面具有无可替代的作用。三江源生物多样性具有突出的特有性、典型性和珍稀性，高原特有物种比例高，生态系统多样性和遗传多样性丰富，享有"全球高寒物种基因库"和"具有全球意义的生物多样性重要地区"的殊荣，具有极其重要的保护价值。

① 8 个湿地生态系统类型保护分区

- 星星海保护分区。位于玛多县，距离县城约 30 km，黄河干流从此穿过，是以保护湖泊及沼泽为主体功能的核心区。区内珍稀鸟类种类多、数量大，主要有黑颈鹤、玉带海雕、金雕、大天鹅等。

- 年保玉则保护分区。年保玉则又称果洛山，在久治县境内，是巴颜喀拉山东南段的一座著名山峰，具有神秘瑰丽的色彩。年保玉则山是长江和黄河流域的重要分水岭，以西、以南属长江水系，以东、以北属黄河水系。分区是以保护雪山、冰川及四周湖泊为主体功能的核心区。在雪线以上，分布有现代冰川；山体四周有 360 多个大小湖泊；灌木林和草地则分布在果洛山中、下部。野生动物有白唇鹿、猞猁、熊、雪豹、马麝、雪鸡等。

- 当曲保护分区。当曲藏语意为"沼泽河"，位于杂多县西部，是长江水量最大的源流，是以保护源头沼泽湿地为主体功能的核心区。区内地势平坦，沼泽发育，湖泊密布，河道曲折、支流众多，呈扇状水系，是三江源保护区内沼泽面积最大、最集中、发育最好的地区。湿地面积较大，栖息的鸟类和野生动物较多，主要有黑颈鹤、棕头鸥、赤麻鸭、藏野驴、野牦牛、白唇鹿、猞猁等。

- 约古宗列保护分区。约古宗列是黄河源头区的一个椭圆形盆地的保护分区，位于曲麻莱县麻多乡，主要保护对象为源区河流、湖泊和沼泽。距雅拉达泽山约 30 km 处的小泉不停喷涌，汇成溪流在星宿海之上进入黄河源流玛曲，是扎陵湖—鄂陵湖水量的重要补给区。盆地内星罗棋布地分布着无数大小不一、形状各异的水泊和海子，形成较完整的高寒湿地生态系统。区内栖息着黑颈鹤、雪豹、藏羚羊、藏野驴等珍稀动物。

- 果宗木查保护分区。位于杂多县境内，是澜沧江的发源地，主要保护对象为源区河流、湖泊和沼泽地。果宗木查雪山的冰雪融水形成众多河流湖泊。

- 阿尼玛卿保护分区。位于玛沁县西北部的阿尼玛卿山，是藏区的四大圣山之一，是以保护永久性雪山和冰川为主的保护分区。在海拔超过 5 000 m 生物山峰上可见古冰川地貌，如冰斗、角峰等，具有完整的高寒冰川地貌，内有冰川 57 条，其中位于北坡的哈龙冰川长为 7.7 km，面积为 23.50 km^2，垂直高差达 1 800 m，是黄河流域最大、最长的冰川。区内分布有雪豹、雪鸡、白唇鹿、岩羊、棕熊等野生动物和丰富的高寒植物种群。

- 格拉丹冬保护分区。格拉丹冬海拔为 6 620 m，位于格尔木市的唐古拉山镇，是一片南北长 50 km，东西宽 30 km 的冰川群，共有 50 多条巨大冰川，是冰川集中分布地区，主要保护对象为冰川地貌和冰缘植被。长江发源于格拉丹冬西南侧的姜根迪如冰川，是一些冰川、冰斗融水汇成的小股溪流，向北接纳了尕掐迪如岗雪山群的冰川融水继续北流，形成许多辫套状水网，形成了沱沱河的上源。雪线以下是广袤的高寒草甸，动物有雪豹、白唇鹿、野牦牛、野驴、马熊等。

- 扎陵湖—鄂陵湖保护分区。位于玛多县境内，扎陵湖和鄂陵湖是位于黄河干流源头上两个最大的淡水湖，对黄河源头水量有巨大的调节功能，扎陵湖面积为 526.1 km^2，鄂陵湖面积为 610.7 km^2。区内鸟类近 80 种，主要有黑颈鹤、斑头雁、赤麻鸭、玉带海雕、金雕等。

②3 个野生动物保护分区

- 索加—曲麻河保护分区。位于楚玛尔河和通天河之间，横跨曲麻莱、治多 2 县，西与可可西里接壤，主要保护对象为藏羚羊、野牦牛、雪豹、藏野驴、棕熊及黑颈鹤等湿地鸟类。区内有青藏高原保存较完整的大面积原始高原，分布的野生动物种类多、种群大。该区北部地处长江支流楚玛尔河中下游，是藏羚羊最主要的集中繁殖地，每年的繁殖季节，可可西里等地的藏羚羊都要越过青藏公路到这里集中繁殖，然后散开活动。南部海拔多在 5 000 m 以上，沼泽、河道面积大，野生动物总数量大，种类在 50 种以上。

- 江西保护分区。位于囊谦、玉树市（县）境内，主体功能是以保护猕猴为主的野生动物及其栖息地。本区是澜沧江上游最大的原始林区。树种主要有川西云杉、大果圆柏；野生动物有猕猴、白唇鹿、金钱豹、雪豹、马麝、黑熊、藏马鸡等。

- 白扎保护分区。位于囊谦县境内，澜沧江上游巴曲河贯穿该区，主体功能是以保护雪豹、猕猴等为主的野生动物及栖息地。树种主要有川西云杉、大果圆柏和百里香杜鹃等。林区动物有雪豹、猕猴、黑熊、岩羊、藏马鸡、雪鸡等。

③7 个森林与灌丛植被类型的保护分区

- 东仲—巴塘保护分区。位于玉树市巴塘至东仲林场的通天河沿岸，该区分布有大面积原始川西云杉林，是同类型纬度、海拔最高的。

- 昂赛保护分区。在杂多县境内的澜沧江流域，是澜沧江源头海拔分布最高的林区，森林、灌木分布比较集中。林区动物主要有雪豹、藏野驴、马麝、藏马鸡等。

- 中铁—军功保护分区。位于玛沁、同德、兴海、河南4县交界处的黄河干流峡谷地带，包括江群、中铁、军工3个国有林场，为黄河上游最西部的天然林区之一，主体功能是保护以青海云杉、紫果云杉和祁连圆柏等为建群种的原始林。动物主要有白唇鹿、棕熊等。

- 麦秀保护分区。位于泽库县境内，是黄河一级支流隆务河源头森林集中分布的地区。主要树种有青海云杉、紫果云杉、祁连圆柏等，动物有雪豹、马麝、马鹿、蓝马鸡等。

- 通天河沿保护分区。位于玉树、称多县通天河中下游两岸，在这一高寒地带的河流两岸，断续生长着天然圆柏疏林和灌木林，是森林、灌木分布上限。

- 多可河保护分区。位于班玛县多可河两岸，是长江二级支流大渡河的重要源头河流之一。主体功能是保护原始针叶林。森林、灌木多分布在高山峡谷地带，树种主要有巴山冷杉、紫果云杉、川西云杉、密枝圆柏等，动物有马麝、雪豹、水獭、藏马鸡等。

- 玛可河保护分区。位于长江上游大渡河源头玛可河流域，班玛县境内，是青海省最大的原始林区之一。主体功能是保护山地落叶阔叶林、针叶林和高山灌丛草甸。该区因处于青藏高原南缘的高山峡谷向高原面过渡地带，河谷狭窄，地形切割剧烈。主要植被类型有云杉林（川西、紫果、鳞皮云杉）、红杉林、圆柏林（方枝、塔枝）、杨桦林、灌木林（鲜卑木、沙棘、山生柳、杜鹃、河谷柳），重点保护动物有白唇鹿、金钱豹、雪豹、雉鹑、马麝、蓝马鸡、马鹿等30余种。

（6）大通北川河源区国家级自然保护区

青海大通北川河源区自然保护区于2005年10月经青海省人民政府批准建立，2013年12月晋升为国家级自然保护区。保护区位于西宁市大通回族土族自治县宝库、青林、青山、向化、桦林5个乡境内，黄河二级支流北川河的源头区，地理位置东经100°52′～101°47′，北纬37°03′～37°28′。

保护区总面积为1 078.70 km²，其中核心区为401.57 km²，缓冲区为384.47 km²，实验区为 292.66 km²。保护区属森林生态系统类型自然保护区，主要保护对象：

一是自然的高原森林生态系统及其生物多样性；二是白唇鹿、冬虫夏草等国家重点保护野生动物及其栖息地，三是植物区系的交错分布区；四是植被的垂直带谱；五是生态服务功能突出的森林生态系统。

保护区地处黄土高原与青藏高原的过渡地带，属于祁连地槽褶皱系一级大地构造单元内的中祁连地背斜二级构造带，在地质构造上属于祁连山结晶岩轴。保护区三面环山，北有达坂山，西有娘娘山，东北有兰雀山，中部为盆地。整个地势西北高，东南低，全境海拔 2 680~4 622 m，最低处是大通县宝库乡的五间房村，最高处是达坂山的开甫托山顶，相对高差 1 942 m。保护区内的河流属湟水支流北川河水系，主要有北川河、宝库河、黑林河、东峡河，均发源于达坂山，主流由北向南注入湟水。

保护区范围内的河流属湟水支流北川河水系，四面高山环绕，水力资源十分丰富，主要有北川河、宝库河、黑林河、东峡河，均发源于达坂山，主流由北向南注入湟水，全县有大小沟岔 180 多条，形如羽毛。具有显著的山区河流特点：河床切割深，坡降大，水流急，冰期长，水温低；洪水时水量骤增，水势汹涌，洪峰来势猛，去得快；河床冲淤严重，主流摇摆不定，多有分岔，尤以下游更为突出，以致形成大片砂卵石荒滩。河流上游降雨多，气温低，蒸发不大，较易产生径流。植被较好，有利于水源涵养，增加了地下水的补给。

①北川河为湟水一级支流，是大通县最大的河流，由宝库河、黑林河汇合而成，在桥头镇又有东峡河流入，在西宁朝阳汇入湟水，河流长度为 154 km，流域面积为 3 371 km²，年平均流量为 21.7 m³/s，年平均径流量为 6.86×10⁸ m³。

②宝库河为湟水一级支流，是北川河正源，发源于达坂山北的开甫托山峡，穿宝库峡谷与祁汉沟汇合南流。宝库河保护区境内全长 106.7 km，流域面积为 1 308 km²，年平均流量为 11.75 m³/s，年平均径流量为 3.71×10⁸ m³。

③黑林河为湟水二级支流，发源于青林乡与海晏县交界的铁迈达坂山东南侧，流经多林境内与西达坂山的宽多洛河后，在极乐乡极拉口村附近与宝库河汇合。该河全长为 62.2 km，流域面积 279 km²，年平均流量为 2.62 m³/s，年平均径流量为 0.826×10⁸ m³。

④东峡河为湟水二级支流，由达坂河、谷山滩河组成，沿途有瓜拉峡河等 12 条较小河流注入其中，向南流经桥头镇后注入北川河，该河全长为 49 km，流域

面积为 547 km^2，年平均流量为 3.96 m^3/s，年平均径流量为 1.25×10^8 m^3。

保护区植被分为 5 个植被型组 6 个植被型 19 个群系，分布状况有明显的坡向性和垂直地带性，垂直分布主要有河川谷地落叶阔叶林植被带、山地针阔叶林植被带、山地常绿针叶林植被带、山地灌丛类草地、亚高山灌木林植被带、亚高山灌丛植被带、山地草甸类草地。全区维管束植物共有 77 科 282 属 612 种，其中蕨类植物 8 科 8 属 11 种，裸子植物 3 科 6 属 12 种，被子植物 66 科 268 属 589 种。大型真菌 74 种。国家二级重点保护野生植物有山莨菪、冰沼草和冬虫夏草 3 种；青海省重点保护植物有肋果沙棘、中国沙棘、西藏沙棘、狭叶红景天、粗茎红景天、四裂红景天、青海黄芪、金翼黄芪、马河山黄芪、草木犀状黄芪、角盘兰、二叶兜被兰共 12 种；列入《中国物种红色名录》的植物有 32 种。全区共有脊椎动物 25 目 51 科 178 种，其中兽类 4 目 14 科 37 种，鸟类 16 目 30 科 125 种，爬行类 2 目 3 科 4 种，两栖类 2 目 2 科 2 种，鱼类 1 目 2 科 10 种。国家一级重点保护野生动物有胡兀鹫、白肩雕、金雕、雪豹、马麝、白唇鹿 6 种，二级重点保护野生动物有疣鼻天鹅、黑耳鸢、雀鹰、大鵟、秃鹫、高山秃鹫、石豹、荒漠猫、兔狲、猞猁、岩羊、马鹿、雪雉、蓝马鸡、雕鸮、短耳鸮、长耳鸮、红隼、猎隼、藏雪鸡、暗腹雪鸡 21 种。

保护区的森林覆盖率为 65.44%，98% 的森林植被为天然林，良好的森林植被不仅在调节气候、维持区域生态平衡、保护区域生态安全方面起着至关重要的作用，而且在改善大通、西宁乃至青海东部地区农牧业气候条件，特别是防止黄河上游地区水土流失，维护黄河流域生态平衡，保护民族地区经济持续发展方面具有非常重要的意义。同时，保护区是省会西宁市重要的水源涵养区，承担着西宁市 70% 的供给任务，在有效保障西宁市的水资源安全方面具有重要的现实意义和战略意义。

（7）柴达木梭梭林国家级自然保护区

青海柴达木梭梭林自然保护区于 2000 年 5 月经青海省人民政府批准建立，2005 年经省政府批准同意，将乌兰县、都兰县境内的部分梭梭林分布区域纳入柴达木梭梭林自然保护区，2013 年 6 月晋升为国家级自然保护区。保护区位于海西州藏族蒙古族自治州德令哈市、乌兰县和都兰县境内，地理位置东经 96°07′～97°51′，北纬 36°05′～37°23′，海拔在 2 958～3 344 m。

保护区总面积为 3 733.91 km²，其中核心区为 1 302.89 km²，缓冲区为 1 047.37 km²，实验区为 1 383.65 km²。保护区属荒漠生态系统类型自然保护区，主要保护对象为以梭梭为主的荒漠植被，一是以梭梭为主的荒漠植被类型，主要有梭梭纯林，梭梭与麻黄、沙拐枣、五角蒿、白刺、盐爪爪、骆驼黎等伴生树种组成的混交林类型；二是兼顾保护珍稀野生动物，主要保护对象有藏野驴、胡兀鹫、金雕、鹅喉羚、荒漠猫等野生动物。

保护区由德令哈保护分区、乌兰保护分区、都兰保护分区 3 大块相对独立的区域组成。在德令哈保护分区，梭梭主要分布在阿木尼克山以北，怀头他拉乡以南。乌兰保护分区的梭梭主要分布在乌兰县西南部，柯柯镇境内的卜浪沟。都兰保护分区位于都兰县宗加镇和巴隆乡境内，梭梭沿青藏公路两侧分布。

保护区位于柴达木地层区，地貌类型有风积地貌、湖积地貌、洪积地貌、干燥剥蚀山地 4 类。区内干旱，少雨。本区主要河流为香日德河、巴音河、诺木洪河、察汗乌苏河、都兰河等，河水流出山口或冲积扇前缘下渗成为地下河，在细土带下缘或沼泽上缘溢出。

梭梭是荒漠地区特有的植物，是比较古老的树种，又名查格（柴达木地区蒙语音译），最早以锁锁为名，属藜科，盐木属（梭梭属）。梭梭根系庞大，垂直根深达 5 m 以下，深深扎入地下水层，以吸取地下水。水平根也极发达，长达 10 m 以上，往往分为上下 2 层，上层根系通常分布在地表 50 cm 以内，下层根系一般分布在 2～3 m，以便充分吸收沙层水分。梭梭在我国分布于广大干旱荒漠地区。在青海省分布于柴达木盆地东部，主要包括诺木洪、宗加、巴隆、灶火、卜浪沟、尕海、托素湖、航亚、阿木尼克、达布逊湖北岸及铁奎等地。水平分布在东经 96°～98°，北纬 36°～37°30′，垂直分布于海拔 2 787～3 535 m。

梭梭属有 10 种之多，多集中于中亚，我国分布的梭梭有两种，一种为白梭梭，只在新疆分布；另一种为梭梭，分布于新疆、青海柴达木、甘肃西部和内蒙古西部。梭梭一是耐干旱，在降雨量不足 45 mm 的条件下，生长良好；二是耐风蚀沙埋，其根系被风蚀裸露 1 m 多，植株仍耸立不动，正常生长，沙压后能长出萌发枝，生长更加旺盛，茎干坚硬，极耐沙割；三是耐酷热严寒，在气温高达 40℃ 以上，沙面地表温度高达 60～70℃ 的情况下仍能正常生长，并能忍受−40℃ 的低温。梭梭的生态幅度较广，无论石质、砾质、黏质、沙质荒漠上均有梭梭生长，黏质荒漠上生长的梭梭一般植株高大，冠幅较大，盖度较高。

　　梭梭属于荒漠植物，梭梭林为典型的荒漠植被。梭梭是荒漠土地上生长的最高大的灌木树种，它生长迅速、耐干旱、耐贫瘠、耐风沙、耐盐碱，为优良的固沙树种，是沙区生态建设、治沙绿化的首选树种，有着很高的生态效益。另外，梭梭是骆驼、羊极好的饲用植物，梭梭林地是很好的放牧场；其木材坚硬、热值高，有"沙漠活煤"之称，因此梭梭又具有较大的经济价值。保护区内主要保护树种为梭梭，梭梭荒漠面积为 1 458 km²，占保护区总面积的 47%。保护区的核心区和缓冲区内，梭梭大面积分布，形成一类独特的荒漠景观，许多地方梭梭未受人类侵扰，自然生境完好，仍保持着原始状态，部分已处于成熟和过熟状态，林地上古老的树干横倒着，新生的中幼龄梭梭就在老树哺育下成长，没有生态环境的破坏和污染，反映出其原始古老的自然状况，这些原始天然梭梭林因而成为该物种生态地理区中最典型、最有特色的代表。白刺、枸杞、锁阳等地中海植物，在柴达木盆地虽属残留成分，但仍大量生长着，分布很广。梭梭、膜果麻黄、沙拐枣、优若藜等在全国其他省份很少分布，仅在内蒙古和新疆有分布。寄生在梭梭根部的肉苁蓉已划为濒危植物。除梭梭、柽柳、沙拐枣、麻黄、白刺和盐爪外，尚有 15 科 41 属 65 种沙生植物，是特殊荒漠生态系统的组成部分，在自然保护及生物多样性方面具有重要的价值。这些植物不仅在青海西部地区防风固沙、改变荒漠面貌和保护绿洲生态环境、引种驯化等方面具有一定的现实意义，而且在植物学、分类学、生态学等方面也有很重要的科研价值。

（8）格尔木胡杨林省级自然保护区

　　青海格尔木胡杨林自然保护区于 2000 年 5 月经青海省人民政府批准建立。位于海西藏族蒙古族自治州格尔木市郭勒木德乡托拉海牧业社境内，地理位置东经 94°20′～94°26′，北纬 36°32′～36°40′，海拔 2 730～2 813 m。保护区总面积为 42 km²。属野生植物类型自然保护区，主要保护对象为胡杨及荒漠生态系统。

　　胡杨是荒漠和沙地上唯一能天然成林的树种，抗热、抗寒、抗风、抗沙、抗碱、抗旱、抗瘠，是演化在干旱地区的一种奇特的森林类型，是在年降水量仅 20～60 mm 的极端干旱沙漠地区唯一能生存的乔木树种。胡杨具有"千年不死，死后千年不倒，倒后千年不朽"的特质，被誉为"绿色活化石"。为了能在极端干旱的生存环境里吸收到水分，胡杨的根系可深入到地下 13 m 左右。在荒漠中，胡杨林是天然绿洲，可抵御 26 m/s 的大风。胡杨生命顽强，在沙漠里成为一道绿色屏障，有力地阻挡了沙漠的扩大和盐碱滩地区的发展。胡杨林是保护沙区农牧业的天然屏障，是野生动物的重要栖息地，是维护这一地区生态平衡的主体。

中国是当今世界上胡杨林分布范围最大、数量最多的地区。中国的胡杨林分布在西北地区的青海、内蒙古、新疆、甘肃和宁夏 5 个省（自治区）。青海分布在海拔 2 780～2 820 m 柴达木盆地以西，昆仑山北麓，托拉海沿岸的河滩阶地。

保护区内保存较完整的胡杨林木及荒漠物种和它们赖以生存的、接近自然状态的环境，是开展生物学、生态学、地质学、古生物学，以及其他地学分支和环境科学等学科研究的良好基地。

（9）可鲁克湖托素湖省级自然保护区

青海可鲁克湖托素湖自然保护区于 2000 年 5 月经青海省人民政府批准建立，位于海西州德令哈市境内，地理位置东经 96°44′～97°25′，北纬 37°1′～37°21′。

保护区由可鲁克湖、托素湖、巴音河下游沼泽 3 块湿地以及周边区域组成。总面积为 1 150 km^2，其中核心区为 339.29 km^2，缓冲区为 290.46 km^2，实验区为 520.25 km^2。保护区属内陆湿地和水域生态系统类型自然保护区，主要保护对象：一是可鲁克湖、托素湖及其周边湿地；二是巴音河及下游沼泽湿地；三是保护区内重要和珍稀的湿地鸟类和珍稀野生动植物及其栖息地，包括保护区内分布的玉带海雕、白尾海雕、金雕、白肩雕、黑颈鹤、藏野驴和白唇鹿 7 种国家一级重点保护动物和大天鹅等 22 种国家二级重点保护动物；四是保护区特有的鱼类资源。

可鲁克湖、托素湖系德令哈盆地内陆流域内的 2 个中型湖泊。可鲁克湖在蒙语中意思为"多羊的茇茇滩""水草丰美的地方"，湖水面积为 58.60 km^2，是德令哈盆地面积最大的淡水湖，矿化度为 0.7～1.8 g/L，水深 4～5 m，最深为 13.8 m，湖水容量 1.67 亿 m^3，补给水源为巴音河干流河巴勒更河，湖面海拔为 2 813.8 m。可鲁克湖水草茂密，湖周有成片的芦苇，边缘沼泽草甸植被丰茂，主要种类有芦苇、轮叶狐尾藻、菹草、伪针茅等 20 余种。托素湖湖水面积为 167.48 km^2，通过连通河与可鲁克湖相连，湖体略成等边三角形，湖水面积为 167.48 km^2，最大水深为 25.7 m，湖中心矿化度为 30.2 g/L，为咸水湖，补给水源主要靠可鲁克湖，湖面海拔为 2 789.4 m，是柴达木盆地最低点。

可鲁克湖、托素湖所在区域是青海尤其是柴达木盆地的重要湿地区和生物多样性聚集地，也是德令哈市的生态屏障及柴达木盆地东北部荒漠、半荒漠地带的气候调节器，对维持区域的生态系统平衡，调节区域气候，提供淡水资源都具有十分重要的意义。同时，保护区分布有河口、河流、淡水湖、沼泽、咸水湖等多种湿地类型，水陆过渡特性明显，生境类型多样，使之成为柴达木盆地生物多样性的主要聚集区，与柴达木盆地荒漠区域单一的物种结构相比较，对维护区域生物多样性起着关键作用，具有不可替代的生态区位价值。可鲁克湖和托素湖是青海乃至世界上罕见的高原渔业生产基地，对区域社会经济的发展起到关键作用。保护区地处柴达木盆地腹地，是典型的高寒干燥大陆性气候区，蒸发量远远高于降水量，咸水湖形成较为容易，而可鲁克湖由于巴音河干流和巴勒更河等水源的补给，形成了难得的淡水湖；托素湖主要是由可鲁克湖湖水排泄形成的咸水湖。在很短的距离内，可鲁克湖和托素湖共同组成了一淡一咸两个高原姊妹湖泊，形成了较为少见的高原湿地生态系统，并且由于其良好的自然特性，景观独特，丰富多样的湿地类型和野生动植物，尤其是众多的珍稀野生动植物，成为柴达木盆地最重要的湿地生态学、鸟类生物学、保护生物学的科研基地。

（10）诺木洪省级自然保护区

青海诺木洪自然保护区于 2005 年 5 月经青海省人民政府批准建立。位于海西州都兰县宗加镇境内，包括宗加镇田格里村和哈西哇村。东至哈西哇河西岸，南以 109 国道北侧 2 km 为界，西从蒙古尔河、努尔河交汇点至俄努台泉之间的干河床为界，北至诺木洪河南岸。地理位置东经 96°09′～96°13′，北纬 36°24′～36°36′。

保护区总面积为 1 180 km²，其中核心区为 174 km²，缓冲区为 368 km²，实验区为 638 km²。保护区是以保护荒漠生态系统为主，兼有保护地质遗迹、野生动植物和湿地生态系统功能，是集自然生态系统类、野生生物类和自然地质遗迹类于一体的综合性自然保护区，核心区由田格里芦苇滩、岗嘎、大格勒三个区域组成。

保护区处在阿木尼克山与布尔汗布达山之间的洪积冲积倾斜平原上，主要河流有柴达木河、诺木洪河、田格里河 3 条河流，总集水面积在 1.6 万多 km²，年径流总量为 5.5 亿 m³。

保护区内中心地带的湿地区以芦苇为代表的水生植物和耐盐植物盐角草、盐地碱蓬、盐生凤毛菊、秆苞黄鹌菜、海韭菜、细枝盐爪爪等均发育良好，是柴达木高盆地少有的湿地植被景观。区域内中心低洼沼泽湿地占全区总面积20%以上，荒漠和湿地占全区总面积的75%。地质遗迹有湖成波痕、融冻柔皱或冰卷泥和贝壳梁。保护区内动物种类有87种，其中鸟类63种，占全省鸟类种数的31.6%，占柴达木盆地区的77%。其中国家一级保护动物有黑颈鹤、藏野驴2种，国家二级保护动物有大鵟、棕熊、鹅喉羚、荒漠猫、兔狲、猞猁、大天鹅、灰鹤、蓑羽鹤、草原雕、燕隼11种。

地质遗迹：湖成波痕、融冻柔皱或冰卷泥分布于田格里河下游下更新统冲湖积地层中，表明这一时期盆地内处于寒冷冰缘气候，地层形成融冻柔皱。在新构造运动作用下，形成复式背斜，由古湖缩小等原因形成此种地质景观。贝壳梁分布于田格里河上游东岸，地理坐标为东经96°12′，北纬36°31′，贝壳梁长为2 500 m，高为5～10 m，堤底宽为70 m，堤面宽为35 m。主要为河蚬贝壳、平卷螺、尖顶螺化石，其成因主要是由于上更新世古湖退缩，大量贝壳类动物聚集湖岸所至。

柴达木"高海拔盆地"气候干旱少雨，蒸发量大，多风，土壤含盐量高，植物长期处在这种特殊环境中，形成许多适应性生态特征，呈现出中亚荒漠向高寒荒漠方向演化过渡性，其生物区系、植被演化有别于一般荒漠地带，在这样一个比较窄小的地理单元内，既有荒漠生态系统，又有湿地生态系统，建立自然保护区可维持其自然演替过渡正常进行，为科研提供一个植被自然演替的特殊样地。

（11）祁连山省级自然保护区

青海祁连山自然保护区于2005年12月经青海省人民政府批准建立，地处青海省东北部、青藏高原边缘，位于海北藏族自治州门源县、祁连县和海西藏族蒙古族自治州德令哈市、天峻县境内，地理位置东经96°46′～102°41′，北纬37°03′～39°12′。

保护区总面积为8 022.2 km^2，其中核心区为3 733.03 km^2，缓冲区为1 750.76 km^2，实验区为 2 538.41 km^2。属内陆湿地和水域生态系统类型自然保护区，主要保护对象为祁连山湿地、冰川、珍稀濒危野生动植物及其森林生态系统。

保护区是由团结峰、黑河源、三河源、党河源、油葫芦沟、黄藏寺、石羊河、仙米8个相对完整的独立区域组成的自然保护区网络。

①团结峰保护分区。主要保护对象：冰川。团结峰保护分区位于疏勒南山北坡，疏勒河南岸。疏勒南山为中祁连隆起带的南缘，是祁连山系中最高大和主要的一列山脉。最高峰海拔 5 826.8 m，由 6 个相对高差不大的山峰团聚在一起，组成一块状山体，故名"团结峰"。疏勒南山深大断裂发育，山地南陡北缓，是祁连山系中现代冰川最发育的一条山脉，共有 14 条山谷冰川，冰舌下伸到海拔 4 600 m 处，形成弧形终碛缓丘。北坡冰川较南坡规模大。在 14 条冰川中，最长者达 5 km。海拔 4 800 m 以上，角峰、刃脊广布，冰川下面有明显冰蚀"U"形谷。区内野生动物种类较多，兽类主要有野牦牛、野驴、藏羚羊、黄羊、岩羊、雪豹、熊、白唇鹿、麝、狼、旱獭、豺、狐狸等，鸟类有天鹅、黑颈鹤、灰鹤、雪鸡、蓝马鸡、鹰、秃鹫等。

②黑河源保护分区。主要保护对象：湿地。黑河源保护分区位于祁连县西北部野牛沟乡洪水坝，有冰川 78 条，冰川面积为 20.32 km^2，冰川储量为 4.51 亿 m^3。冰川夏季消融较强烈，对河流补给量较大，融水时间一般在 5—9 月，约 150 天，冰雪融水量呈洪峰特征。冰川融化形成黑河西岔，流经野牛沟乡和扎麻石乡，于狼舌头山与八宝河汇合，在祁连县境内长为 129 km，集水面积为 5 089.4 km^2。黑河是祁连山内陆主要水系之一，是仅次于塔里木河的全国第二大内陆河，跨青海、甘肃、内蒙古 3 省（自治区）。祁连境内干流长为 233.7 km，集水面积为 5 089.4 km^2，源流段河谷宽 1～5 km，流域面积为 1 万 km^2，省界处河道海拔 3 260 m，落差 860 m，河道平均比降 3.68‰，年径流量为 18.02 亿 m^3，年均流量为 57.1 m^3/s。黑河枯水季节清澈见底，洪水期间挟带大量黑沙，故名黑河。河水含沙量 1 kg/m^2，上游降水量大于下游，宝瓶河一带降水量为 392 mm，冰期为 5 个月，河源有冰川、积雪、河谷、沼泽、草地，山岭阳坡有原始森林覆盖，植被较好。区内野生动物有野牦牛、盘羊、白唇鹿、马鹿、岩羊、雪鸡等，野生药用植物有雪莲、大黄等。

③三河源保护分区。主要保护对象：湿地。三河源是指托勒河源、疏勒河源和大通河源。

托勒河源位于祁连山托勒南山。托勒南山海拔 3 900 m 以上为高冰雪寒冰带，冰碛、石流分布较广，是托勒河和夏拉河的主要水量补给来源。托勒河源头冰川面积为 136.67 km^2，冰川储量为 43.1 亿 m^3，冰川融水 0.99 亿 m^3，河源处有大面积沼泽。托勒河属内陆流域祁连山水系，发源于祁连县托勒山南麓的纳尕尔当。

托勒河流经祁连县托勒牧场境内 110.8 km，集水面积为 2 728.49 km²，多年平均流量为 8.5 m³/s，是托勒牧场的主要水源地。夏拉河流域有冰川 55 条，冰川面积为 18.77 km²，冰川储量为 5.22 亿 m³。夏拉河流经柯柯里乡后注入黑河，长为 70.6 km，集水面积为 1 044.9 km²，流量 5.12 m³/s。托勒河两岸有优良天然牧场，栖息有马鹿、麝、熊、野牛等多种野生珍贵动物。植物矮小，主要为地衣、苔藓等。冰线以下分布着典型的山地草甸类和高山草甸类。

疏勒河源位于疏勒河源头，天峻县木里乡中北部。疏勒河在天峻县境内河长为 222 km，落差 1 450 m，集水面积为 7 714 km²，年径流量为 7.714 亿 m³，径流深为 100 mm，经花儿地、卜罗沟出境，流入甘肃河西走廊消失于沙漠。该区植被以草地为主，为高寒干草原。

大通河源位于天峻县木里乡的东部，大通河上游——由多索曲及唐莫日曲、阿子沟曲、江仓曲 4 条支流汇成的木里河流域。大通河发源于天峻县境内托勒南山的日哇阿日南侧，有泉眼 108 处，以大气降水和冰川消融为补给来源，河源海拔为 4 812 m。大通河河长为 560.7 km，其中青海省境内河长为 454 km，青、甘共界河长为 48 km，河口海拔 1 727 m，落差 3 085 m。流域面积为 15 130 km²，其中青海省境内流域面积为 12 943 km²。因冻土作用，源区形成了较大面积的沼泽土、泥炭沼泽土、高山草甸土。

三河源区内野生动物有盘羊、白唇鹿、岩羊、马鹿、藏原羚、旱獭、鹰、雕、蓝马鸡、雪鸡、裂腹鱼类等。

④党河源保护分区。主要保护对象：湿地。党河源保护分区位于德令哈市戈壁乡西北部、党河南山以北，最高海拔 5 216 m，最低海拔 4 200 m。海拔 4 500 m 以上地区积雪终年不化，发育着现代冰川。山体构成以绿色变质岩、板岩、花岗岩为主，岩体坚硬。在冰川寒冻的剥蚀风化作用下，形成风化碎石为主体的表面覆盖，植被稀少，在河流两岸平缓地带有少量水草，人为活动稀少。区内野生动物种类较多，兽类主要有野牦牛、野驴、藏原羚、岩羊、雪豹、熊、白唇鹿、麝、狼、旱獭、豺、狐狸等，鸟类有雪鸡、蓝马鸡、鹰、秃鹫等。

⑤油葫芦沟保护分区。主要保护对象：珍稀野生动物。位于祁连县野牛沟乡油葫芦沟中。油葫芦沟因沟口狭窄，中上部宽阔，形似葫芦而得名。沟内地广人稀，灌草茂密。主要灌木为金露梅、银露梅、高山柳、鲜草花、沙棘、锦鸡儿等。

沟内主要分布为高原草甸类，是县内天然草场中的主要类型之一，植物种类较多，多为中生、湿生地面牙、地下牙草本植物。有矮蒿草、小蒿草、藏蒿、苔草、冷蒿、二裂委陵菜等，此类草场莎草科占优势，草质柔软多叶，营养高，适口性强，草场耐牧。沟内水资源丰富，油葫芦沟河长为 34.6 km，集水面积为 342.5 km²，出沟后注入黑河。由于独特的地理环境和丰富的自然资源，非常适合野生动植物的繁衍生息。油葫芦沟三面环山，沟口狭窄，便于管护。主要野生动物有野牦牛、野驴、盘羊、白唇鹿、马鹿、岩羊、雪豹、麝、熊、雪鸡等。珍贵药用植物有雪莲、大黄、黄芪等。

⑥黄藏寺保护分区。主要保护对象：水源涵养林。黄藏寺保护分区主要包括祁连县林场的黄藏寺营林区。黄藏寺营林区位于祁连县中部八宝镇北部，黑河下游的峡谷地带，本区是峡谷山地水源涵养林区。海拔在 552～2 180 m，平均坡度30°。经过历次的造山运动而形成的地貌，在长期的河流冲刷下形成沟谷切割明显、地势陡峻的特点。地质构造极为复杂，但大体上是以古代南山系的主干，走向西北—东南的复式背斜构造。古生代初中期低级变质的南山系地层岩石有千枚岩、结晶岩、红紫色沙砾岩、夹煤岩等多种，但分布最广的只有红紫色沙砾岩，在河谷地上多为现代泥沙冲积层。本区土壤因受气候地形的影响，同样具有明显的垂直地带性。

植被主要是青海云杉纯林、祁连圆柏疏林、杨树林，灌木有金露梅、高山柳、鬼剪锦鸡儿、沙棘、花楸、野蔷薇、水柏枝、枸子等；地被有针藓、羽藓、苔草、马先蒿、禾本科、莎草科、蓼科、豆科、菊科、毛茛科、虎耳草科、龙胆科及高山唐松草科等。

⑦石羊河源保护分区。主要保护对象：冰川、湿地。石羊河源保护分区位于门源县北部的冷龙岭和岗什卡两座高峰的北坡。区内冷龙岭冰川是我国分布最东段的现代冰川发育区。冰川总面积为 81 km²，其中，北坡内陆区为 48 km²，南坡外流区为 33 km²。储水量为 26.768 亿 m³，融水量为 0.774 25 亿 m³，年径流量为 6.642 5 亿 m³。每当湿润年，山区大量固态降水储存在这一天然水库中；每当干旱年，气温升高，冰雪消融，大量融水补给河流，起到旱年不缺水和调节径流年际不均匀性的作用。近几年，由于受全球气候变暖和过度放牧等原因的影响，冰川末端上升很快，严重影响到冰川储量，从而影响了本区永安河、老虎沟河、

初麻沟河等外流河的水量供给。同时，影响到祁连山内陆水系宁缠河、清阳河、水管河等 8 条河流的补给，影响了甘肃省境内的东大河、西营河的水流量。因此，保护冷龙岭冰川，不仅关系到门源县祁连山北坡大面积夏季草场的安危，同时也关系到甘肃省河西走廊的水量供给，其生态意义十分重大。区内分布有雪豹、雪鸡、白唇鹿、岩羊等野生动物和丰富的高寒植物种群。

⑧仙米保护分区。主要保护对象：水源涵养林。仙米保护分区位于门源县东部的仙米乡，是门源县国有仙米林场仙米营林区的一部分，属门源县东部峡谷主要的水源涵养林区。保护区地质构造属祁连山系，系多次造山运动而形成的复式皱波断块地段，具有高山峡谷地貌特征。乔木有祁连圆柏和山杨，主要灌木有金露梅、小蘗、沙棘、锦鸡儿，主要地被物有莎草科、蓼科、禾本科草类；中部常年寒冷湿润多云雾，还有散生乔木，但以灌木为主；上部仅有灌木和草类分布。阳坡以高山草甸土为主，主要灌木有金露梅、绣线菊，地被物以莎草科、禾本科草为优势；阴坡为高山灌丛草甸土，灌木有杜鹃、高山柳，形成良好的灌木密林，对蓄水保土起到重要作用，地被物有苔藓、莎草科、菊科等；山顶部为高山寒漠土，生长有垫状植物。

祁连山自然保护区地域辽阔，地形十分复杂，包括走廊南山、黑河谷地、托勒山、托勒河谷地与木里江仓盆地、托勒南山、疏勒河上游谷地、疏勒南山、老（冷）龙岭、门源盆地和大通—达坂山山地，海拔 3 000~5 000 m，主峰团结峰，海拔为 5 826.8 m。土壤由高处向低处分别有高山寒漠土、高山草甸土、山地（高中山地带）草甸土、灰褐土、黑钙土、栗钙土。祁连山发育着现代冰川，冰川覆盖面积为 1 334.7 km^2，冰川储量为 615.5 亿 m^3，青海省境内冰川覆盖面积为 717.4 km^2，占 53.8%，冰川储量为 355.0 亿 m^3，占 57.7%，冰雪融化成为石羊河、黑河、疏勒河三大水系 56 条内陆河流的源头，年径流量 72.6 亿 m^3。保护区属青海省内陆区祁连山水系（又名青海省境内河西内陆河）和大通河流域，内陆区祁连山水系由内陆河流黑河、疏勒河、托勒河、石羊河等河流的源头区组成，水资源总量为 34.6 亿 m^3，大通河流域水资源总量为 25.6 亿 m^3。

祁连山自然保护区植被类型有针叶林、阔叶林、针阔混交林、灌丛、草甸、草原、沼泽及水生植被、垫状植被和稀疏植被 9 个植被型。植物区系完全是温带性质，并属于中国喜马拉雅植物地区、唐古特植物亚区中的祁连山小区。本区现有高等植物 68 科 257 属 616 种，其中蕨类植物 8 科 9 属 11 种、裸子植物 3 科 3

属 6 种、被子植物 57 科 245 属 599 种，种子植物合计 58 科 248 属 605 种。鸟类有 12 目 30 科 120 种、兽类 6 目 15 科 39 种、爬行类 2 种、两栖类 1 种、鱼类 7 种，国家一级重点保护动物有马麝、雪豹、藏野驴、白唇鹿、野牦牛、金雕、玉带海雕、胡兀鹫、斑尾榛鸡、藏雪鸡、雉鹑、黑颈鹤 12 种，二级重点保护动物有石貂、荒漠猫、猞猁、兔狲、棕熊、马鹿、藏原羚、岩羊、蓝马鸡、雕鸮、纵纹腹小鸮、长耳鸮 12 种。

祁连山自然保护区位于国家重点生态功能区祁连山冰川与水源涵养生态功能区的核心区域，是维系甘青两省重要的生态屏障，是青藏高原生物和景观多样性集中地区，是我国生态系统比较脆弱的地区之一，有重要的水源涵养、土壤保持和生物多样性保护的生态服务功能，具有重要的保护价值。

7. 管理要求

《中华人民共和国自然保护区条例》规定了自然保护区分为国家级自然保护区和地方级自然保护区。自然保护区可以分为核心区、缓冲区和实验区。自然保护区内保存完好的天然状态的生态系统以及珍稀、濒危动植物的集中分布地，应当划为核心区，禁止任何单位和个人进入；除依照本条例规定经批准外，也不允许进入从事科学研究活动。核心区外围可以划定一定面积的缓冲区，只准进入从事科学研究观测活动。缓冲区外围划为实验区，可以进入从事科学试验、教学实习、参观考察、旅游以及驯化、繁殖珍稀、濒危野生动植物等活动。

禁止任何人进入自然保护区的核心区。禁止在自然保护区的缓冲区开展旅游和生产经营活动。在自然保护区的核心区和缓冲区内，不得建设任何生产设施。在自然保护区的实验区内，不得建设污染环境、破坏资源或者景观的生产设施。禁止在自然保护区内进行砍伐、放牧、狩猎、捕捞、采药、开垦、烧荒、开矿、采石、挖沙等活动；但是，法律、行政法规另有规定的除外。

《中共中央办公厅　国务院办公厅关于建立以国家公园为主体的自然保护地体系的指导意见》（中办发〔2019〕42 号）明确指出，国家公园和自然保护区实行分区管控，原则上核心保护区内禁止人为活动，一般控制区内限制人为活动。

自然保护区属于《全国主体功能区规划》和《青海省主体功能区规划》中的禁止开发区域。

四、风景名胜区

1. 风景名胜区概念

《风景名胜区条例》所称风景名胜区是指具有观赏、文化或者科学价值，自然景观、人文景观比较集中，环境优美，可供人们游览或者进行科学、文化活动的区域。《城乡规划法》规定城乡建设和发展，应当依法保护和合理利用风景名胜资源，统筹安排风景名胜区及周边乡、镇、村庄的建设。风景名胜资源是极其珍贵的自然文化遗产，是不可再生的资源。

2. 数量与面积

1994 年，经国务院批准，在青海湖设立了第一个国家级风景名胜区，截至 2017 年 12 月，全省在祁连山、青海湖、柴达木、河湟谷地区域设立了 19 处风景名胜区，包括青海湖 1 个国家级风景名胜区和贵德黄河、黄南坎布拉、门源百里花海、互助北山、都兰热水、泽库和日、贵南直亥、海西哈拉湖、互助佑宁寺、天峻山、乐都药草台、柴达木魔鬼城、昆仑野牛谷、天境祁连、德令哈柏树山、海晏金银滩、乌兰金子海以及大通老爷山宝库峡鹞子沟 18 处省级风景名胜区，批建总面积为 10 597.50 km²，占全省国土面积的 1.52%，略低于 2.02% 的全国平均水平。其中，国家级风景名胜区 1 处，面积为 7 578.00 km²，占全省国土面积的 1.09%；省级风景名胜区 18 处，面积为 3 019.50 km²，占全省国土面积的 0.43%，详见表 6-10。

表 6-10　青海省风景名胜区名录（时间截至 2017 年 12 月）

编号	名称	所在行政区	设立时间	级别	面积/km²	类型	保护资源
1	青海湖	刚察、共和、海晏	1994.01	国家级	7 578.00	自然景观人文景观	特大型湖泊型风景名胜区，水体景观、鸟岛景观、沙岛景观、日月山、丝绸之路南道、唐蕃古道、古城遗址、寺庙等

编号	名称	所在行政区	设立时间	级别	面积/km²	类型	保护资源
2	大通老爷山宝库峡鹞子沟	大通	1999.08	省级	159.00	自然景观	由宝库峡、鹞子沟、老爷山三个片区组成。老爷山寺庙古迹，宝库峡（由察汗河和黑泉水库组成）原始自然山水和森林，鹞子沟原始云杉林、落叶松林和草地
3	贵德黄河	贵德	2008.03	省级	63.00	自然景观	黄河清湿地、黄河奇石园、阿什贡七彩峰等
4	黄南坎布拉	尖扎、化隆	2008.03	省级	102.00	自然景观人文景观	风光旖旎、碧水丹崖、林木叠翠、古刹沉钟，山水林俱佳，汉、藏、回、撒拉、土族等多民族聚居，民族文化、宗教文化、历史文化、民俗文化丰富多彩
5	门源百里花海	门源	2013.01	省级	193.00	自然景观	百里花海、岗什卡雪峰和花海鸳鸯等，花海、林海、雪海、草海
6	互助北山	互助	2013.01	省级	485.00	自然景观	高原森林植被、河谷瀑布跌水、地质地貌奇观、土族民俗风情
7	都兰热水	都兰	2013.01	省级	78.00	人文景观	热水古墓群，核心景观资源血渭一号古墓、二号古墓和三号古墓等
8	泽库和日	泽库	2013.01	省级	17.00	人文景观	和日寺及石经墙
9	贵南直亥	贵南	2013.01	省级	53.00	自然景观	雪山森林、藏族风情
10	海西哈拉湖	德令哈、天峻	2013.01	省级	900.00	自然景观	我国北方目前保留最完整、最原始的湿地生态系统之一。哈拉湖、哈拉湖湿地和团结峰
11	互助佑宁寺	互助	2013.07	省级	18.00	人文景观	属小型人文类风景名胜区。核心风景资源佑宁寺，始建于明朝万历三十二年（1604 年），被称为"湟北诸寺之母"
12	天峻山	天峻	2013.07	省级	90.00	自然景观	属中型自然类风景区。核心景观资源天峻石林、天峻山和哈熊沟
13	乐都药草台	乐都	2013.07	省级	33.00	人文景观	属中型人文类风景区。核心景观资源瞿昙寺、药草台寺、药草台林场、瞿昙"花儿会"和南山射箭

编号	名称	所在行政区	设立时间	级别	面积/km²	类型	保护资源
14	柴达木魔鬼城	茫崖	2013.07	省级	450.00	自然景观	属大型自然类风景名胜区，中国最大的雅丹地貌分布区，核心景观资源雅丹地貌、海市蜃楼、硅化木木化石
15	昆仑野牛谷区	格尔木	2013.07	省级	85.00	自然景观	属中型自然类风景区。核心景观资源西王母瑶池、无极龙凤宫、"不老树神山"
16	天境祁连	祁连	2014.12	省级	96.50	自然景观	由牛心山、卓尔山片区组成。主要有牛心山、卓尔山、小东索、民族风情、林海草原等
17	德令哈柏树山	德令哈	2014.12	省级	98.00	自然景观	柏树山、柏树林、牧场、蒙古族风情
18	海晏金银滩	海晏	2014.12	省级	41.00	自然景观人文景观	金银滩、原子城、东大滩水库、湟水河湿地、王洛宾音乐艺术、原子城纪念馆、青海西部文化音乐城、民族风情等
19	乌兰金子海	乌兰	2014.12	省级	58.00	自然景观	金子海、沙山、湿地、戈壁景观、野生动植物及蒙古族民族文化、金子海传说等

3. 类型与分布

全省19处风景名胜区行政区划涉及19个县（市、区、行政委员会），数量占全省45个县级行政区划的42.2%。互助、德令哈、天峻、海晏4个县（市）设立了2处风景名胜区，15个县（市）设立1处风景名胜区，26个县（市）未设立风景名胜区。其中青海湖、哈拉湖、坎布拉3处风景名胜区跨县域，其余16处不跨县域。

全省风景名胜区包括自然资源和人文景观类型，涵盖了湖泊水库、雅丹地貌、地质奇观、冰川雪山、原始森林、花海草原、宗教寺庙、珍奇古墓、民俗文化、民族风情、历史传说、革命纪念地等珍贵风景名胜资源，基本形成了地区分布合理、资源类型多样、保护价值高，在全省具有典型性的风景名胜区格局。风景名胜区的设立，对保护好极其珍贵的风景名胜资源，维护生态平衡、保护生物多样性、改善生态环境、推动旅游业可持续发展和转变经济发展方式，进一步提高大美青海知名度、扩大青海对外宣传、促进经济社会协调发展具有重大的历史意义和现实意义。

4．管理要求

《风景名胜区条例》规定风景名胜区划分为国家级风景名胜区和省级风景名胜区。风景名胜区规划经批准后，应当向社会公布，任何组织和个人有权查阅。风景名胜区规划未经批准的，不得在风景名胜区内进行各类建设活动。禁止违反风景名胜区规划，在风景名胜区内设立各类开发区和在核心景区内建设宾馆、招待所、培训中心、疗养院以及与风景名胜资源保护无关的其他建筑物；已经建设的，应当按照风景名胜区规划逐步迁出。在风景名胜区内禁止进行下列活动：①开山、采石、开矿、开荒、修坟立碑等破坏景观、植被和地形地貌的活动；②修建储存爆炸性、易燃性、放射性、毒害性、腐蚀性物品的设施；③在景物或者设施上刻画、涂污；④乱扔垃圾。

《风景名胜区规划规范》规定风景保护的分级应包括特级保护区、一级保护区、二级保护区和三级保护区等四级内容。

（1）**特级保护区**

①风景区内的自然保护核心区以及其他不应进入游人的区域应划为特级保护区；

②特级保护区应以自然地形地物为分界线，其外围应有较好的缓冲条件，在保护区内不得搞任何建筑设施。

（2）**一级保护区**

在一级景点和景物周围应划出一定范围与空间作为一级保护区，宜以一级景点的视域范围作为主要划分依据；一级保护区内可以安置必需的步行游赏道路和相关设施，严禁建设与风景无关的设施，不得安排旅宿床位，机动交通工具不得进入此区。

（3）**二级保护区**

①在景区范围内以及景区范围之外的非一级景点和景物周围应划为二级保

护区；

②二级保护区内或以安排少量旅宿设施，但必须限制与风景游赏无关的建设，应限制机动交通工具进入本区。

（4）三级保护区

①在风景区范围内，对以上各级保护区之外的地区应划为三级保护区；

②在三级保护区内，应有序控制各项建设与设施，并应与风景环境相协调。

风景名胜区属于《全国主体功能区规划》和《青海省主体功能区规划》中的禁止开发区域。

五、自然遗产地

1. 可可西里自然遗产地

世界遗产是指被联合国教科文组织和世界遗产委员会确认的人类罕见的、目前无法替代的财富，是全人类公认的具有突出意义和普遍价值的文物古迹及自然景观，包括世界文化遗产、自然遗产、文化与自然遗产和文化景观 4 类。

根据《青海省可可西里自然遗产地保护条例》（2016 年 9 月 23 日青海省第十二届人民代表大会常务委员会第二十九次会议通过），可可西里自然遗产地是指按照国家规定的自然遗产地划定标准和程序，在玉树藏族自治州治多县可可西里地区及索加乡、曲麻莱县曲麻河乡行政区划内划定并公布的区域。可可西里自然遗产地面积 60 300 km²，占全省国土面积的 8.66%，为我国面积最大、平均海拔最高、湖泊数量最多的世界自然遗产地。

由东西向近平行排列逾 500 km 的昆仑山、可可西里山和乌兰乌拉山之间，勾勒出"三山间两盆"、由西北向东南方向渐低倾斜的宏大空间，被称为"可可西里"。可可西里是青藏高原东部（青海、西藏东部和新疆阿尔金山地区南部）昆仑山古老皱褶和喜马拉雅造山运动形成的高原隆起之接合部，包括青藏高原特有物种藏羚羊的最主要的夏季栖息地和产羔地，以及青海省境内的主要藏羚羊越冬地，也包含数条藏羚羊的完整迁徙路线。平均海拔超过 5 000 m，三山之间地势平坦开阔，保存着青藏高原最完整的高原夷平面和密集的、处于不同演替阶段的湖泊群，构成了长江源的北部集水区。提名地独特的、至今罕有人迹的高山和湖盆、气候条件以及与此相适应的植被类型，为众多青藏高原特有的大型哺乳动物提供了完整的栖息地和迁徙通道；尤其重要的是，这里为青藏高原特有和濒危的藏羚羊提供了最重要的产羔地，并庇护了世界上近一半的野牦牛种群。提名地内广达数万平方千米的荒野和繁衍其间的生灵，与高山、冰川、原野和湖泊一道，构成了青藏高原上最具代表性的美景，不见于任何其他高原地区。提名地内的高等植物有超过 1/3 为青藏高原特有物种；以此为食的食草哺乳动物全部是青藏高原特有物种，而青藏高原特有哺乳动物占提名地内所有哺乳动物种数的比例高达 60%。在提名地生存的藏羚羊和野牦牛占其全球种群的相当比例。自然遗产地内保存完整的高原面和密集的高原湖群，以及亚洲腹地鲜有的未受人类干扰的完整高原草原、高原草甸生态系统和其间的大规模大型哺乳动物迁徙景观，构成了自然遗产地最突出的特征。

2017 年 7 月 7 日，在联合国教科文组织第 41 届世界遗产委员会会议上，青海可可西里被列入《世界遗产名录》，成为我国第 12 项世界自然遗产、第 51 项世界遗产，实现了青藏高原世界自然遗产"零"的突破。

可可西里自然遗产地地处地球"第三极"青藏高原腹地，其独特的地理环境和气候特征，造就了全球高海拔地区独一无二的生态系统，孕育了高原独特的物种，记载着地球演变的历史和生命进化的进程，是全人类不可或缺的宝贵遗产，也是气候变化敏感区域。遗产地内特有的生物多样性具有极高的原真性和唯一性。同时，遗产地拥有世界罕见、独特的自然景观，庞大的山脉（昆仑山、可可西里山、乌兰乌拉山）、险峻的冰川、多姿多彩的湖泊群（面积大于 1 km² 的湖有 107 个，共占 3 825 km²，湖泊分布率为 7.5%）及河流湿地。大量珍稀、特有物种生活其间的高原荒漠、高原草甸构成了世界唯一的高原特殊生境。遗产地内生物特有性十分明显，植物有 1/3 为青藏高原特有物种，哺乳动物种类有 60% 为青藏高原特有物，包括藏狐、藏野驴、野牦牛、藏原羚、藏羚羊、白唇鹿、棕熊、猞猁、雪豹、狼等哺乳动物 19 种，大天鹅、大鸳、金雕、秃鹫等鸟类 48 种，最具代表性物种"高原精灵"藏羚羊的种群数量占全球数量的近 40%，繁殖地面积占全球繁殖地面积的 80%。

可可西里自然遗产地是全世界受人类影响最小的区域之一，也是世界上以藏羚羊等大型高原特有野生动物为主要保护对象的重要保护地，是世界上荒野景观保存最为完美、最为典型的地区，已成为全世界开展多学科研究、认识高原生态系统与全球变化影响的理想空间。

世界遗产委员会及世界自然保护联盟（IUCN）评价：可可西里面积广阔，几乎没有受到现代人类活动的冲击。极端的气候条件和它的难以接近性共同保护着这个最完美的地区，它具有全球重要性的高原依赖物种。1/3 以上在提名地内发现的高级植物为青藏高原特有物种，所有靠这些植物生存的食草哺乳动物也同样是青藏高原特有。提名地拥有非凡的自然美景，其美丽超出人类想象，在很多方面都令人叹为观止。

2．管理要求

《青海省可可西里自然遗产地保护条例》规定了可可西里自然遗产地内的原生生态系统、濒危特有物种栖息地、自然遗迹受到威胁，需要采取人为干预措施的，可可西里自然遗产地管理机构应当报告省人民政府住房和城乡建设行政主管部门，经专家论证后方可实施。在可可西里自然遗产地内，禁止下列行为：①开山、采石、取土、采矿等破坏自然景观、植被和地形地貌的活动；②擅自引进外来物种；③非法捕杀国家重点保护野生动物；④擅自移动或者破坏界桩、界碑和安全警示等标识标牌；⑤法律法规禁止的其他行为。可可西里自然遗产地管理机构应当保护野生动物栖息地和自然迁徙路线，确保野生动物生存环境、生活习性不受人为破坏和干扰。经依法批准的建设项目选址应当避让野生动物栖息地和自然迁徙路线，无法避让确需跨越野生动物栖息地和自然迁徙路线的建设项目应当充分论证、科学设计和合理施工。铁路管理部门应当在可可西里自然遗产地及其缓冲区采取保护措施，防止野生动物进入机车行驶区域。交通运输部门应当在可可西里自然遗产地及其缓冲区公路沿线科学设置动物穿越通道，并设立警示标牌。途经可可西里自然遗产地及其缓冲区公路的车辆驾驶人员和其他人员应当自觉避让野生动物，禁止惊扰野生动物。

世界自然遗产地属于《全国主体功能区规划》中的禁止开发区域。

六、地质公园

1．地质公园概念

《全国主体功能区规划》所称国家地质公园是指以具有国家级特殊地质科学意义、较高的美学观赏价值的地质遗迹为主体，并融合其他自然景观与人文景观而构成的一种独特的自然区域。《地质遗迹保护管理规定》所称地质遗迹是指在地球演化的漫长地质历史时期，由于各种内外动力地质作用，形成、发展并遗留下来的珍贵的、不可再生的地质自然遗产。地质遗迹的保护是环境保护的一部分。对具有国际、国内和区域性典型意义的地质遗迹，可建立国家级、省级、县级地质遗迹保护段、地质遗迹保护点或地质公园。《青海省地质环境保护办法》规定对具有国际、国内或区域性典型意义的地质遗迹，可以按照《中华人民共和国自然保护区管理条例》的规定，建立地质遗迹保护区或者地质公园。

2．数量与面积

2004 年，为保护尖扎坎布拉丹霞地貌景观遗迹、新生界沉积环境和沉积构造类型以及 3 800 万年以来的地质生态环境演化遗迹等，经国土资源部批准，在尖扎坎布拉设立了青海省第一个国家地质公园。截至 2017 年 12 月，全省共建立了 9 处地质公园，包括格尔木昆仑山（2 处）、互助北山、贵德、久治年保玉则、尖扎坎布拉、玛沁阿尼玛卿、青海湖 8 处国家地质公园，德令哈柏树山 1 处省级地质公园，批建总面积为 5 719.10 km²，占全省国土面积的 0.82%。包含昆仑山世界地质公园在内，全省地质公园总面积为 12 752.10 km²，占全省国土面积的 1.67%。

青海昆仑山和云南大理苍山于 2014 年 9 月 23 日，在加拿大圣约翰市举行的联合国教科文组织第六届国际地质公园大会上正式加入世界地质公园网络，昆仑山地质公园成为世界平均海拔最高的地质公园，也是我国海拔最高的世界地质公园，是我国第 30 个世界地质公园，详见表 6-11。

表 6-11　青海省地质公园名录（截至 2017 年 12 月）

编号	名称	所在行政区	级别	设立时间	面积/km²	主要地质遗迹
1	昆仑山世界地质公园	格尔木	世界级	2014 年	7 033.00	古地震地质遗迹、昆仑山活断裂地震遗迹，冰缘、冰川、冻土地貌地质遗迹和古生物化石和中石器文化遗址
2	格尔木昆仑山	格尔木	国家级	2005 年	1 175.30	古地震地质遗迹、昆仑山活断裂地震遗迹，冰缘、冰川、冻土地貌地质遗迹和古生物化石和中石器文化遗址
3	互助北山	互助	国家级	2005 年	1 055.10	高海拔岩溶地质遗迹、第四纪冰川、红色砂岩地貌景观
4	贵德	贵德	国家级	2013 年	248.20	砂岩峰丛地貌、黄河河谷景观、风蚀地貌
5	久治年保玉则	久治	国家级	2005 年	1 067.80	现代冰川、古冰川地貌遗迹、古冰川形成的冰蚀湖地质遗迹
6	尖扎坎布拉	尖扎	国家级	2004 年	154.00	丹霞地貌景观遗迹、新生代地层沉积序列遗迹、黄河侵蚀基座阶地及峡谷地貌遗迹
7	玛沁阿尼玛卿	玛沁	国家级	2012 年、2015 年	1 030.30	中国冰川面积最大的国家地质公园，古亚洲地质地貌遗迹保存最完整的区域之一
8	青海湖	共和、海晏	国家级	2017 年	209.40	湖泊水体景观和风积沙丘地貌
9	德令哈柏树山	德令哈	省级	2012 年	779.00	可鲁克湖—托素湖两湖相连，一咸一淡，托素湖畔新近系陆相碎屑岩地貌，"外星人遗址"——砂岩铁质管道群。柏树山高寒岩溶地貌景观

依托地质公园的建设，全省地质遗迹保护事业进入了一个全新的发展阶段，一批珍贵特有地质遗迹资源得到了切实保护，地球科学知识普及水平迅速提升，并带动了旅游及相关产业的发展，促进了地方经济、社会的发展和文化振兴，在推进生态文明建设，加强自然资源对生态环境源头保护方面发挥了重要作用。

3. 管理要求

《地质遗迹保护管理规定》要求对保护区内的地质遗迹可分别实施一级保护、二级保护和三级保护。

（1）一级保护

对国际或国内具有极为罕见和重要科学价值的地质遗迹实施一级保护，非经批准不得入内。经设立该级地质遗迹保护区的人民政府地质矿产行政主管部门批准，可组织进行参观、科研或国际间交往。

（2）二级保护

对大区域范围内具有重要科学价值的地质遗迹实施二级保护。经设立该级地质遗迹保护区的人民政府地质矿产行政主管部门批准，可有组织地进行科研、教学、学术交流及适当的旅游活动。

（3）三级保护

对具有一定价值的地质遗迹实施三级保护。经设立该级地质遗迹保护区的人民政府地质矿产行政主管部门批准，可组织开展旅游活动。

任何单位和个人不得在保护区内及可能对地质遗迹造成影响的一定范围内进行采石、取土、开矿、放牧、砍伐以及其他对保护对象有损害的活动。未经管理机构批准，不得在保护区范围内采集标本和化石。不得在保护区内修建与地质遗迹保护无关的厂房或其他建筑设施；对已建成并可能对地质遗迹造成污染或破坏的设施，应限期治理或停业外迁。

地质公园属于《全国主体功能区规划》和《青海省主体功能区规划》中的禁止开发区域。

七、森林公园

1. 森林公园概念

2016 年国家林业局颁布的《森林公园管理办法》所称森林公园是指森林景观优美，自然景观和人文景物集中，具有一定规模，可供人们游览、休息或进行科学、文化、教育活动的场所。国家级森林公园的主体功能是保护森林风景资源和生物多样性、普及生态文化知识、开展森林生态旅游。

2．数量与面积

经国家林业局批准，1992 年在尖扎坎布拉、互助北山设立了青海第一批国家森林公园。截至 2017 年 12 月，全省在祁连山、柴达木、河湟谷地共建立了 23 处森林公园，包括尖扎坎布拉、互助北山、大通、湟中群加、门源仙米、乌兰哈里哈图、泽库麦秀 7 处国家森林公园和湟源东峡、平安峡群寺、互助南门峡、乐都上北山、西宁湟水、湟中上五庄、贵德黄河、祁连山黑河大峡谷、互助松多、湟中南朔山、德令哈柏树山、民和南大山、同德河北、化隆雄先、乐都药草台、乐都杨宗 16 处省级森林公园。全省森林公园批建总面积为 0.54 万 km²，占全省国土面积的 0.78%，略低于 1.85% 的全国平均水平。

全省 17 个县（市、区）设立了森林公园，其中湟中、互助、乐都均设立了 3 处森林公园，14 个县（市、区）设立了 1 处森林公园，详见表 6-12。

表 6-12　青海省森林公园名录（截至 2016 年 12 月）

编号	名称	所在行政区	级别	设立时间	面积/km²	编号	名称	所在行政区	级别	设立时间	面积/km²
1	尖扎坎布拉	尖扎	国家级	1992 年	152.50	13	湟中上五庄	湟中	省级	1996 年	633.30
2	互助北山	互助	国家级	1992 年	1 127.20	14	贵德黄河	贵德	省级	2005 年	32.90
3	大通	大通	国家级	2001 年	47.50	15	祁连山黑河大峡谷	祁连	省级	2005 年	238.30
4	湟中群加	湟中	国家级	2002 年	58.50	16	互助松多	互助	省级	2009 年	104.90
5	门源仙米	门源	国家级	2003 年	1 480.70	17	湟中南朔山	湟中	省级	2009 年	3.10
6	乌兰哈里哈图	乌兰	国家级	2005 年	51.70	18	德令哈柏树山	德令哈	省级	2013 年	182.00
7	泽库麦秀	泽库	国家级	2005 年	15.40	19	民和南大山	民和	省级	2015 年	281.00
8	湟源东峡	湟源	省级	1996 年	20.00	20	同德河北	同德	省级	2016 年	252.30
9	平安峡群寺	平安	省级	1996 年	35.50	21	化隆雄先	化隆	省级	2016 年	75.70
10	互助南门峡	互助	省级	1996 年	220.00	22	乐都药草台	乐都	省级	2016 年	19.10
11	乐都上北山	乐都	省级	1996 年	399.60	23	乐都杨宗	乐都	省级	2016 年	14.00
12	西宁湟水	西宁	省级	1996 年	3.10	—	—	—	—	—	—

全省丰富的森林类型和繁多的生物种类、复杂的生物群落，蕴藏着众多奇特的自然景观，具有较高的科学研究和旅游审美价值，通过科学的建设管理及合理利用，森林公园的生态价值、经济价值和社会价值日益凸显，在生态文化建设、生物多样性保护、森林风景资源利用，满足公众日益增长的户外游憩需求等方面发挥了重要作用。

3. 管理要求

《森林公园管理办法》规定，森林公园分为国家级森林公园，省级森林公园，市、县级森林公园三级。在珍贵景物、重要景点和核心景区，除必要的保护和附属设施外，不得建设宾馆、招待所、疗养院和其他工程设施。禁止在森林公园毁林开垦和毁林采石、采砂、采土以及其他毁林行为。

《国家级森林公园管理办法》规定，国家级森林公园内的建设项目应当符合总体规划的要求，其选址、规模、风格和色彩等应当与周边景观与环境相协调，相应的废水、废物处理和防火设施应当同时设计、同时施工、同时使用。国家级森林公园内已建或者在建的建设项目不符合总体规划要求的，应当按照总体规划逐步进行改造、拆除或者迁出。在国家级森林公园设立后、总体规划批准前，不得在森林公园内新建永久性建筑、构筑物等人工设施。国家级森林公园以自然景观为主，严格控制人造景点的设置；严格控制滑雪场、索道等对景观和环境有较大影响的项目建设。在国家级森林公园内禁止从事下列活动：①擅自采折、采挖花草、树木、药材等植物；②非法猎捕、杀害野生动物；③刻划、污损树木、岩石和文物古迹及葬坟；④损毁或者擅自移动园内设施；⑤未经处理直接排放生活污水和超标准的废水、废气，乱倒垃圾、废渣、废物及其他污染物；⑥在非指定的吸烟区吸烟和在非指定区域野外用火、焚烧香蜡纸烛、燃放烟花爆竹；⑦擅自摆摊设点、兜售物品；⑧擅自围、填、堵、截自然水系；⑨法律、法规、规章禁止的其他活动。已建国家级森林公园的范围与国家级自然保护区重合或者交叉的，国家级森林公园总体规划应当与国家级自然保护区总体规划相互协调；对重合或者交叉区域，应当按照自然保护区有关法律法规管理。国家林业局批准的国家级森林公园总体规划，应当自批准之日起30日内予以公开，公众有权查阅。

《国家级森林公园总体规划规范》（LY/T 2005—2012）规定，森林公园功能分区类型包括核心景观区、一般游憩区、管理服务区和生态保育区等。每类功能区可根据具体情况再划分为几个景区（或分区）。核心景观区是指拥有特别珍贵的森林风景资源，必须进行严格保护的区域。在核心景观区，除了必要的保护、解说、游览、休憩和安全、环卫、景区管护站等设施以外，不得规划建设住宿、餐饮、购物、娱乐等设施。一般游憩区是指森林风景资源相对平常，且方便开展旅游活动的区域。一般游憩区内可以规划少量旅游公路、停车场、宣教设施、娱乐设施、景区管护站及小规模的餐饮点、购物亭等。管理服务区是指为满足森林公园管理和旅游接待服务需要而划定的区域。管理服务区内应当规划入口管理区、游客中心、停车场和一定数量的住宿、餐饮、购物、娱乐等接待服务设施，以及必要的管理和职工生活用房。生态保育区是指在本规划期内以生态保护修复为主，基本不进行开发建设、不对游客开放的区域。

森林公园属于《全国主体功能区规划》和《青海省主体功能区规划》中的禁止开发区域。

八、湿地公园

1．湿地公园概念

《湿地保护管理规定》要求以保护湿地生态系统、合理利用湿地资源、开展湿地宣传教育和科学研究为目的，并可供开展生态旅游等活动的湿地，可以设立湿地公园。《国家湿地公园管理办法》所称国家湿地公园是指以保护湿地生态系统、合理利用湿地资源、开展湿地宣传教育和科学研究为目的，经国家林业局批准设立，按照有关规定予以保护和管理的特定区域。国家湿地公园是自然保护体系的重要组成部分，属社会公益事业。

2．数量与面积

2007年，经国家林业局批准，在贵德设立了第一个湿地公园（试点）。截至2018年2月，全省共设立了20处湿地公园，包括贵德黄河、西宁湟水、河南洮河源、都兰阿拉克湖、德令哈尕海、玛多冬格措纳湖、祁连黑河源、乌兰都兰湖、玉树巴塘河、天峻布哈河、互助南门峡、班玛玛可河、乐都大地湾、曲麻莱德曲源、泽库泽曲、贵南茫曲、刚察沙柳河、甘德班玛仁拓、达日黄河 19 处国家湿地公园和冷湖奎屯诺尔湖 1 处省级湿地公园，除贵德黄河湿地公园和西宁湟水湿地公园分别于 2016 年和 2018 年通过试点验收外，其余 17 处国家湿地公园均为试点。批建总面积为 3 255.9 km^2，占全省国土面积的 0.47%，详见表 6-13。

表 6-13　青海省湿地公园名录（截至 2018 年 2 月）

编号	名称	保护对象	所属流域	所在行政区	级别	设立时间	面积/km^2
1	贵德黄河	河流	黄河上游	贵德	国家级	2012	45.20
2	西宁湟水	河流	黄河、湟水	西宁	国家级	2013	5.10
3	河南洮河源	河流	黄河、洮河	河南	国家级（试点）	2013	383.90
4	都兰阿拉克湖	湖泊	内陆、柴达木河	都兰	国家级（试点）	2014	168.00
5	德令哈尕海	湖泊	内陆、尕海	德令哈	国家级（试点）	2014	112.30
6	玛多冬格措纳湖	湖泊	内陆、柴达木河	玛多	国家级（试点）	2014	482.30
7	祁连黑河源	河流	内陆、黑河	祁连	国家级（试点）	2014	639.40
8	乌兰都兰湖	湖泊	内陆、都兰河	乌兰	国家级（试点）	2014	66.90
9	玉树巴塘河	河流	长江、巴塘河	玉树	国家级（试点）	2014	123.50
10	天峻布哈河	河流	内陆、青海湖	天峻	国家级（试点）	2014	71.30
11	互助南门峡	水库	黄河、湟水	互助	国家级（试点）	2014	12.20
12	班玛玛可河	河流	长江、大渡河	班玛	国家级（试点）	2015	16.10
13	乐都大地湾	河流	黄河、湟水	乐都	国家级（试点）	2015	6.10
14	曲麻莱德曲源	河流	长江、德曲	曲麻莱	国家级（试点）	2015	186.50
15	泽库泽曲	河流	黄河、泽曲	泽库	国家级（试点）	2015	723.00
16	贵南茫曲	河流	黄河、茫曲	贵南	国家级（试点）	2016	48.30
17	刚察沙柳河	河流	内陆、青海湖	刚察	国家级（试点）	2016	29.80
18	甘德班玛仁拓	河流	黄河上游	甘德	国家级（试点）	2016	44.30

编号	名称	保护对象	所属流域	所在行政区	级别	设立时间	面积/km²
19	达日黄河	河流	黄河、达日河	达日	国家级（试点）	2016	86.70
20	冷湖奎屯诺尔湖	湖泊	内陆、奎屯诺尔湖	茫崖	省级	2018	5.00

湿地公园的建设具有自然观光、旅游、娱乐、科研和教育等方面的功能，且已在保护水禽栖息地和恢复区域生物多样性、促进湿地文化的提升和传播、提供高品位的生态休闲旅游场所、提高社区居民生活质量方面发挥了作用。

3．管理要求

《国家湿地公园管理办法》规定国家湿地公园应划定湿地保育区。根据自然条件和管理需要实行分区管理，划分为恢复重建区、宣教展示区、合理利用区。湿地保育区除开展保护、监测等必需的保护管理活动外，不得进行任何与湿地生态系统保护和管理无关的其他活动。恢复重建区仅能开展培育和恢复湿地的相关活动。宣教展示区可开展以生态展示、科普教育为主的活动。合理利用区可开展不损害湿地生态系统功能的生态旅游等活动。湿地保育区、恢复重建区的面积之和及其湿地面积之和应分别大于湿地公园总面积、湿地公园湿地总面积的60%。国家湿地公园的湿地面积原则上不低于 100 hm²，湿地率不低于 30%。国家湿地公园范围与自然保护区、森林公园不得重叠或者交叉。

禁止擅自征收、占用国家湿地公园的土地。除国家另有规定外，国家湿地公园内禁止下列行为：①开（围）垦、填埋或者排干湿地；②截断湿地水源；③挖沙、采矿；④倾倒有毒有害物质、废弃物、垃圾；⑤从事房地产、度假村、高尔夫球场、风力发电、光伏发电等任何不符合主体功能定位的建设项目和开发活动；⑥破坏野生动物栖息地和迁徙通道、鱼类洄游通道，滥采滥捕野生动植物；⑦引入外来物种；⑧擅自放牧、捕捞、取土、取水、排污、放生；⑨其他破坏湿地及其生态功能的活动。

湿地公园属于《青海省主体功能区规划》中的禁止开发区域。

九、重要湿地

1．湿地概念

2017 年颁布的《湿地保护管理规定》，所称湿地是指常年或者季节性积水地带、水域和低潮时水深不超过 6 m 的海域，包括沼泽湿地、湖泊湿地、河流湿地、滨海湿地等自然湿地，以及重点保护野生动物栖息地或者重点保护野生植物原生地等人工湿地。

2．国际重要湿地

全省被列入国际重要湿地名录的有 3 处：青海湖鸟岛国际重要湿地、扎陵湖国际重要湿地、鄂陵湖国际重要湿地，分别于 1992 年和 2005 年加入《关于特别是作为水禽栖息地的国际重要湿地公约》（又称《拉姆萨尔公约》），总面积为 1 672.80 km^2，占全省国土面积的 0.24%。近年来，通过采取湖泊湿地禁渔、湿地区域沙漠化防治、湿地植被恢复等多种措施保护湿地生态环境，生态得到明显改善，详见表 6-14。

表 6-14　青海省国际重要湿地名录（截至 2016 年 12 月）

编号	名称	所属流域	所属行政区	保护对象	设立时间	面积/km^2
1	青海湖鸟岛国际重要湿地	青海湖	刚察、海晏、共和	水禽鸟类、青海湖裸鲤	1992.07.31	536.00
2	扎陵湖国际重要湿地	黄河	玛多	野生动物、水禽鸟类、湿地生态系统	2005.02.02	526.10
3	鄂陵湖国际重要湿地	黄河	玛多	野生动物、水禽鸟类、湿地生态系统	2005.02.02	610.70

3．国家重要湿地

根据 2000 年发布的《中国湿地保护行动计划》，青海省共有 17 处湿地被列入中国重要湿地名录。包括冬给措纳湖湿地、扎陵湖湿地、鄂陵湖湿地、尕斯库勒湖湿地、哈拉湖湿地、库赛湖湿地、多尔改错湿地、卓乃湖湿地、可鲁克湖湿地、托素湖湿地、隆宝滩湿地、岗纳格玛错湿地、玛多湖湿地、依然错湿地（尼日阿错改区域）、茶卡盐湖湿地、青海湖湿地、柴达木盆地中的湿地（由南霍布逊、北霍布逊、东台吉乃尔、西台吉乃尔、涩聂湖，达布逊湖、察尔汗盐湖 7个湖泊组成）。全省国家重要湿地总面积为 21 985 km²，占全省国土面积的3.16%。这些湿地涉及长江、黄河源区，祁连山地区，也包括可可西里地区、柴达木盆地和青海湖盆地，这些湿地极具代表性和典型性，是青海省湿地资源分布的精华，详见表6-15。

表 6-15   国家重要湿地名录（截至 2016 年 12 月）

编号	名称	类型	面积/km²	位置	主要保护对象	所在流域
1	冬给措纳湖	永久性淡水湖	396.00	玛多	水禽鸟类、湿地生态系统	内陆、柴达木河
2	扎陵湖	永久性淡水湖	1 044.00	曲麻莱、玛多	裂腹鱼类、水禽鸟类、湿地生态系统	黄河、源区
3	鄂陵湖	永久性淡水湖	1 273.00	玛多	裂腹鱼类、水禽鸟类、湿地生态系统	黄河、源区
4	尕斯库勒湖	永久性咸水湖	1 373.00	茫崖	水禽鸟类、湿地生态系统	内陆、尕斯库勒湖
5	哈拉湖	永久性淡水湖	1 253.00	德令哈、天峻	藏野驴、野牦牛等野生动物、水禽鸟类、湿地生态系统	内陆、哈拉湖
6	库赛湖	永久性咸水湖	1 259.00	治多	藏羚羊等野生动物、水禽鸟类、湿地生态系统	内陆、库赛湖
7	卓乃湖	永久性咸水湖	1 182.00	治多	藏羚羊等野生动物、水禽鸟类、湿地生态系统	内陆、卓乃湖
8	多尔改错	永久性淡水湖	792.00	治多	藏羚羊等野生动物、水禽鸟类、湿地生态系统	长江、楚玛尔河
9	可鲁克湖	永久性淡水湖	302.00	德令哈	鱼类、水禽鸟类、湿地生态系统	内陆、巴音河
10	托素湖	永久性咸水湖	690.00	德令哈	水禽鸟类、湿地生态系统	内陆、巴音河

编号	名称	类型	面积/km²	位置	主要保护对象	所在流域
11	隆宝滩	沼泽化草甸	100.00	玉树	水禽鸟类、湿地生态系统	长江、登额曲
12	岗纳格玛错	永久性淡水湖	254.00	玛多	水禽鸟类、湿地生态系统	黄河、源区
13	玛多湖	永久性淡水湖	797.00	玛多	水禽鸟类、湿地生态系统	黄河、阿涌哇玛措、阿涌尕玛措、阿涌贡玛措、龙热措
14	柴达木盆地中的湿地	沼泽化草甸	1 411.00	格尔木、大柴旦、都兰、茫崖	水禽鸟类、湖泊	内陆、由南霍布逊、北霍布逊、东台吉乃尔、西台吉乃尔、涩聂湖、达布逊湖、察尔汗盐湖 7 个盐湖组成
15	依然错湿地（尼日阿改错）	永久性淡水湖	4 956.00	杂多	沼泽、湖泊	长江、当曲
16	茶卡盐湖	永久性咸水湖	311.00	乌兰、共和	沼泽、湖泊	内陆、茶卡
17	青海湖	永久性咸水湖	4 592.00	海晏、共和、刚察	水禽鸟类、青海湖裸鲤	内陆、青海湖

4．管理要求

《湿地保护修复制度方案》要求建立湿地分级体系。根据生态区位、生态系统功能和生物多样性，将全国湿地划分为国家重要湿地（含国际重要湿地）、地方重要湿地和一般湿地，列入不同级别湿地名录，定期更新。《湿地保护管理规定》湿地按照其生态区位、生态系统功能和生物多样性等重要程度，分为国家重要湿地、地方重要湿地和一般湿地。符合国际湿地公约国际重要湿地标准的，可以申请指定为国际重要湿地。

《湿地保护管理规定》要求除法律法规有特别规定的以外，在湿地内禁止从事下列活动：①开（围）垦、填埋或者排干湿地；②永久性截断湿地水源；③挖沙、采矿；④倾倒有毒有害物质、废弃物、垃圾；⑤破坏野生动物栖息地和迁徙通道、鱼类洄游通道，滥采滥捕野生动植物；⑥引进外来物种；⑦擅自放牧、捕捞、取土、取水、排污、放生；⑧其他破坏湿地及其生态功能的活动。

国家重要湿地和国际重要湿地属于《青海省主体功能区规划》中的禁止开发区域。

十、水产种质资源保护区

1．水产种质资源保护区概念

2011年农业部颁布了《水产种质资源保护区管理暂行办法》，其中所称水产种质资源保护区是指为保护水产种质资源及其生存环境，在具有较高经济价值和遗传育种价值的水产种质资源的主要生长繁育区域，依法划定并予以特殊保护和管理的水域、滩涂及其毗邻的岛礁、陆域。《渔业法》第二十九条规定，国家保护水产种质资源及其生存环境，并在具有较高经济价值和遗传育种价值的水产种质资源的主要生长繁育区域建立水产种质资源保护区。

2．数量与面积

根据《渔业法》《中国水生生物资源养护行动纲要》《青海省人民政府关于贯彻实施〈中国水生生物资源养护行动纲要〉的意见》要求，经农业部批准，2007年，在青海湖、黄河上游（河南县境内）设立了青海湖裸鲤、黄河上游特有鱼类第一批国家级水产种质资源保护区。截至2016年12月，全省在青海湖、黑河、格尔木河、长江流域（玛柯河、长江源沱沱河、楚玛尔河、玉树州烟瘴挂峡）、黄河流域（黄河上游、扎陵湖—鄂陵湖、黄河尖扎段、黄河贵德段、黄河格曲河、大通河、西门措）共建立了14处水产种质资源保护区，其中长江流域4处，黄河流域7处，青海湖、黑河、格尔木河内陆河流域各1处，全部为国家级。其中黄河上游特有鱼类水产种质资源保护区由青海、甘肃、四川三省共同设立。全省水产种质资源保护区批建总面积为52 414.20 km^2，占全省国土面积的7.52%，详见表6-16。

表 6-16　青海省国家级水产种质资源保护区名录（截至 2016 年 12 月）

编号	名称	所在流域	所在行政区	面积/km²	建立时间	主要保护对象
1	青海湖裸鲤	内陆、青海湖	共和、刚察、海晏	33 933.00	2007 年	青海湖裸鲤、甘子河裸鲤、硬刺条鳅、斯氏条鳅、背斑条鳅、隆头条鳅
2	黄河上游特有鱼类（河南段）	黄河	河南	15.80	2007 年	极边扁咽齿鱼、骨唇黄河鱼和黄河裸裂尻鱼的产卵场、越冬场和索饵场
3	扎陵湖鄂陵湖花斑裸鲤极边扁咽齿鱼	黄河	玛多	1 142.00	2008 年	花斑裸鲤、极边扁咽齿鱼、骨唇黄河鱼、黄河裸裂尻鱼、厚唇重唇鱼、拟鲶条鳅、硬刺条鳅和背斑条鳅
4	玛柯河重口裂腹鱼	长江	班玛	5.40	2008 年	重口裂鳆鱼、齐口裂鳆鱼、川陕哲罗鲑、大渡裸裂尻、黄石爬鮡
5	黄河尖扎段特有鱼类	黄河	尖扎	97.30	2009 年	黄河裸裂尻鱼、拟鲶高原鳅、骨唇黄河鱼、厚唇重唇鱼、花斑裸鲤、极边扁咽齿鱼、黄河雅罗鱼
6	黄河贵德段特有鱼类	黄河	贵德	11.50	2010 年	极边扁咽齿鱼、花斑裸鲤、厚唇裸重唇鱼、骨唇黄河鱼、黄河裸裂尻鱼、拟鲶高原鳅
7	黄河格曲河特有鱼类	黄河	玛沁	10.50	2011 年	极边扁咽齿鱼、骨唇黄河鱼、黄河裸裂尻鱼、拟鲶高原鳅产卵场和幼鱼的索饵场
8	长江源区沱沱河特有鱼类	长江	格尔木（唐古拉山镇）	40.30	2011 年	长丝裂腹鱼、裸腹叶须鱼、小头裸裂尻鱼、软刺裸裂尻鱼
9	楚玛尔河特有鱼类	长江	曲麻莱	26.50	2012 年	长丝裂腹鱼、裸腹叶须鱼
10	大通河特有鱼类	黄河	门源、刚察、祁连	7 093.90	2012 年	拟鲶高原鳅、厚唇裸重唇鱼、花斑裸鲤、黄河裸裂尻鱼
11	黑河特有鱼类	内陆黑河	祁连	10 000.00	2012 年	东方高原鳅、黄河裸裂尻鱼、长身高原鳅、修长高原鳅

编号	名称	所在流域	所在行政区	面积/km²	建立时间	主要保护对象
12	西门措特有鱼类	黄河	久治	10.60	2013 年	拟鲶高原鳅、斜口裸鲤、厚唇裸重唇鱼、极边扁咽齿鱼、花斑裸鲤、骨唇黄河鱼
13	格尔木河特有鱼类	内陆、格尔木河	格尔木	5.60	2013 年	裂腹鱼类和高原鳅
14	玉树州烟瘴挂峡特有鱼类	长江	治多	21.80	2016 年	长丝裂腹鱼、裸腹叶须鱼、小头高原鱼

通过划建水产种质资源保护区，保护了川陕哲罗鲑、青海湖裸鲤等国家重点、省重点和青藏高原特有的鱼类，以及渔业资源及其产卵场、索饵场、越冬场、洄游通道等关键栖息场所，初步构建了覆盖长江源区、黄河源区、黑河源区、格尔木河水系、青海湖水系等主要江河湖泊的水产种质资源保护区网络，对缓解渔业资源衰退和水域生态恶化趋势发挥了重要作用。结合封湖育鱼、长江禁渔、黄河禁渔、渔政执法、原种保存、修建过鱼设施、设立鱼类救护中心、建设增殖放流站、实施人工增殖放流等一系列措施，天然渔业资源特别是水产种质资源保护区的渔业资源得到了有效保护。截至 2018 年年底，青海湖裸鲤资源蕴藏量达到 8.8 万 t，比上年的 8.12 万 t 增加了 0.68 万 t，增长了 8.4%，青海湖裸鲤资源的蕴藏量比 2002年的 2 592 t 增长了 34 倍。青海黄河上游特有鱼类、大通河特有鱼类、黄河贵德段特有鱼类、玛柯河重口裂腹鱼等水产种质资源保护区均开展了鱼类增殖放流。

3. 管理要求

《水产种质资源保护区管理暂行办法》规定，水产种质资源保护区分为国家级水产种质资源保护区和省级水产种质资源保护区。根据保护对象资源状况、自然环境及保护需要，水产种质资源保护区可以划分为核心区和实验区。

特别保护期内不得从事捕捞、爆破作业以及其他可能对保护区内生物资源和生态环境造成损害的活动。在水产种质资源保护区内从事修建水利工程、疏浚航道、建闸筑坝、勘探和开采矿产资源、港口建设等工程建设的，或者在水产种质资源保护区外从事可能损害保护区功能的工程建设活动的，应当按照国家有关规定编制建设项目对水产种质资源保护区的影响专题论证报告，并将其纳入环境影响评价报告书。单位和个人在水产种质资源保护区内从事水生生物资源调查、科学研究、教学实习、参观游览、影视拍摄等活动，应当遵守有关法律法规和保护区管理制度，不得损害水产种质资源及其生存环境。禁止在水产种质资源保护区内从事围湖造田、围海造地或围填海工程。禁止在水产种质资源保护区内新建排污口。在水产种质资源保护区附近新建、改建、扩建排污口，应当保证保护区水体不受污染。

十一、沙化土地封禁保护区

1. 沙化土地封禁保护区概念

2015 年国家林业局颁布了《国家沙化土地封禁保护区管理办法》，规定对于不具备治理条件的以及因保护生态需要不宜开发利用的连片沙化土地，由国家林业局根据全国防沙治沙规划确定的范围，按照生态区位的重要程度、沙化危害状况和国家财力支持情况等分批划定为国家沙化土地封禁保护区。《防沙治沙法》规定，土地沙化是因气候变化和人类不合理活动所导致的天然沙漠扩张和沙质土壤上植被破坏、水土裸露的过程。本法所称"土地沙化"是指主要因人类不合理活动所导致的天然沙漠扩张和沙质土壤上植被及覆盖物被破坏，形成流沙及沙土裸露的过程。沙化土地包括已经沙化的土地和具有明显沙化趋势的土地。具体范围由国务院批准的《全国防沙治沙规划（2011—2020 年）》确定。其第十二条规定，在规划期内不具备治理条件的以及因保护生态的需要不宜开发利用的连片沙化土地，应当规划为沙化土地封禁保护区，实行封禁保护。

2. 数量与面积

经原国家林业局批准，都兰县夏日哈、乌兰县卜浪沟、茫崖行委、贵南县木格滩、大柴旦行委、格尔木市乌图美仁、海晏县、共和县塔拉滩、贵南县鲁仓、冷湖行委、乌兰县灶火、玛沁县昌麻河 12 处沙化土地划定为国家沙化土地封禁保护区。总面积为 5 818.30 km²，占全省国土面积的 0.80%，详见表 6-17。

表 6-17　青海省国家沙化土地封禁保护区名录（2017 年 12 月）

编号	名称	所在行政区	划定时间	面积/km²	编号	名称	所在行政区	划定时间	面积/km²
1	都兰县夏日哈	都兰	2016.12	101.00	7	共和塔拉滩	共和	2016.12	957.00
2	乌兰县卜浪沟	乌兰	2016.12	117.30	8	海晏县	海晏	2016.12	173.00
3	海西州茫崖行委	茫崖	2016.12	371.50	9	贵南县鲁仓	贵南	2018.04	121.20
4	贵南县木格滩	贵南县	2016.12	129.10	10	冷湖行委	茫崖	2018.04	104.20
5	大柴旦行委	大柴旦	2016.12	3 103.70	11	乌兰县灶火	乌兰	2019.01	107.40
6	格尔木市乌图美仁	格尔木	2016.12	431.00	12	玛沁县昌麻河	玛沁	2019.01	101.90

我国北方 10 个重点省区沙土面积占全国沙化土地总面积的 95% 以上，形成了一条西起塔里木盆地，东至松嫩平原西部的万里沙带，这些地区沙化问题严重，生态十分脆弱，影响着我国北方半壁江山的生态安全，依然是推进生态文明建设、构筑生态安全屏障的难点。封禁保护是防沙治沙的一项重要措施，一种自然恢复手段，主要是对暂不具备治理条件及因保护生态的需要不宜开发利用的连片沙化土地，通过划定封禁保护区、加强封禁设施建设等措施实施封禁保护，遏制沙化扩展，自然恢复荒漠生态系统。通过封禁保护，沙区植被覆盖率有所提高，风蚀率明显减少。

3. 管理要求

《国家沙化土地封禁保护区管理办法》规定除国家另有规定外，在国家沙化土地封禁保护区范围内禁止下列行为：①禁止砍伐、樵采、开垦、放牧、采药、狩猎、勘探、开矿和滥用水资源等一切破坏植被的活动；②禁止在国家沙化土地封禁保护区范围内安置移民；③未经批准，禁止在国家沙化土地封禁保护区范围内进行修建铁路、公路等建设活动。确需在国家沙化土地封禁保护区范围内进行修建铁路、公路等建设活动的，应当按照"在沙化土地封禁保护区范围内进行修建铁路、公路等建设活动审核"的行政许可要求，报国家林业局行政许可。

十二、沙漠公园

1．沙漠公园概念

2017 年国家林业局颁布了《国家沙漠公园管理办法》，所称沙漠公园是以荒漠景观为主体，以保护荒漠生态系统和生态功能为核心，合理利用自然与人文景观资源，开展生态保护及植被恢复、科研监测、宣传教育、生态旅游等活动的特定区域。2013 年，国家林业局等 7 个部门发布的《全国防沙治沙规划（2011—2020 年）》提出"有条件的地方建设沙漠公园，发展沙漠景观旅游"。

2．数量与面积

自 2014 年开始建立第一批沙漠公园以来，截至 2017 年 12 月，全省在海晏克土、曲麻莱通天河、乌兰泉水湾、泽库和日、茫崖千佛崖、都兰铁奎、乌兰金子海、贵南黄沙头、格尔木托拉海、贵南鲁仓、冷湖雅丹、玛沁优云区域共建立 12 处国家沙漠公园，批建总面积为 222.90 km²，占全省国土面积的 0.03%，详见表 6-18。

表 6-18　青海省沙漠公园名录（截至 2017 年 12 月）

编号	名称	所在行政区	级别	设立时间	面积/km²	编号	名称	所在行政区	级别	设立时间	面积/km²
1	海晏克土	海晏	国家级（试点）	2015	3.00	7	乌兰金子海	乌兰	国家级（试点）	2014	35.90
2	曲麻莱通天河	曲麻莱	国家级（试点）	2015	2.90	8	贵南黄沙头	贵南	国家级（试点）	2014	16.50
3	乌兰泉水湾	乌兰	国家级（试点）	2015	4.50	9	贵南鲁仓	贵南	国家级（试点）	2017	2.80
4	泽库和日	泽库	国家级（试点）	2015	2.90	10	冷湖雅丹	冷湖	国家级（试点）	2017	3.00
5	茫崖千佛崖	茫崖	国家级（试点）	2014	9.50	11	格尔木托拉海	格尔木	国家级（试点）	2017	2.90
6	都兰铁奎	都兰	国家级（试点）	2014	136	12	玛沁优云	玛沁	国家级（试点）	2017	3

国家沙漠公园是防沙治沙事业的重要组成部分，是一项具有保护生态、改善民生、促进发展的重要举措，对创新治沙新模式、推动各地开展防沙治沙、维护区域生态功能、促进区域社会经济可持续发展具有积极意义。

3. 管理要求

《国家沙漠公园管理办法》规定了国家沙漠公园在地域上不得与国家已批准设立的其他保护区域交叉重叠。国家沙漠公园建设要合理进行功能分区，发挥保护、科研、宣教和游憩等生态公益功能。功能分区主要包括生态保育区、宣教展示区、沙漠体验区、管理服务区。①生态保育区应当实行最严格的生态保护和管理，最大限度减少对生态环境的破坏和消极影响。生态保育区可利用现有人员和技术手段开展沙漠公园的植被保护工作，建立必要的保护设施，提高管理水平，巩固建设成果。对具有植被恢复条件和可能发生植被退化的区域，可采取以生物措施为主的综合治理措施，持续提高沙漠公园的生态功能。生态保育区面积原则上应不小于国家沙漠公园总面积的 60%。②宣教展示区主要开展与荒漠生态系统相关的科普宣教和自然人文景观的展示活动。可修建必要的基础设施，如道路、展示牌及科普教育设施等。③沙漠体验区可在不损害荒漠生态系统功能的前提下开展生态旅游、文化、体育等活动，建设必要的旅游景点和配套设施。沙漠体验区面积原则上不超过国家沙漠公园总面积的 20%。④管理服务区主要开展管理、接待和服务等活动，可进行必要的基础设施建设，完善服务功能，提高服务水平。管理服务区面积应不超过国家沙漠公园总面积的 5%。

除国家另有规定外，在国家沙漠公园范围内禁止下列行为：①开展房地产、高尔夫球场、大型楼堂馆所、工业开发、农业开发等建设项目；②直接排放或者堆放未经处理或者超标准的生活污水、废水、废渣、废物及其他污染物；③其他破坏或者有损荒漠生态系统功能的活动。

十三、水利风景区

1. 水利风景区概念

2004年水利部颁布了《水利风景区管理办法》，所称水利风景区是指以水域（水体）或水利工程为依托，具有一定规模和质量的风景资源与环境条件，可以开展观光、娱乐、休闲、度假或科学、文化、教育活动的区域。水利风景资源是指水域（水体）及相关联的岸地、岛屿、林草、建筑等可以对人产生吸引力的自然景观和人文景观。水利风景区以培育生态，优化环境，保护资源，实现人与自然的和谐相处为目标，强调社会效益、环境效益和经济效益的有机统一。

2. 数量与面积

青海境内分布众多的河流湖泊、雪山冰川、草原湿地等自然景观，水利事业的发展又造就了一批水利工程、水土保持型水利人文景观，这些充裕的水利风景资源为全省建设水利风景区提供了广阔的发展前景。2005年，经水利部批准，在互助南门峡、西宁长岭沟设立了第一批水利风景区。截至2016年12月，全省共设立了17处水利风景区，包括13处国家级水利风景区（互助南门峡、西宁市长岭沟、黄南州黄河走廊、青海孟达天池、大通黑泉水库、互助北山、久治年保玉则、民和三川黄河、玛多黄河源、海西州巴音河、囊谦澜沧江、乌兰金子海、玉树州通天河）和4处省级水利风景区（乌兰都兰河、湟中莲花湖、杂多澜沧江源、班玛玛柯河），包括水库型、湿地型、自然河湖型、城市河湖型、水土保持型、灌区型6大类型，形成了涵盖全省重要江河湖库、水土流失治理区的水利风景区群落。全省水利风景区批建总面积为31 504.03 km^2，占全省国土面积的4.52%，详见表6-19。

表 6-19　青海省水利风景区名录（截至 2016 年 12 月）

编号	名称	所属流域	所在行政区	设立时间	级别	类型	面积/km²
1	互助南门峡	黄河	互助	2005	国家级	水库型	9.00
2	西宁市长岭沟	黄河	西宁	2005	国家级	水土保持型	1.15
3	黄南州黄河走廊	黄河	同仁、尖扎、泽库、河南	2007	国家级	兼有自然河湖型、水库型的综合类型	18 800.00
4	循化孟达天池	黄河	循化	2008	国家级	自然河湖型	172.90
5	大通黑泉水库	黄河	大通	2008	国家级	水库型	150.40
6	互助北山	黄河	互助	2009	国家级	自然河湖型	1 127.00
7	久治年保玉则	黄河、长江	久治	2010	国家级	自然河湖型	2 338.00
8	民和三川黄河	黄河	民和	2010	国家级	自然河湖型	205.00
9	玛多黄河源	黄河	玛多	2011	国家级	湿地型	4 547.00
10	海西州巴音河	内陆河、巴音河	德令哈	2013	国家级	兼有自然河湖型、灌区型、水库型、城市河湖型、湿地型和水土保持型的综合类型	397.00
11	囊谦澜沧江	澜沧江	囊谦	2013	国家级	自然河湖型	380.00
12	乌兰金子海	内陆湖泊	乌兰	2013	国家级	自然河湖型	163.00
13	玉树州通天河	长江	玉树、治多、称多、曲麻莱	2016	国家级	自然河湖型	1 731.30
14	乌兰都兰河	内陆河	乌兰	2014	省级	兼有自然河湖、水库、灌区、湿地	188.40
15	湟中莲花湖	黄河	湟中	2016	省级	水库型	15.08
16	杂多澜沧江源	澜沧江	杂多	2016	省级	自然河湖型	78.80
17	班玛玛柯河	长江	班玛	2016	省级	自然河湖型	1 200.00

随着时代的发展和社会的进步，水利工程的文化内涵、价值功能已发生了重要变化，水利工程除了发挥治国兴邦、兴利除害等以生存和发展为主体功能的作用外，已向物质、精神、文化等多个层面的功能演变。水利风景区建设突出人水和谐理念，既满足了人类对水的合理需求，也满足了维护河湖健康的基本需求，在注重水利设施建设的同时，注意河湖自然景观的恢复和利用，满足人民群众日益增长的美好生活需要。水利风景区在维护工程安全、涵养水源、保护生态、改

善人居环境、拉动区域经济发展诸多方面都发挥了重要作用，已成为全省展示水生态文明建设成就、发展地方特色旅游事业的窗口和名片。

3．管理要求

《水利风景区管理办法》规定水利风景区划分为两级，即国家级和省级水利风景区。在水利风景区内从事下列活动，应当经水利风景区管理机构同意，并报有关行政主管部门批准：①养殖及各种水上活动；②采集标本或野生药材；③设置、张贴标语或广告；④各种商业经营活动；⑤其他可能影响生态或景观的活动。水利风景区内禁止各种污染环境、造成水土流失、破坏生态的行为，禁止存放或倾倒易燃、易爆、有毒、有害物品。

十四、饮用水水源保护区

1．饮用水水源保护区概念

《青海省饮用水水源保护条例》规定本省实行饮用水水源保护区制度。饮用水水源保护区是指为了保护集中供水的地表、地下水源安全而划定的加以特殊保护、防止污染和破坏的水域及相关陆域。《中华人民共和国水法》（2016 年修正）第三十三条规定国家建立饮用水水源保护区制度。省、自治区、直辖市人民政府应当划定饮用水水源保护区，并采取措施，防止水源枯竭和水体污染，保证城乡居民饮用水安全。《中华人民共和国水污染防治法》（2017 年修正）第六十三条规定国家建立饮用水水源保护区制度。

2．数量与面积

全省县级以上集中式饮用水水源保护区为 54 个，批建面积为 828.39 km^2，占全省国土面积的 0.12%。其中，在 2016 年水利部发布的《全国重要饮用水水源地名录（2016 年）》中，包括了黑泉水库水源地、北川石家庄水源地、北川塔尔水源地、湟中县西纳川丹麻寺水源地、海东市互助县南门峡水源地、德令哈市城市供水水源地、格尔木市格尔木河冲洪积扇水源地 7 个水源地。

饮用水安全事关人民群众身体健康，事关社会的繁荣稳定，也是一个地区发展水平和质量的重要标志。做好饮用水水源保护，防止水污染，对于保障人民群众饮水安全和经济发展、社会稳定具有极其重要的意义。

3．管理要求

《中华人民共和国水污染防治法》《青海省饮用水水源保护条例》规定饮用水水源保护区分为一级保护区和二级保护区；必要时，可以在饮用水水源保护区外围划定一定的区域作为准保护区。《青海省饮用水水源保护条例》规定了在饮用水水源准保护区内，禁止从事下列活动：①设置排污口；②新建、扩建严重污染水体的建设项目，改建增加排污量的建设项目；③设置存放可溶性剧毒废渣等污染物的场所；④进行可能严重影响饮用水水源水质的矿产勘查、开采等活动；⑤向水体排放含低放射性物质的废水、含热废水、含病原体污水；⑥法律、法规规定的其他可能污染饮用水水源的活动。在饮用水水源二级保护区内，除饮用水水源准保护区内禁止的行为外，还禁止下列行为：①新建、改建、扩建排放污染物的建设项目或者其他设施；②向水体倾倒生活垃圾；③贮存、堆放可能造成水体污染的固体废物和其他污染物；④从事淘金、采砂、采石、采矿活动；⑤新建、改建、扩建畜禽养殖场；⑥法律法规规定的其他可能污染饮用水水源的行为。在饮用水水源二级保护区内限制使用农药、化肥、含磷洗涤剂和从事网箱养殖、旅游等活动的，应当按照规定采取措施，防止污染饮用水水体。县级以上人民政府应当对饮用水水源二级保护区内已建成的排放污染物的建设项目，依法责令限期拆除或者关闭。饮用水水源一级保护区实行封闭管理。在饮用水水源一级保护区内，除饮用水水源准保护区、二级保护区内禁止的行为外，还禁止下列行为：①新建、改建、扩建与供水设施和保护水源无关的建设项目；②放养畜禽、从事网箱养殖活动；③使用农药、化肥、含磷洗涤剂；④从事旅游、游泳、垂钓和其他可能污染饮用水水体的活动。县级以上人民政府应当对饮用水水源一级保护区内已建成的与供水设施和保护水源无关的建设项目，依法责令限期拆除或者关闭。县级以上人民政府应当对饮用水水源保护区内已建的固体废物和其他污染物堆放场所，依法责令限期拆除或者关闭。《中华人民共和国水法》规定禁止在饮用水水源保护区内设置排污口。

第七章　生态功能评估

《中共中央办公厅　国务院办公厅关于划定并严守生态保护红线的若干意见》要求，识别生态功能重要区域和生态环境敏感脆弱区域的空间分布，将上述两类区域进行空间叠加，划入生态保护红线。《中共中央办公厅　国务院办公厅关于在国土空间规划中统筹划定落实三条控制线的指导意见》指出，按照生态功能划定生态保护红线。生态保护红线是指在生态空间范围内具有特殊重要生态功能、必须强制性严格保护的区域。优先将具有重要水源涵养、生物多样性维护、水土保持、防风固沙、海岸防护等功能的生态功能极重要区域，以及生态极敏感脆弱的水土流失、沙漠化、石漠化、海岸侵蚀等区域划入生态保护红线。其他经评估目前虽然不能确定但具有潜在重要生态价值的区域也划入生态保护红线。

按照生态功能划定生态保护红线的要求，在青海省国土空间范围内，采用数学模型法进行定量评估，分析全省生态功能重要区域和生态环境敏感区域，结合省情研判评估结果与实际生态状况的相符性，将生态功能极重要区域和生态环境极敏感区域在空间上进行叠加合并，划入生态保护红线。

一、生态功能重要性评估

生态系统服务功能是指生态系统及其生态过程所形成的有利于人类生存与发展的生态环境条件与效用。生态系统服务功能评估的目的是明确生态系统服务功能类型、空间分布与重要性格局及其对国家和区域生态安全的作用。《全国主体功能区规划》将国家重点生态功能区分为水源涵养、水土保持、防风固沙和生物多样性维护4种类型。《全国生态功能区划》将全国生态系统服务功能分为生态调节功能、产品提供功能与人居保障功能3种类型，其中，生态调节功能主要包括水源涵养、生物多样性保护、水土保持、防风固沙、洪水调蓄等维持生态平衡、保障全国和区域生态安全等方面的功能。按照主体功能区规划和生态功能区划确定的青海省主导生态功能类型，对水源涵养、生物多样性维护、水土保持、防风固沙 4 种类型生态功能的重要性进行了评估。

1. 水源涵养功能重要性评估

水源涵养重要区是指我国河流与湖泊的主要水源补给区和源头区。水源涵养是生态系统（如森林、草地等）通过其特有的结构与水相互作用，对降水进行截留、渗透、蓄积，并通过蒸散发实现对水流、水循环的调控，主要表现在缓和地表径流、补充地下水、减缓河流流量的季节波动、滞洪补枯、保证水质等方面，从而为区域本身及下游其他区域经济社会发展提供服务。水源涵养包含大气、水分、植被和土壤等自然过程，其变化将直接影响区域气候水文、植被和土壤等状况，是区域生态系统状况的重要指示器。

水源涵养评估模型较多，主要有蓄水能力法和水量平衡法。从蓄水能力角度研究生态系统水源涵养量，主要包括植被冠层、枯落物层与土壤层的蓄水能力。蓄水能力法考虑了植被与土壤对降水的拦蓄作用，较为直观地表达了水源涵养能力，需要以大量的实地调查和实验数据为基础，适用于评价较小尺度生态系统水源涵养能力。水量平衡法从生态系统的水分输入和输出角度研究，估算生态系统水源涵养量，是以生态系统水量的输入和输出为着眼点，利用水量平衡方程来计算水源涵养量，降水量与蒸散量以及其他水分消耗的差即为水源涵养量。

本书以水源涵养量为生态系统水源涵养功能的评估指标。

（1）水量平衡方程

$$TQ = \sum_{i=1}^{j} \left(P_i - R_i - ET_i \right) \times A_i \times 10^3 \qquad (7\text{-}1)$$

式中：TQ ——总水源涵养量，m^3；

P_i ——降水量，mm；

R_i ——地表径流量，mm；

ET_i ——蒸散发，mm；

A_i ——i 类生态系统面积，km^2；

i ——研究区第 i 类生态系统类型；

j ——研究区生态系统类型数。

（2）数据来源

本书的评估数据信息详见表 7-1。

表 7-1　水源涵养功能重要性评估数据

数据类型	年份	空间分辨率/km	数据格式	数据来源
多年平均降水量	1961—2000	1	栅格	国家生态系统观测研究平台 http：//www.cnern.org.cn
多年平均蒸散量	1971—2000	1	栅格	国家生态系统观测研究平台 http：//www.cnern.org.cn
生态系统类型与面积	2010	0.03	矢量	青海省生态环境十年变化（2000—2010 年）遥感调查与评价成果

（3）评估结果

将水源涵养功能重要性评估结果划分 3 个等级，即水源涵养功能极重要区、重要区和一般重要区。青海省水源涵养功能极重要区主要位于三江源、祁连山地区的主要江河干支流源头区和补给区，涵盖了长江源区、黄河源区、澜沧江源区、黑河源区、疏勒河源区、石羊河源区，具体包括：①长江水系主要干支流源区，长江正源沱沱河、北源楚玛尔河、南源当曲，以及雅砻江、波陇曲、协日贡尼曲、吾果曲、莫曲、牙曲、北麓河、科欠曲（口前曲）、色吾曲、德曲、细曲、巴塘河、盖哈沟、雅砻江等一级支流和二级支流大渡河源区。②黄河水系主要干支流源头区，黄河正源约古宗列、北源扎曲、南源卡日曲，以及阿娜鄂里曲、多曲、勒那曲、热曲、东曲、白马曲、夏曲、吉迈河、章安河、久曲、哈曲、沙曲、夏营河、泽曲、切木曲、中铁沟、曲什安河、西河、隆务河、洮河等一级支流源区。③澜沧江水系扎阿曲、阿涌两个一级支流源区。④黑河水系主要有黑河发源地，以及一级支流八宝河、托勒河源区。⑤疏勒河水系主要有疏勒河发源地，以及一级支流党河源区。⑥石羊河一级支流西营河。⑦青海湖、扎陵湖、鄂陵湖、哈拉湖等重要湖泊湿地，以及可可西里高原湖泊群。⑧长江源区、黄河源区、澜沧江源区、祁连山地区的冰川与永久积雪。⑨集中连片的森林灌丛、沼泽湿地区域。

2．生物多样性维护功能重要性评估

生物多样性重要区是指国家重要保护动植物的集中分布区，以及典型生态系统分布区。生物多样性维护功能是生态系统在维持基因、物种、生态系统多样性方面发挥的作用，是生态系统提供的最主要功能之一。

生物多样性维护功能与珍稀濒危和特有动植物的分布丰富程度密切相关，主要以国家一级、二级重点保护物种和其他具有重要保护价值的物种（含旗舰物种）为生物多样性保护功能的评估指标。采用重点保护物种作为评估指标，需要全面系统掌握全省动植物多样性信息，特别是物种适宜性和特异性生境因子信息。通过分析每个重点物种分布点的环境信息和背景信息，应用物种分布模型量化物种对环境的依赖关系，预测任何一点某物种分布的概率，结合重点物种的实际分布范围，划定确保物种长期存活的关键区域，划入生态保护红线。重点保护物种资源和栖息地生境调查是一个长期积累的过程，目前仅对少数社会关注度高的物种的资源和栖息地做了详细的调查，还没有覆盖到全部的国家一级、二级保护物种。查阅了各地方志、动物志、植物志和自然保护区综合考察报告，物种分布信息也只能关联到县、乡镇、河流、山脉、海拔、气温、植被类型等一些大致活动范围；检索了青海省30余种濒危或重要保护动物物种的文献，栖息地、生境、位置分布信息也仅限于自然保护区或县域等大尺度信息。

本书基于科学性、代表性和实用性的原则，从物种丰富度、生态系统类型多样性、植被垂直层谱的完整性、物种特有性、外来物种入侵度5个指标，构建生物多样性综合评价指标。本书采用生物多样性历史调查成果数据（物种总数、特有物种总数、濒危物种总数、生态系统类型、植被垂直层谱），结合2010年青海省土地利用、覆被数据（LUCC因子，主要用于反映不同土地覆被类型对动物生境的适宜程度，按照受人类干扰的程度逆向赋值），构建了物种总数（Q_s）、特有物种总数（Q_{ss}）、濒危物种总数（Q_{es}）、生态系统类型（Q_{eco}）、植被垂直层谱（Q_{vv}）和土地利用（T_{lucc}）6个因子，并分别以不同的权重，以县域为单元，构建青海省生物多样性综合评价指标BD作为生物多样性维护功能评估方法。

（1）生物多样性综合评价方程

$$BD = \sum_{i=1}^{j} BI_i \times W_i \qquad (7\text{-}2)$$

式中：BD——生物多样性综合评价指标 BD 作为生物多样性维护功能评估方法。

　　　　BI_i——生物多样性参数，$i=1\sim6$，依次代表物种总数（Q_s）、特有物种总数（Q_{ss}）、濒危物种总数（Q_{es}）、生态系统类型（Q_{eco}）、植被垂直层谱（Q_{vv}）和土地利用（T_{lucc}）；

　　　　W_i——6 个因子的权重，依次为 0.1、0.5、0.1、0.1、0.1、0.1。

（2）数源来源

本书的评估数据采用的数据信息详见表 7-2。

表 7-2　生物多样性维护功能重要性评估数据

数据内容	年份	空间分辨率/km	数据格式	数据来源
物种总数	2008	县域	表格	青海省生物多样性调查与评价成果
特有物种总数	2008	县域	表格	青海省生物多样性调查与评价成果
濒危物种总数	2008	县域	表格	青海省生物多样性调查与评价成果
植被垂直层谱	2008	县域	表格	青海省生物多样性调查与评价成果
生态系统类型	2010	0.03	矢量	青海省生态环境十年变化（2000—2010 年）遥感调查与评价成果
土地利用类型	2010	1	栅格	国家生态系统观测研究平台 http://www.cnern.org.cn

（3）评估结果

将生物多样性维护功能重要性评估结果划分 3 个等级，即生物多样性维护功能极重要区、重要区和一般重要区。全省生物多样性维护功能极重要区域涵盖了可可西里自然保护区，三江源自然保护区的索加—曲麻河、昂赛、果宗木查、星星海、中铁—军工、白扎、麦秀等保护分区以及位于大渡河源区的玛可河、多可河保护分区，祁连山地区的油葫芦、黑河源、三河源、黄藏寺等保护分区，涵盖了藏羚羊、藏野驴、白唇鹿、金钱豹、雪豹、雉鹑、金雕、棕熊、猕猴、小熊猫、川陕哲罗鲑、青海湖裸鲤、梭梭、胡杨等国家、省重点保护物种、青海特有物种的主要栖息、繁衍区域，这些区域也是全省生物多样性保护的核心关键区域。

3．水土保持功能

水土保持是生态系统（如森林、草地等）通过其结构与过程减少由于水蚀所导致的土壤侵蚀的作用，是生态系统提供的重要调节服务之一。水土保持功能主要与气候、土壤、地形和植被有关。在生态系统中，植被、降水、土壤、地形等影响水土保持功能的重要因子，植被是土壤的保护层，一方面可以截留、阻挡降水，削弱降水动能，减轻对土壤的冲击；另一方面，其根系可以对土壤起到很好的稳固作用。降水等气候条件也是生态系统土壤保持服务实现的重要因素，如没有降水，生态系统的水土保持功能就只能是潜在的，因此，植被状况和气候条件对生态系统土壤保持功能的发挥意义较大。水土保持的概念是我国首先提出的，原是指对自然因素和人为活动造成的水土流失所采取的预防和治理措施，现已被国际社会普遍采用，并逐渐代替了原先的土壤保持概念。本书以水土保持量，即潜在土壤侵蚀量与实际土壤侵蚀量的差值，作为生态系统水土保持功能的评价指标。

（1）水土流失方程

$$A_c = A_p - A_r = R \times K \times L \times S(1 - C) \qquad （7\text{-}3）$$

式中：A_c——水土保持量，t /（hm²·a）；

A_p——潜在土壤侵蚀量，t /（hm²·a）；

A_r——实际土壤侵蚀量，t /（hm²·a）；

R——降水侵蚀力因子，MJ·mm /（hm²·a·h）；

K——土壤可蚀性因子，t·hm²·h /（hm²·MJ·mm）；

L、S——地形因子，L 表示坡长因子，S 表示坡度因子；

C——植被覆盖因子。

（2）数据来源与预处理

评估数据来源详见表 7-3。

表 7-3　水土保持功能重要性评估数据

数据内容	年份	空间分辨率/km	数据格式	数据来源
多年平均降水量	1961—2010	1	栅格	国家生态系统观测研究平台
多年平均蒸散量	1971—2010	1	栅格	国家生态系统观测研究网络科技资源服务系统
日降水量	1960—2015	—	表格	青海省气候中心
土壤质地	1980	1∶100 万	栅格	中国科学院资源环境科学数据中心 http://www.resdc.cn
土壤有机质	1990	1	栅格	中科院南京土壤所土壤科学数据库
数字高程		0.09	栅格	地理空间数据云
植被覆盖度	2010	0.25	栅格	青海省生态环境十年变化（2000—2010 年）遥感调查与评价成果

（3）评估结果

将水土保持功能重要性评估结果划分 3 个等级，即水土保持功能极重要区、重要区和一般重要区。全省水土保持功能极重要区主要分布在昆仑山、巴颜喀拉山、阿尼玛卿山和祁连山等。

4. 防风固沙功能

防风固沙是生态系统（如森林、草地等）通过其结构与过程减少由于风蚀所导致的土壤侵蚀的作用，是生态系统提供的重要调节服务之一。防风固沙功能主要与风速、降水、温度、土壤、地形和植被等因素密切相关。植被作为重要的自然资源，在生态系统中具有明显的防风固沙功能，可以通过根系固定表层土壤，改善土壤结构，减少土壤裸露的面积，提高土壤抗风蚀的能力；同时，还可以通过阻截等方式降低风速，从而削弱大风携带沙子的能力，减少风沙危害。有研究表明，植被覆盖度与土壤风蚀量为负相关关系，植被覆盖程度越差，表层土壤为强风提供沙尘的可能性和危险性就越大；大风持续时间越长，对土壤造成的侵蚀越强，对沙尘的搬运距离也越远。

本书采用修正风蚀方程来计算防风固沙量，即潜在风力侵蚀量与实际风力侵蚀量的差值，其中潜在风力侵蚀量（$S_{L潜}$）表示无植被、作物残茬覆盖（为风力侵蚀的阻力因子）的情况下，单位面积单位时间内因风力侵蚀造成的理论土壤损失量。在用无植被、作物（包括残茬）覆盖的前提下，单位面积上（通常用典型田块表示）的土壤理论最大转移量用 $Q_{\text{max}\text{潜}}$（kg/m）表示。

（1）修正风蚀方程

$$SR = S_{\text{L}\text{潜}} - S_{\text{L}}$$

$$S_{\text{L}} = \frac{2z}{S^2} Q_{\text{max}} \, e^{-\left(z/s\right)^2}$$

$$S = 150.71\,(WF \times EF \times SCF \times K' \times C)^{-0.3711}$$

$$Q_{\text{max}} = 109.8\,(WF \times EF \times SCF \times K' \times C)$$

$$S_{\text{L}\text{潜}} = \frac{2z}{S_{\text{潜}}^2} Q_{\text{max}\text{潜}} \, e^{-\left(z/s_{\text{潜}}\right)^2}$$

$$S_{\text{潜}} = 150.71\,(WF \times EF \times SCF \times K' \times C)^{-0.3711}$$

$$Q_{\text{max}\text{潜}} = 109.8\,(WF \times EF \times SCF \times K' \times C) \tag{7-4}$$

式中：SR ——固沙量，t/（km²·a）；

$S_{\text{L}\text{潜}}$ ——潜在风力侵蚀量，t/（km²·a）；

S_{L} ——实际风力侵蚀量，t/（km²·a）；

Q_{max} ——最大转移量，kg/m；

z ——最大风蚀出现距离，m；

WF ——气候因子，kg/m；

K' ——地表糙度因子；

EF ——土壤可蚀因子；

SCF ——土壤结皮因子；

C ——植被覆盖因子。

（2）**数据来源**

评估数据信息详见表 7-4。

表 7-4 防风固沙功能重要性评估数据

数据内容	时间分辨率	空间分辨率/km	数据格式	数据来源
多年平均风力	1961—2000 年	1	栅格	国家生态系统观测研究网络科技资源服务系统
多年平均降水量	1961—2010 年	1	栅格	国家生态系统观测研究平台
多年平均蒸散量	1971—2010 年	1	栅格	国家生态系统观测研究网络科技资源服务系统
月平均土壤湿度	—	—	—	国家地球系统科学数据中心
土壤质地	1980 年	1：100 万	栅格	中国科学院资源环境科学数据中心 http://www.resdc.cn
数字高程模型	—	0.09	栅格	地理空间数据云
净初级生产力	2010 年	0.25	栅格	青海省生态环境十年变化（2000—2010 年）遥感调查与评价成果
生态系统类型	2010 年	0.03	矢量	青海省生态环境十年变化（2000—2010 年）遥感调查与评价成果

（3）评估结果

防风固沙服务功能重要性评估结果划分为 3 个等级，即防风固沙服务功能极重要区、重要区和一般重要区。全省防风固沙功能极重要区域主要分布在南部的三江源地区、可可西里地区、唐古拉山北侧、巴颜喀拉山北部。

二、生态环境敏感性评估

生态环境敏感性是指生态系统对人类活动反应的敏感程度，用来反映产生生态失衡与生态环境问题的可能性大小。生态敏感区是指对外界干扰和环境变化敏感，易于发生生态退化的区域。生态脆弱区是指生态系统组成结构稳定性较差，抵抗外在干扰和维持自身稳定的能力较弱，易于发生生态退化且自我修复能力较弱、恢复时间较长的区域。生态敏感区和脆弱区既有联系又有区别，二者均强调对外界干扰的承受能力较弱，生态敏感区是指生态系统对外界干扰的响应迅速，生态脆弱区强调自然生态系统的内在属性（水、热、土壤等）不利于植被发育，一旦破坏难以恢复。生态脆弱区和生态敏感区的空间重叠性较大，且面临着共同的生态问题（土地沙化、水土流失、石漠化、盐渍化等）。

生态环境敏感性评价是指生态系统对区域中各种自然和人类活动干扰的敏感程度，它反映的是区域生态系统在遇到干扰时，发生生态环境问题的难易程度和可能性的大小，也就是在同样的干扰强度或外力作用下，各类生态系统出现区域生态环境问题的可能性的大小。

生态环境敏感性评价应明确区域内可能发生的主要生态环境问题类型与可能性大小。评价过程中应根据主要生态环境问题的形成机制，分析研究区生态环境敏感性的区域分异规律，明确特定生态环境问题可能发生的地区范围与可能程度。生态环境敏感性评价可以应用定性与定量相结合的方法进行，利用遥感数据、地理信息系统技术及空间模拟等先进的方法与技术手段绘制区域生态环境敏感性空间分布图。其中，每个生态环境问题的敏感性往往由许多因子综合影响而成，对每个因子赋值，最后得出总值，根据数值所在的范围将敏感性分为极敏感、敏感、一般敏感 3 个级别。

生态环境敏感性包括土地沙化、水土流失、石漠化、盐渍化敏感性。石漠化又称石质荒漠化，指在喀斯特脆弱生态环境下，由于社会经济不合理活动，植被破坏、水土流失，土地生产力衰退丧失，地表呈现类似荒漠景观的岩石逐渐裸露的演变过程，土地丧失农业利用价值和生态环境退化的现象，主要集中在云贵高原区域。盐渍化是指易溶性盐分在土壤表层积累的现象或过程，也称盐碱化，是目前世界农业面临的主要环境问题之一，在我国分布范围广、面积大、类型多，主要发生在干旱、半干旱和半湿润地区，青海土壤盐渍化不是由水灌地引起的。在本书中，对石漠化和盐渍化评估不做研究，仅对土地沙化敏感性和水土流失敏感性进行研究。

1. 土地沙化敏感性

沙漠化是土地荒漠化的一种，称为土地沙质荒漠化。土地沙漠化是指在干旱多风的沙质地表条件下，由于人为强度活动，破坏脆弱生态系统的平衡，造成地表出现以风沙活动为主要标志的土地退化。荒漠化的过程是土地退化的过程，其实质是土壤水分、养分与植物生长之间的自然平衡被打破，脆弱的生态系统失去了自我修复的能力，而向更低级的生态环境演化的过程。沙漠化主要受气候的干燥程度影响，表现在气候干燥，植物生长困难，地表植物覆盖度低，地表裸露，干燥的气候减慢了地表土壤的形成过程，使地表结构分散，易受风蚀，土壤风蚀沙漠化的能力与土壤水分含量成正比。土地沙漠化的形成主要发生在脆弱生态环境下（如戈壁、荒漠等干旱及半干旱地区），由于人为过度活动（如滥垦、樵采及过度放牧）或自然灾害（干旱、鼠害及虫害等）所造成的原生植被的破坏、衰退甚至丧失，从而引起沙质地表、沙丘等的活化，导致生物多样性减少、生物生产力下降、土地生产潜力衰退以及土地资源丧失的过程。

（1）土地沙化敏感性指数

参照原国家环保总局《生态功能区划暂行规程》，并参考中国生态区划研究，土地沙漠化敏感性评价选取干燥指数、起风沙天数、土壤质地、植被覆盖度 4 个指标进行沙漠化敏感性程度评价，评价模型为

$$D_i = \sqrt[4]{I_i \times W_i \times K_i \times C_i} \qquad (7\text{-}5)$$

式中：D_i——研究区域土地沙化敏感性指数；

I_i——干燥指数；

W_i——起风沙天数；

K_i——土壤质地；

C_i——植被覆盖。

（2）数据来源

评估数据来源详见表 7-5。

表 7-5　土地沙化敏感性评估数据

数据内容	时间分辨率	空间分辨率/km	数据格式	数据来源
气温	1961—2000 年	1	栅格	国家生态系统观测研究网络 科技资源服务系统
降水	1961—2000 年	1	栅格	国家生态系统观测研究网络 科技资源服务系统
风速	1961—2010 年			青海省气候中心
土壤质地	1980 年	1∶100 万	栅格	中国科学院资源环境科学数据中心 http://www.resdc.cn
植被覆盖度	2010 年	0.03	矢量	青海省生态环境十年变化（2000—2010 年） 遥感调查与评价成果

（3）评估结果

将土地沙化敏感性评估结果按敏感性划分为 3 个等级，即土地沙化极敏感区、敏感区和一般敏感区。全省土地沙化极敏感区主要分布在青海省西北部柴达木盆地边缘地区。

2．水土流失敏感性

水土流失敏感性评价是为了识别容易形成水土流失的区域，评价水土流失对人类活动的敏感程度。

（1）水土流失敏感性指数

根据土壤侵蚀发生的动力条件，水土流失类型主要有水力侵蚀和风力侵蚀。以风力侵蚀为主带来的水土流失敏感性已在土地沙化敏感性中进行评估，本节主要对水动力为主的水土流失敏感性进行评估。参照国家环保总局发布的《生态功能区划暂行规程》，根据通用水土流失方程的基本原理，选取降水侵蚀力、土壤可蚀性、坡度坡长和地表植被覆盖等指标，进行水土流失敏感性评价，评价模型为

$$SS_i = \sqrt[4]{R_i \times K_i \times L \times S_i \times C_i} \tag{7-6}$$

式中：SS_i——i 空间单元水土流失敏感性指数；

$\quad\quad R_i$——降水侵蚀力因子；

$\quad\quad K_i$——土壤可蚀性因子；

$\quad\quad L$、S_i——坡长、坡度；

$\quad\quad C_i$——地表植被覆盖因子。

（2）数据来源

评估数据来源详见表 7-6。

（3）评估结果

将水土流失敏感性评估结果按敏感性划分为 3 个等级，即水土流失极敏感区、敏感区和一般敏感区。全省水土流失极敏感区域主要位于青海省东部、东南部和西南部地区。

表 7-6　水土流失敏感性评估数据

数据内容	时间分辨率	空间分辨率/km	数据格式	数据来源
气温	1961—2010 年	1	栅格	国家生态系统观测研究平台
降水量	1961—2010 年	1	栅格	—
蒸散量	1971—2010 年	1	栅格	国家生态系统观测研究网络科技资源服务系统
土壤质地	1980 年	1：100 万	栅格	中国科学院资源环境科学数据中心 http://www.resdc.cn
数字高程模型		0.09	栅格	地理空间数据云
植被覆盖度	2010 年	0.25	栅格	青海省生态环境十年变化（2000—2010 年）遥感调查与评价成果

三、生态功能综合评估

经生态功能重要性和生态环境敏感性评估，青海的主导生态功能为水源涵养和生物多样性维护功能两种。其中，全省水源涵养功能极重要区域主要位于三江源、祁连山地区的主要江河干支流源头区和补给区，涵盖了长江源区、黄河源区、澜沧江源区、黑河源区、疏勒河源区、石羊河源区；青海湖、扎陵湖、鄂陵湖、哈拉湖，以及可可西里湖泊群；长江源区、黄河源区、澜沧江源区、祁连山地区的冰川与永久积雪。生物多样性维护功能性极重要区主要分布在可可西里自然保护区，三江源自然保护区的索加—曲麻河、昂赛、果宗木查、星星海、中铁—军工、白扎、麦秀等保护分区以及位于大渡河源区的玛可河、多可河保护分区，祁连山地区的油葫芦、黑河源、三河源、黄藏寺等保护分区，涵盖了藏羚羊、藏野驴、白唇鹿、金钱豹、雪豹、雉鹑、金雕、棕熊、猕猴、小熊猫、川陕哲罗鲑、青海湖裸鲤、梭梭、胡杨等国家及省重点保护物种、青海特有物种的主要栖息、繁衍区域，这些区域也是全省生物多样性保护的核心关键区域。土地沙化敏感区域主要集中在干旱少雨的柴达木地区。

第八章　生态保护红线划定

青海地处青藏高原，被誉为"三江之源""中华水塔"，生态地位重要而特殊。2016 年 8 月，习近平总书记在青海视察时强调，"青海最大的价值在生态、最大的责任在生态、最大的潜力也在生态"，指出了青海在国家发展全局中的战略地位、发展定位，高度凝练了青海经济社会发展和生态文明建设的基本理念、政治要求和实现路径。青海是我国重要生态安全屏障和主要生态产品输出供给地，各类自然保护地占全省国土面积的 41.4%左右；既是"三江之源"，也是哺育河西走廊的三大内陆河发源地，每年向下游输送近 620 亿 m^3 的江源活水；湿地总面积 81 436 km^2，居全国首位，是全球影响力最大的生态调节区。青海生态环境敏感而脆弱，维系着全国乃至亚洲水生态安全命脉，是亚洲乃至全球气候变化的重要启动区，独特的生物多样性具有全球意义，在维护国家生态安全、维系中华民族永续发展的战略全局中具有不可替代性。保护好三江源，保护好"中华水塔"，确保"一江清水向东流"，是青海义不容辞又容不得半点闪失的重大责任。青海拥有世界上最大面积的高寒湿地、高寒草原、灌丛森林等生态系统，水风光热资源丰沛，生态和资源优势突出；气候凉爽宜人，日平均最低、最高温度仅为–1℃和 15℃，是世界四大无公害超净区之一，气候和地理优势明显；联疆络藏、民族多样、文化多元、宗教发育，文化和区位优势独特。

《中共中央　国务院关于建立国土空间规划体系并监督实施的若干意见》指出，国土空间规划是国家空间发展的指南、可持续发展的空间蓝图，是各类开发保护建设活动的基本依据。建立国土空间规划体系并监督实施，将主体功能区规划、土地利用规划、城乡规划等空间规划融合为统一的国土空间规划，实现"多规合一"，强化国土空间规划对各专项规划的指导约束作用。要求全面落实党中央、国务院重大决策部署，体现国家意志和国家发展规划的战略性，自上而下编制各级国土空间规划，对空间发展做出战略性、系统性安排。落实国家安全战略、区域协调发展战略和主体功能区战略，明确空间发展目标，优化城镇化格局、农业生产格局、生态保护格局，确定空间发展策略，转变国土空间开发保护方式，提升国土空间开发保护质量和效率。坚持生态优先、绿色发展，尊重自然规律、经济规律、社会规律和城乡发展规律，因地制宜开展规划编制工作；坚持节约优先、保护优先、自然恢复为主的方针，在资源环境承载能力和国土空间开发适宜性评价的基础上，科学有序统筹布局生态、农业、城镇等功能空间，划定生态保护红线、永久基本农田、城镇开发边界等空间管控边界以及各类海域保护线，强化底线约束，为可持续发展预留空间。坚持山水林田湖草生命共同体理念，加强生态环境分区管治，量水而行，保护生态屏障，构建生态廊道和生态网络，推进生态系统保护和修复，依法开展环境影响评价。坚持陆海统筹、区域协调、城乡融合，优化国土空间结构和布局，统筹地上地下空间综合利用，着力完善交通、水利等基础设施和公共服务设施，延续历史文脉，加强风貌管控，突出地域特色。发挥国土空间规划体系在国土空间开发保护中的战略引领和刚性管控作用，统领各类空间利用，把每一寸土地都规划得清清楚楚。

《中华人民共和国土地管理法》规定国家建立国土空间规划体系。编制国土空间规划应当坚持生态优先，绿色、可持续发展，科学有序统筹安排生态、农业、城镇等功能空间，优化国土空间结构和布局，提升国土空间开发、保护的质量和效率。经依法批准的国土空间规划是各类开发、保护、建设活动的基本依据。已经编制国土空间规划的，不再编制土地利用总体规划和城乡规划。

《中共中央办公厅 国务院办公厅关于在国土空间规划中统筹划定落实三条控制线的指导意见》提出，在统筹划定落实生态保护红线、永久基本农田、城镇开发边界三条控制线出现矛盾时，生态保护红线要保证生态功能的系统性和完整性，确保生态功能不降低、面积不减少、性质不改变；永久基本农田要保证适度合理的规模和稳定性，确保数量不减少、质量不降低；城镇开发边界要避让重要生态功能，不占或少占永久基本农田。

一、国土空间结构

本书国土空间结构以 2010 年 12 月国务院发布的《全国主体功能区规划》为参考。《全国主体功能区规划》将国土空间划分为城市空间、农业空间、生态空间和其他空间。其中,城市空间,包括城市建设空间、工矿建设空间。城市建设空间包括城市和建制镇居民点空间;工矿建设空间是指城镇居民点以外的独立工矿空间。农业空间,包括农业生产空间、农村生活空间。农业生产空间包括耕地、改良草地、人工草地、园地、其他农用地(包括农业设施和农村道路)空间;农村生活空间即农村居民点空间。生态空间,包括绿色生态空间、其他生态空间。绿色生态空间包括天然草地、林地、湿地、水库水面、河流水面、湖泊水面;其他生态空间包括荒草地、沙地、盐碱地、高原荒漠等。其他空间,指除以上三类空间以外的其他国土空间,包括交通设施空间、水利设施空间、特殊用地空间。交通设施空间包括铁路、公路、民用机场、港口码头、管道运输等占用的空间;水利设施空间即水利工程建设占用的空间;特殊用地空间包括居民点以外的国防、宗教等占用的空间。

1. 耕地保护

粮食安全是国家安全的重要基础。古往今来,粮食安全都是治国安邦的首要之务,吃饭问题始终是治国理政的头等大事,尽管我国粮食储备率大大超过公认的 17% 安全储备水平,但粮食进口量逐年增加,已位居世界第一,全球粮食常年可贸易量不足我国需求量的一半,一旦遇到粮荒更是无从谈起。作为世界人口大国,依靠进口保吃饭,既不现实也不可能,十几亿人不能靠买饭吃过日子,否则,一旦有风吹草动,有钱也买不来粮食,就要陷入被动,粮食安全是买不来的。

习近平总书记指出:保障国家粮食安全的根本在耕地,耕地是粮食生产的命根子。农民可以非农化,但耕地不能非农化。如果耕地都非农化了,我们赖以吃饭的家底就没有了。耕地是我国最为宝贵的资源,是国家粮食安全的基石。永久基本农田是耕地的精华,即对基本农田实行永久性保护。2008 年中共十七届三中全会提出"永久基本农田"概念,即无论什么情况下都不能改变其用途,不得以任何方式挪作他用的基本农田。人均耕地少，耕地质量总体不高，耕地后备资源不足，是我国最基本的国情。把最优质、最精华、生产能力最好的耕地划为永久基本农田，保障国家粮食安全和重要农产品供给，实施永久特殊保护的耕地。集中资源、集聚力量实行特殊保护，是实施"藏粮于地、藏粮于技"战略的重大举措，有利于巩固提升粮食综合生产能力，确保谷物基本自给、口粮绝对安全，把中国人的饭碗任何时候都要牢牢端在自己手上，始终把握国家粮食安全的主动权。

2017年1月9日，《中共中央 国务院关于加强耕地保护和改进占补平衡的意见》指出，牢牢守住耕地红线，确保实有耕地数量基本稳定、质量有所提升。到 2020 年，全国耕地保有量不少于 18.65 亿亩，永久基本农田保护面积不少于 15.46 亿亩，确保建成 8 亿亩、力争建成 10 亿亩高标准农田，稳步提高粮食综合生产能力，为确保谷物基本自给、口粮绝对安全提供资源保障。永久基本农田一经划定，任何单位和个人不得擅自占用或改变用途。强化永久基本农田对各类建设布局的约束，各地区、各有关部门在编制城乡建设、基础设施、生态建设等相关规划，推进多规合一过程中，应当与永久基本农田布局充分衔接，原则上不得突破永久基本农田边界。

《关于全面实行永久基本农田特殊保护的通知》（国土资规〔2018〕1 号）要求，统筹永久基本农田保护与各类规划衔接。协同推进生态保护红线、永久基本农田、城镇开发边界三条控制线划定工作。按照中央要求将永久基本农田控制线划定成果作为土地利用总体规划的规定内容，在规划批准前先行核定并上图入库、落地到户。各地区各有关部门在编制城乡建设、基础设施、生态建设等相关规划，推进多规合一过程中，在划定生态保护红线、城镇开发边界工作中，要与已划定的永久基本农田控制线充分衔接，原则上不得突破永久基本农田边界。位于国家自然保护区核心区内的永久基本农田，经论证确定可逐步退出，按照永久基本农田划定规定原则上在该县域内补划。

2016年6月国土资源部印发了《全国土地利用总体规划纲要（2006—2020 年）调整方案》（国土资发〔2016〕67 号），调整后的 2020 年青海省土地利用主要指标，耕地保有量为 5 540 km²（831 万亩）、基本农田保护面积为 4 440 km²（666 万亩），分别占全省国土面积的 0.80% 和 0.64%，耕地面积的 80.14% 划定为永久基本农田。

《土地管理法》对耕地和永久农田的保护做出了具体的规定。第三十条规定：国家保护耕地，严格控制耕地转为非耕地。国家实行占用耕地补偿制度。非农业建设经批准占用耕地的，按照"占多少，垦多少"的原则，由占用耕地的单位负责开垦与所占用耕地的数量和质量相当的耕地；没有条件开垦或者开垦的耕地不符合要求的，应当按照省、自治区、直辖市的规定缴纳耕地开垦费，专款用于开垦新的耕地。省、自治区、直辖市人民政府应当制订开垦耕地计划，监督占用耕地的单位按照计划开垦耕地或者按照计划组织开垦耕地，并进行验收。第三十三条规定：国家实行永久基本农田保护制度。下列耕地应当根据土地利用总体规划划为永久基本农田实行严格保护：①经国务院农业农村主管部门或者县级以上地方人民政府批准确定的粮、棉、油、糖等重要农产品生产基地内的耕地；②有良好的水利与水土保持设施的耕地，正在实施改造计划以及可以改造的中、低产田和已建成的高标准农田；③蔬菜生产基地；④农业科研、教学试验田；⑤国务院规定应当划为永久基本农田的其他耕地。各省、自治区、直辖市划定的永久基本农田一般应当占本行政区域内耕地的80%以上，具体比例由国务院根据各省、自治区、直辖市耕地实际情况规定。

2．城镇发展

《土地管理法》称建设用地是指建造建筑物、构筑物的土地，包括城乡住宅和公共设施用地、工矿用地、交通水利设施用地、旅游用地、军事设施用地等。

国务院批准的《青海省城镇体系规划（2015—2030年）》，是省政府综合协调辖区内城镇发展和空间资源配置的依据和手段，是统筹省域城镇布局、保护利用各类资源、综合配置区域基础设施和公共服务设施的法定规划，是实现全省城镇、交通、生态保护、重大基础设施空间一张图的基础，是指导全省城镇空间布局的法定依据。该规划确定了到2020年青海省总人口达到620万人，城镇人口370万人，城镇化水平达到60%；到2030年全省总人口将达到660万人，城镇人口450万人，城镇化水平达到68%。到2030年全省将构建1个百万以上人口的中心城市，即西宁市；3个20万～100万人口和1个10万人组成的区域中心城市，即海东市、格尔木市、德令哈市和玉树市；8个5万～20万人口的小城市，即民和、互助、同仁、门源、贵德、西海（含三角城镇）、共和、玛沁，110 个人口在 5 万人以下的小城镇。

为推进新型城镇化与新型工业化、农业现代化和信息化的协同发展，实现青海省跨越发展、绿色发展、和谐发展、统筹发展，将全省建设成为国家矿产战略资源接续地、清洁能源基地、特色农产品生产加工基地和高原旅游目的地，全省城乡成为国家生态安全屏障和生态文明先行区、循环经济发展先行区和民族团结进步示范区的总体目标，按照主体功能区规划的城市化工业化战略格局，土地利用总体规划的建设用地布局，城镇体系规划的城镇空间与生态保护空间不交叉重叠，留出城镇发展空间。

3. 交通发展

交通运输是国民经济中的基础性、先导性、战略性产业，是重要的服务性行业。

（1）铁路

铁路是国民经济大动脉、关键基础设施和重大民生工程，是综合交通运输体系的骨干和主要运输方式之一，在我国经济社会发展中的地位和作用至关重要。

《中华人民共和国铁路法》所称铁路包括国家铁路、地方铁路、专用铁路和铁路专用线。国家铁路是指由国务院铁路主管部门管理的铁路。地方铁路是指由地方人民政府管理的铁路。专用铁路是指由企业或者其他单位管理，专为本企业或者本单位内部提供运输服务的铁路。铁路专用线是指由企业或者其他单位管理的与国家铁路或者其他铁路线路接轨的岔线。

《中长期铁路网规划》《铁路"十三五"发展规划》《青海省"十三五"综合交通运输体系发展规划》提出，加速推进铁路网建设，推进国家铁路建设，加快地方铁路发展，构建"1268"铁路建设格局。即以青藏铁路为 1 条主轴线，形成西宁、格尔木 2 个铁路枢纽，依托青藏（西宁—拉萨）、兰新（兰州—西宁—乌鲁木齐）、格库（格尔木—库尔勒）、格敦（格尔木—敦煌）、西成（西宁—成都）、西昌（西宁—玉树—昌都）6 条干线铁路和 8 个方向的出省通道，增加进疆入藏通川新通道，构建起与周边省区快速连接，通达丝绸之路经济带沿线国家的铁路干线网。对内提升东部城市群区际快速通达效率，强化柴达木资源富集区大宗货物运载能力，扩大干线铁路对农牧区的辐射范围。"十三五"期间，要建成格尔木—

敦煌、格尔木—库尔勒铁路，完成青藏铁路格尔木—拉萨段（青海境内）扩能改造工程；开工建设西宁—成都高速铁路，全力推进西宁—格尔木运行动车，争取将西宁—玉树—昌都铁路列入国家铁路"十三五"建设规划并力争开工建设；加快地方铁路发展，建成红柳—一里坪、塔尔丁—肯德可克铁路；开展西宁—格尔木高速铁路（南线）方案研究工作，推进东部城市群城际铁路及木里—镜铁山铁路、一里坪—老茫崖铁路前期研究工作；充分发挥铁路对旅游业的带动作用，加开旅游专列，推动铁路沿线城镇与旅游产业发展的有机结合。

在已建的铁路中，青藏铁路穿越三江源国家公园、可可西里国家级自然保护区、三江源国家级自然保护区（索加—曲麻河保护分区）、柴达木梭梭林国家级自然保护区（德令哈保护分区）、可鲁克湖—托素湖省级自然保护区；兰新客运专线穿越大通北川河源区国家级自然保护区、祁连山国家公园。

《铁路安全管理条例》规定铁路线路两侧应当设立铁路线路安全保护区。铁路线路安全保护区的范围，从铁路线路路堤坡脚、路堑坡顶或者铁路桥梁（含铁路、道路两用桥，下同）外侧起向外的距离分别为：①城市市区高速铁路为 10 m，其他铁路为 8 m；②城市郊区居民居住区高速铁路为 12 m，其他铁路为 10 m；③村镇居民居住区高速铁路为 15 m，其他铁路为 12 m；④其他地区高速铁路为 20 m，其他铁路为 15 m。

（2）公路

《中华人民共和国公路法》明确了公路按其在公路路网中的地位分为国道、省道、县道和乡道。国家公路指《公路法》规定的国道，是综合交通运输体系的重要组成部分，包括普通国道和国家高速公路，由具有全国性和区域性政治、经济等意义的干线公路组成。其中，普通国道网提供普遍的、非收费的交通基本公共服务，国家高速公路网提供高效、快捷的运输服务。

《国家公路网规划（2013—2030 年）》《青海省省道网规划（2013—2030 年）》《青海省高速公路网规划（2017—2035 年）》《青海省"十三五"综合交通运输体系发展规划》提出，优化完善公路网结构，形成"以高速公路为主骨架，国省干线为脉络，以农村公路为基础"的公路网络。加快高速公路建设，进一步完善高速公路网布局，基本建成国家高速公路省内路段，有序推进地方高速公路建设，强化一级公路对高速公路网的补充支撑。拓展和打通重要省际通道，形成甘肃方向 6 条，四川、西藏、新疆方向各 1 条高速公路格局。全面实现西宁至所有市（州）、重点县高速公路全覆盖，东部城市群高速公路基本成网。加强普通国省干线的升级改造，提高路网技术等级和服务水平，重点改造"瓶颈"路段、普通国道断头路，加强国省干线至甘肃、四川、西藏、新疆省际通道建设，未通高速公路的县级城市以二级公路与高速公路连接。实现公路与铁路、民航站场、旅游景区间的有效衔接。实施农村公路升级改造，提高通畅程度和抗灾能力，实现所有乡镇及行政村通畅。加强青甘川交界地区、集中连片特困地区、偏远藏区农村和国有农林场公路建设。加强藏区和集中连片特困地区农村公路建设，完善农村交通基础网络。到 2020 年，青海省公路通车总里程突破 8.5 万 km，其中高速化公路达到 5 000 km，建成和规划的国家高速公路 7 条 5 372 km，普通国道 17 条 10 046 km，省道 48 条 8 818 km，地方高速公路 28 条 4 578 km。

2011 年颁布的《公路安全保护条例》第十一条规定县级以上地方人民政府应当根据保障公路运行安全和节约用地的原则以及公路发展的需要，组织交通运输、国土资源等部门划定公路建筑控制区的范围。公路建筑控制区的范围，从公路用地外缘起向外的距离标准为：①国道不少于 20 m；②省道不少于 15 m；③县道不少于 10 m；④乡道不少于 5 m。属于高速公路的，公路建筑控制区的范围从公路用地外缘起向外的距离标准不少于 30 m。

（3）机场

《青海省"十三五"综合交通运输体系发展规划》提出有序实施民用机场建设，打造以西宁机场为青藏高原区域枢纽，8 个支线机场为支点，通用机场为基础节点的民用机场网络布局，到 2020 年实施西宁机场三期和格尔木机场扩建工程，建成果洛、祁连、青海湖、久治、黄南机场，全面形成"一主八辅"民用机场运营格局。

4．水利发展

水是生命之源、生产之要、生态之基。兴水利、除水害，事关人类生存、经济发展、社会进步，历来是治国安邦的大事。《青海省"十三五"水利发展规划》提出，通过加强水利基础设施建设、强化水利管理和深化水利改革、突破制约、补齐短板、夯实基础、水资源保障、水生态保护能力得到显著增加，惠及民生的水利公共服务水平得到大幅提高，水利体制机制创新实现重大突破，节水型社会建设稳步推进。构建"和谐文明的水生态保护体系、科学高效的水资源配置体系、健全完备的防洪抗旱减灾体系、系统完善的水利管理体系"四大体系，基本形成水利基础设施网络。

针对全省总体资源环境状况和区域发展特点，分区确定了水利改革发展重点，即东部地区以"高效利用、提高承载能力"为水利重点任务；以"适度开发、合理配置水源"为水利发展重点；环青海湖地区以"保护生态、协调发展"为水利发展方向；三江源地区以"生态优先、改善民生"为水利发展战略定位的全省水利发展总体布局。水利建设按照东西部开源节流并重、南北部保护修复并举的总体思路，着力提高区域水资源承载能力，有效解决区域分布不均、工程性缺水等突出问题，进一步增强东部城市群地区发展的水资源支撑，力争在柴达木及共和盆地供水保障能力上取得新突破。主要任务是统筹推进节水供水重大水利工程、蓄水引水重点水源工程、治水保水重要防洪工程、增水洁水重点水保工程、通水补水重大水网工程，基本解决重点开发区工程性、结构性用水问题，加快实施农牧区民生水利工程，提高水利管理能力和水平。重点规划实施水生态保护与修复、城乡节水供水、农牧区水利、防洪抗旱减灾、水利信息化、水利脱贫攻坚六大建设任务。

二、生态保护红线范围

《中华人民共和国环境保护法》《青海省生态文明建设促进条例》《关于划定并严守生态保护红线的若干意见》《关于在国土空间规划中统筹划定落实三条控制线的指导意见》等对生态保护红线划定范围做了具体的规定和要求。

《中华人民共和国环境保护法》（2014 年 4 月 24 日第十二届全国人民代表大会常务委员会第八次会议修订，自 2015 年 1 月 1 日起施行）第二十九条规定：国家在重点生态功能区、生态环境敏感区和脆弱区等区域划定生态保护红线，实行严格保护。《青海省生态文明建设促进条例》（2015 年 1 月 13 日，青海省第十二届人民代表大会常务委员会第十六次会议　通过根据 2015 年 1 月 27 日青海省第十二届人民代表大会常务委员会第十七次会议《关于修改〈青海省生态文明建设促进条例〉的决定》修正）第二十六条规定：各级人民政府应当根据生态文明建设规划，在重点生态功能区、生态环境敏感区和脆弱区等区域划定生态保护红线，实行严格保护。

中共中央办公厅、国务院办公厅印发的《省级空间规划试点方案》（中发〔2016〕51 号）指出，以主体功能区规划为基础，全面摸清并分析国土空间本底条件，划定城镇、农业、生态空间以及生态保护红线、永久基本农田、城镇开发边界。根据不同主体功能定位，综合考虑经济社会发展、产业布局、人口集聚趋势，以及永久基本农田、各类自然保护地、重点生态功能区、生态环境敏感区和脆弱区保护等底线要求，科学测算城镇、农业、生态三类空间比例和开发强度指标。按照严格保护、宁多勿少原则科学划定生态保护红线，按照最大限度保护生态安全、构建生态屏障的要求划定生态空间。

《中共中央办公厅 国务院办公厅关于划定并严守生态保护红线的若干意见》指出，生态保护红线是指在生态空间范围内具有特殊重要生态功能、必须强制性严格保护的区域，是保障和维护国家生态安全的底线和生命线，通常包括具有重要水源涵养、生物多样性维护、水土保持、防风固沙、海岸生态稳定等功能的生态功能重要区域，以及水土流失、土地沙化、石漠化、盐渍化等生态环境敏感脆弱区域。明确了生态保护红线划定范围，将水源涵养、生物多样性维护、水土保持、防风固沙等生态功能重要区域，以及水土流失、土地沙化、石漠化、盐渍化等生态环境敏感脆弱区域进行空间叠加，划入生态保护红线，涵盖所有国家级、省级禁止开发区域，以及有必要严格保护的其他各类保护地等。

《中共中央办公厅 国务院办公厅关于在国土空间规划中统筹划定落实三条控制线的指导意见》要求按照生态功能划定生态保护红线。生态保护红线是指在生态空间范围内具有特殊重要生态功能、必须强制性严格保护的区域。优先将具有重要水源涵养、生物多样性维护、水土保持、防风固沙、海岸防护等功能的生态功能极重要区域，以及生态极敏感脆弱的水土流失、沙漠化、石漠化、海岸侵蚀等区域划入生态保护红线。其他经评估目前虽然不能确定但具有潜在重要生态价值的区域也划入生态保护红线。对自然保护地进行调整优化，评估调整后的自然保护地应划入生态保护红线；自然保护地发生调整的，生态保护红线相应调整。

《青海省贯彻落实〈关于建立以国家公园为主体的自然保护地体系的指导意

见〉的实施方案》要求，协调自然保护地布局与生态保护红线，在自然保护地整合、归并、优化过程中，充分衔接生态保护红线，科学合理优化生态、生产、生活空间的布局，调整后的自然保护地全部纳入生态保护红线。

环境保护部、国家发展改革委 2017 年 5 月印发的《生态保护红线划定指南》（环办生态〔2015〕48 号），进一步明确了生态保护红线划定范围，将生态功能极重要区和生态环境极敏感区进行叠加合并，并与以下保护地进行校验，形成生态保护红线空间叠加图，确保划定范围涵盖国家级和省级禁止开发区域，以及其他有必要严格保护的各类保护地。一是国家级和省级禁止开发区域，国家公园、自然保护区、森林公园、风景名胜区的核心景区、地质公园、世界自然遗产的核心区和缓冲区、湿地公园、饮用水水源地、水产种质资源保护区，以及其他类型禁止开发区的核心保护区域。二是其他各类保护地，除上述禁止开发区域以外，可结合实际情况，根据生态功能重要性，将有必要实施严格保护的各类保护地纳入生态保护红线范围，主要涵盖极小种群物种分布的栖息地、国家一级公益林、重要湿地、国家级水土流失重点预防区、沙化土地封禁保护区、野生植物集中分布地、自然岸线、雪山冰川、高原冻土等重要生态保护地等，详见图 8-1。

三、生态保护红线衔接

划定生态保护红线要统筹考虑社会经济发展的现实需要和长远需要，要保障经济社会发展合理必要的建设用地空间。在国土空间规划尚未发布实施前，充分发挥主体功能区规划、土地利用总体规划、城镇体系规划、国土规划纲要的整体管控作用，做到城镇空间、农业空间、生态空间三大国土空间并列不交叉重叠；同时要充分发挥国民经济和社会发展总体规划、国土空间规划以及交通规划、能源规划、水利规划、矿产规划的战略性、基础性、约束性、综合性作用，保障农业生产、农民生活、农村发展用地，保障城乡住宅和公共设施用地、工矿用地、交通水利设施用地、旅游用地、军事设施用地等空间，促进社会经济与生态保护协调发展，做到在保护中发展，在发展中保护，形成具有青海特色的生态保护格局和发展格局。

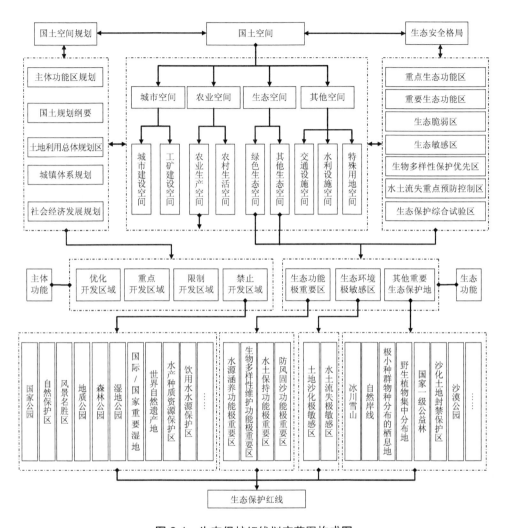

图 8-1 生态保护红线划定范围构成图

划好生态保护红线，必须坚持强化保护，从实际出发，着力解决好生态保护红线划定过程中存在的现实矛盾冲突，实事求是解决历史遗留问题，协调解决划定矛盾。有关生态保护红线划定过程中遇到的具体问题并没有出台明确的规则，主要参照有关国家公园等自然保护地相关处理规则。

《中共中央办公厅 国务院办公厅关于在国土空间规划中统筹划定落实三条控制线的指导意见》指出，科学划定落实生态保护红线、永久基本农田、城镇开发边界三条控制线，做到不交叉、不重叠、不冲突。并对出现矛盾时提出了具体要求，生态保护红线要保证生态功能的系统性和完整性，确保生态功能不降低、面积不减少、性质不改变；永久基本农田要保证适度合理的规模和稳定性，确保数量不减少、质量不降低；城镇开发边界要避让重要生态功能，不占或少占永久基本农田。目前已划入自然保护地核心保护区的永久基本农田、镇村、矿业权逐步有序退出；已划入自然保护地一般控制区的，根据对生态功能造成的影响确定是否退出，其中，造成明显影响的逐步有序退出，不造成明显影响的可采取依法依规相应调整一般控制区范围等措施妥善处理。协调过程中退出的永久基本农田在县级行政区域内同步补划，确实无法补划的在市级行政区域内补划。

中共中央办公厅、国务院办公厅印发的《建立国家公园体制总体方案》（中办发〔2017〕55 号）要求严格规划建设管控，除不损害生态系统的原住民生产生活设施改造和自然观光、科研、教育、旅游外，禁止其他开发建设活动。国家公园区域内不符合保护和规划要求的各类设施、工矿企业等逐步搬离，建立已设矿业权逐步退出机制。

《中共中央办公厅　国务院办公厅关于建立以国家公园为主体的自然保护地体系的指导意见》（中办发〔2019〕42 号）要求分类有序解决历史遗留问题。对自然保护地进行科学评估，将保护价值低的建制城镇、村屯或人口密集区域、社区民生设施等调整出自然保护地范围。结合精准扶贫、生态扶贫，核心保护区内原住居民应实施有序搬迁，对暂时不能搬迁的，可以设立过渡期，允许开展必要的、基本的生产活动，但不能再扩大发展。依法清理整治探矿采矿、水电开发、工业建设等项目，通过分类处置方式有序退出；根据历史沿革与保护需要，依法依规对自然保护地内的耕地实施退田还林、还草、还湖、还湿。

自然资源部办公厅印发的《省级国土空间规划编制指南（试行）》（自然资办发〔2020〕5 号）指出，统筹三条控制线，将生态保护红线、永久基本农田、城镇开发边界等作为调整经济结构、规划产业发展、推进城镇化不可逾越的红线。实事求是解决历史遗留问题，协调解决划定矛盾，做到边界不交叉、空间不重叠、功能不冲突。各类线性基础设施应尽量并线、预留廊道，做好与三条控制线的协调衔接。

自然资源部、国家林业和草原局《关于做好自然保护区范围及功能分区优化调整前期有关工作的函》(自然资函〔2020〕71 号)对解决突出问题也提出了具体要求,一是涉及自然保护区核心保护区内的永久基本农田、镇村、矿业权逐步有序退出,一般控制区内根据对生态功能造成的影响确定是否退出,其中,造成明显影响的逐步有序退出,不造成明显影响的可采取依法依规相应调整一般控制区范围等措施妥善处理。将城市建成区调出自然保护区范围。二是经科学评估,可将成片集体人工商品林调出自然保护区范围,但以下情形除外:①重要江河干流源头、两岸;②重要湿地和水库周边;③距离国界线 10 km 范围内的林地;④荒漠化和水土流失严重地区;⑤沿海防护林基干林带。三是自然保护区设立前存在的经济开发区等,可以调出自然保护区范围;自然保护区设立后,违规审批建设的经济开发区等,追究相关部门和有关人员的责任,经科学评估后,根据对生态功能影响,确定是否退出或调整自然保护区范围。其中,占用主要保护对象重要栖息地、繁殖地、迁徙通道以及位于国际重要湿地、世界自然遗产范围内的部分,原则上应退出自然保护区范围。违规审批但尚未建成的,原则上退出自然保护区范围。

四、生态保护红线方案

在全省统一尺度上,根据水源涵养功能、生物多样性维护功能、水土保持功能、防风固沙 4 种类型生态功能重要性评估和水土流失、土地沙化 2 种类型生态环境敏感性评估结果,将得到的生态功能极重要区和生态环境极敏感区进行空间叠加合并,再叠加国家级和省级禁止开发区域(国家公园、自然保护区、风景名胜区、水产种质资源保护区、地质公园、森林公园、湿地公园、世界自然遗产地、重要湿地、饮用水水源地)和其他各类保护地(冰川雪山、一级国家级公益林),形成全省生态保护红线空间格局。

为实现生态保护优先,一条红线管控重要生态空间,也为社会经济留出可持续发展空间,推进国家公园示范省、国家清洁能源示范省、绿色有机农畜产品示范省、民族团结进步省、高原美丽城镇示范省建设需要,全面落实国家有关支持青海发展的重大政策、规划,充分衔接全省主体功能区规划、土地利用总体规划、城镇建设规划、矿产资源总体规划等重大规划,以及中长期规划确定的交通、水利、能源矿产、特色产业、旅游发展、村镇建设等重点内容。在衔接重大规划过程中遇到的矛盾冲突，按照生态保护红线、永久基本农田、城镇开发边界三条控制线边界不交叉、空间不重叠、功能不冲突原则，同时参照国家有关自然保护地解决矛盾冲突的要求，从实际出发，实事求是地分类有序解决历史遗留问题，形成全省生态保护红线"一张图"。

青海省生态保护红线总体呈现"一屏一带三区"格局，"一屏"为三江源草原草甸湿地生态屏障，"一带"为祁连山冰川与水源涵养生态带，"三区"为青海湖草原湿地生态功能区、柴达木荒漠湿地生态功能区、东部丘陵生物多样性功能区，主要涵盖：①国家公园、自然保护区、自然公园等国家级和省级禁止开发区；②长江、黄河、澜沧江、祁连山河西走廊内陆水系黑河、石羊河、疏勒河、柴达木内陆水系那陵格勒河、格尔木河、柴达木河等江河源头区，青海湖、扎陵湖、鄂陵湖、可鲁克湖、托素湖重要湿地湖泊，可可西里高原湖泊群，三江源和祁连山、柴达木盆地冰川雪山群等水源涵养功能极重要区域；③藏羚羊、雪豹、黑颈鹤等国家重点保护动物的栖息地生物多样性维护功能极重要区域；④江河源区的沼泽湿地，江河干流两侧集中连片森林灌丛。

五、生态保护红线管控

《中共中央办公厅　国务院办公厅关于划定并严守生态保护红线的若干意见》（厅字〔2017〕2号），确立了生态保护红线优先地位，明确了生态保护红线属地管理责任，地方各级党委和政府是严守生态保护红线的责任主体，要将生态保护红线作为相关综合决策的重要依据和前提条件，履行好保护责任。对生态保护红线实行严格管控，生态保护红线原则上按禁止开发区域的要求进行管理。严禁不符合主体功能定位的各类开发活动，严禁任意改变用途。生态保护红线划定后，只能增加、不能减少，因国家重大基础设施、重大民生保障项目建设等需要调整的，由省级政府组织论证，提出调整方案，经环境保护部、国家发展改革委员会同有关部门提出审核意见后，报国务院批准。因国家重大战略资源勘查需要，在不影响主体功能定位的前提下，经依法批准后予以安排勘查项目。

中共中央办公厅、国务院办公厅印发的《关于在国土空间规划中统筹划定落实三条控制线的指导意见》进一步明确了生态保护红线管控要求，生态保护红线是指在生态空间范围内具有特殊重要生态功能、必须强制性严格保护的区域。生态保护红线内，自然保护地核心保护区原则上禁止人为活动，其他区域严格禁止开发性、生产性建设活动，在符合现行法律法规的前提下，除国家重大战略项目外，仅允许对生态功能不造成破坏的有限人为活动，主要包括：①零星的原住民在不扩大现有建设用地和耕地规模的前提下，修缮生产生活设施，保留生活必需的少量种植、放牧、捕捞、养殖；②因国家重大能源资源安全需要开展的战略性能源资源勘查，公益性自然资源调查和地质勘查；③自然资源、生态环境监测和执法包括水文水资源监测及涉水违法事件的查处等，灾害防治和应急抢险活动；④经依法批准进行的非破坏性科学研究观测、标本采集；⑤经依法批准的考古调查发掘和文物保护活动；⑥不破坏生态功能的适度参观旅游和相关的必要公共设施建设；⑦必须且无法避让、符合县级以上国土空间规划的线性基础设施建设、防洪和供水设施建设与运行维护；⑧重要生态修复工程。同时，确定了自然保护地调整与生态保护红线的衔接关系，评估调整后的自然保护地应划入生态保护红线；自然保护地发生调整的，生态保护红线需相应调整。

自然资源部、国家林业和草原局《关于做好自然保护区范围及功能分区优化调整前期有关工作的函》（自然资函〔2020〕71 号）对核心保护区和一般控制区管控要求做了进一步细化。（一）核心保护区。除满足国家特殊战略需要的有关活动外，原则上禁止人为活动。但允许开展以下活动：①管护巡护、保护执法等管理活动，经批准的科学研究、资源调查以及必要的科研监测保护和防灾减灾救灾、应急抢险救援等。②因病虫害、外来物种入侵、维持主要保护对象生存环境等特殊情况，经批准，可以开展重要生态修复工程、物种重新引入、增殖放流、病害动植物清理等人工干预措施。③根据保护对象不同实行差别化管控措施：保护对象栖息地、觅食地与人类农业生产生活息息相关的自然保护区，经科学评估，在不影响主要保护对象生存、繁衍的前提下，允许当地居民从事正常的生产、生活等活动，保留一定数量的耕地，允许开展耕种、灌溉活动，但应禁止使用有害农药；保护对象为水生生物、候鸟的自然保护区，应科学划定航行区域，航行船舶实行合理的限速、限航、低噪声、禁鸣、禁排管理，禁止过驳作业、合理选择航道养护方式，确保保护对象安全；保护对象为迁徙、洄游、繁育野生动物的自然保护区，在野生动物非栖息季节，可以适度开展不影响自然保护区生态功能的有限人为活动；保护对象位于地下的自然遗迹类自然保护区，可以适度开展不影响地下遗迹保护的人为活动。④暂时不能搬迁的原住居民，可以有过渡期。过渡期内在不扩大现有建设用地和耕地规模的情况下，允许修缮生产生活以及供水设施，保留生活必需的少量种植、放牧、捕捞、养殖等活动。⑤已有合法线性基础设施和供水等涉及民生的基础设施的运行和维护，以及经批准采取隧道或桥梁等方式（地面或水面无修筑设施）穿越或跨越的线性基础设施，必要的航道基础设施建设、河势控制、河道整治等活动。⑥已依法设立的铀矿矿业权勘查开采；已依法设立的油气探矿权勘查活动；已依法设立的矿泉水、地热采矿权不扩大生产规模、不新增生产设施，到期后有序退出；其他矿业权停止勘查开采活动。⑦根据我国相关法律法规和与邻国签署的国界管理制度协定（条约）开展的边界通视道清理以及界务工程的修建、维护和拆除工作；根据中央统一部署在未定界地区开展旨在加强管控和反蚕食斗争的各种活动。（二）一般控制区。除满足国家特殊战略需要的有关活动外，原则上禁止开发性、生产性建设活动。仅允许以下对生态功能不造成破坏的有限人为活动：①核心保护区允许开展的活动。②零星的原住民在不扩大现有建设用地和耕地规模前提下，允许修缮生产生活设施，保留生活必需种植、放牧、捕捞、养殖等活动。③自然资源、生态环境监测和执法，包括水文水资源监测和涉水违法事件的查处等，灾害风险监测、灾害防治活动。④经依法批准的非破坏性科学研究观测、标本采集。⑤经依法批准的考古调查发掘和文物保护活动。⑥适度的参观旅游及相关的必要公共设施建设。⑦必须且无法避让、符合县级以上国土空间规划的线性基础设施建设、防洪和供水设施建设与运行维护；已有的合法水利、交通运输等设施运行和维护。⑧战略性矿产资源基础地质调查和矿产远景调查等公益性工作；已依法设立的油气采矿权在不扩大生产区域范围，以及矿泉水、地热采矿权在不扩大生产规模、不新增生产设施的条件下，继续开采活动；其他矿业权停止勘查开采活动。⑨确实难以避让的军事设施建设项目及重大军事演训活动。

《国土资源部关于印发〈自然生态空间用途管制办法（试行）的通知》（国土资发〔2017〕33 号）指出，生态空间用途管制坚持生态优先、区域统筹、分级分类、协同共治的原则，并与生态保护红线制度和自然资源管理体制改革要求相衔接。国家对生态空间依法实行区域准入和用途转用许可制度，严格控制各类开发利用活动对生态空间的占用和扰动，确保依法保护的生态空间面积不减少，生态功能不降低，生态服务保障能力逐渐提高。在用途管控方面规定：①生态保护红线原则上按禁止开发区域的要求进行管理。严禁不符合主体功能定位的各类开发活动，严禁任意改变用途，严格禁止任何单位和个人擅自占用和改变用地性质，鼓励按照规划开展维护、修复和提升生态功能的活动。因国家重大战略资源勘查需要，在不影响主体功能定位的前提下，经依法批准后予以安排。生态保护红线外的生态空间，原则上按限制开发区域的要求进行管理。按照生态空间用途分区，依法制定区域准入条件，明确允许、限制、禁止的产业和项目类型清单，根据空间规划确定的开发强度，提出城乡建设、工农业生产、矿产开发、旅游康体等活动的规模、强度、布局和环境保护等方面的要求，由同级人民政府予以公示。②从严控制生态空间转为城镇空间和农业空间，禁止生态保护红线内空间违法转为城镇空间和农业空间。加强对农业空间转为生态空间的监督管理，未经国务院批准，禁止将永久基本农田转为城镇空间。鼓励城镇空间和符合国家生态退耕条件的农业空间转为生态空间。生态空间与城镇空间、农业空间的相互转化利用，应按照资源环境承载能力和国土空间开发适宜性评价，根据功能变化状况，依法由有批准权的人民政府进行修改调整。③禁止新增建设占用生态保护红线，确因国家重大基础设施、重大民生保障项目建设等无法避让的，由省级人民政府组织论证，提出调整方案，经环境保护部、国家发展改革委同有关部门提出审核意见后，报经国务院批准。生态保护红线内的原有居住用地和其他建设用地，不得随意扩建和改建。严格控制新增建设占用生态保护红线外的生态空间。符合区域准入条件的建设项目，涉及占用生态空间中的林地、草原等，按有关法律法规规定办理；涉及占用生态空间中其他未作明确规定的用地，应当加强论证和管理。鼓励各地根据生态保护需要和规划，结合土地综合整治、工矿废弃地复垦利用、矿山环境恢复治理等各类工程实施，因地制宜促进生态空间内建设用地逐步有序退出。④禁止农业开发占用生态保护红线内的生态空间，生态保护红线内已有的农业用地，建立逐步退出机制，恢复生态用途。严格限制农业开发占用生态保护红线外的生态空间，符合条件的农业开发项目，须依法由市县级及以上地方人民政府统筹安排。生态保护红线外的耕地，除符合国家生态退耕条件，并纳入国家生态退耕总体安排，或因国家重大生态工程建设需要外，不得随意转用。⑤有序引导生态空间用途之间的相互转变，鼓励向有利于生态功能提升的方向转变，严格禁止不符合生态保护要求或有损生态功能的相互转换。科学规划、统筹安排荒地、荒漠、戈壁、冰川、高山冻原等生态脆弱地区的生态建设，因各类生态建设规划和工程需要调整用途的，依照有关法律法规办理转用审批手续。⑥在不改变利用方式的前提下，依据资源环境承载能力，对依法保护的生态空间实行承载力控制，防止过度垦殖、放牧、采伐、取水、渔猎、旅游等对生态功能造成损害，确保自然生态系统的稳定。

2018年11月，宁夏回族自治区第十二届人民代表大会常务委员会第七次会议通过了《宁夏回族自治区生态保护红线管理条例》（以下简称《条例》），是2017年1月《中共中央办公厅　国务院办公厅关于划定并严守生态保护红线的若干意见》印发以来，全国发布的首个省级生态保护红线管理条例。《条例》明确和规定了生态保护红线的含义、管理原则和地位，生态保护红线中各级、各部门的管理责任，开发活动的管控原则和方法，生态补偿、监督监管和评价考核的制度，明确了违反生态保护红线管理的法律责任。《条例》作为宁夏回族自治区生态保护红线管理的依据和准则，在维护宁夏回族自治区生态安全、推动宁夏回族自治区生态立区战略实施等方面具有重要意义。

《北京市人民政府关于印发〈北京市生态控制线和城市开发边界管理办法〉的通知》（京政发〔2019〕7号）对生态保护红线也做了明确的管控要求，生态保护红线应遵照相关法律、法规和规章，实施最严格的管控，原则上按禁止开发区域的要求，禁止城镇化和工业化活动，严禁不符合主体功能的各类开发活动。另外，在不违背法律、法规和规章，不影响生态环境和功能的前提下，允许现状村庄原住民按照批准的规划进行正常生产生活设施建设、修缮和改造。生态保护红线以外的永久基本农田和饮用水水源保护区、自然保护区、风景名胜区、森林公园等法定保护空间，严格管控影响生态功能的各类开发活动；法律、法规和规章另有规定的，从其规定。同时规定生态控制线和城市开发边界调整原则上不得涉及生态保护红线、永久基本农田保护红线和饮用水水源保护区、自然保护区、风景名胜区、森林公园等法定保护空间。

2020年4月，江西省发布了《江西省自然生态空间用途管制试行办法》（以下简称《办法》），《办法》明确了生态空间由生态保护红线和一般生态空间组成。其中，自然生态空间（以下简称生态空间）是指国土空间规划确定的，以自然属性为主、以提供生态产品或生态服务为主导功能的国土空间，涵盖需要保护和合理利用的森林、河流、湖泊、湿地、草原、山岭、岸线、荒地、荒漠等区域。生态保护红线是指在生态空间范围内具有特殊重要生态功能、必须强制性严格保护的区域，是保障和维护国家生态安全的底线和生命线。通常包括具有重要水源涵养、生物多样性维护、水土保持等功能的生态功能极重要区域，生态极敏感脆弱的水土流失区，以及其他经评估目前虽然不能确定但具有潜在重要生态价值的区域；评估调整后的自然保护地等。一般生态空间是指在生态空间范围内、生态保护红线范围外，具有重要生态功能、需要严格保护，并在遵循有关法规及《办法》有关管制要求前提下，可以适度开发利用的区域。《办法》规定在市县国土空间总体规划中，划定生态保护红线和生态空间，制定管控规则；在乡（镇）国土空间总体规划中，应落实生态保护红线和生态空间实体边界。从严控制生态空间转为城镇空间和农业空间，禁止生态保护红线内空间违法转为城镇空间和农业空间。鼓励城镇空间和农业空间转为生态空间，鼓励生态保护红线外其他生态空间划入生态保护红线范围内。因自然保护地范围发生调整，生态保护红线的调整按国家有关文件执行。生态空间实施差别化用途管制，生态保护红线与一般生态空间分别按照禁止开发和限制开发区域要求管理。生态保护红线采用正面清单准入管理，原则上严禁开发建设活动。一般生态空间采用准入管理，允许在不降低生态功能、不破坏生态系统的前提下，进行适度开发利用和结构布局调整。允许各地根据上级准入条件，针对一般生态空间制定差别化的准入条件，根据主导生态功能类型，明确允许、限制、禁止的产业和项目类型清单，根据国土空间总体规划确定的开发强度，提出规模、强度、布局和环境保护等方面的限制性要求。生态保护红线内自然保护区、国家公园、自然公园等各类自然保护地的管理，依据相关法律、法规和规章规定进行。禁止新增建设占用生态保护红线，严格控制新增建设占用一般生态空间。原则上，农业开发不得占用生态保护红线，生态保护红线内已有的农业用地，建立逐步退出机制，恢复生态用途。严格限制农业开发占用一般生态空间，符合条件的农业开发项目，须依法由市县级及以上地方人民政府统筹安排。生态保护红线外的耕地，除符合国家生态退耕条件，并纳入国家生态退耕总体安排，或因国家重大生态工程建设需要外，不得随意转用。涉及生态保护红线、自然保护区核心保护区、永久基本农田的退出项目由自然资源部审批，其他由相应层级的自然资源主管部门管理。涉及生态保护红线、自然保护区核心保护区、永久基本农田的地类转变项目由自然资源部审批，其他由相应层级的自然资源主管部门管理。

《中共中央办公厅　国务院办公厅关于在国土空间规划中统筹划定落实三条控制线的指导意见》指出，三条控制线是国土空间用途管制的基本依据，涉及生态保护红线、永久基本农田占用的，报国务院审批；对于生态保护红线内允许的对生态功能不造成破坏的有限人为活动，由省级政府制定具体监管办法；城镇开发边界调整报国土空间规划原审批机关审批。